建筑工程施工现场专业人员培训教材

测量员专业管理实务

主　编　孙成城
副主编　袁　东　章后甜
主　审　郑日忠

黄河水利出版社

· 郑州 ·

内 容 提 要

本书主要内容包括绪论、水准测量、角度测量、距离测量与直线定向、测量误差的基本知识、全站仪及其应用、小地区控制测量、地形图测绘、建筑施工测量的基本方法、工业与民用建筑施工测量、道路与管道工程测量、建筑物的变形测量。

本书可作为建筑类职业技术学校的教学用书和房屋建筑工程专业技术管理人员培训教材,也可作为基层测量人员自学参考用书。

图书在版编目(CIP)数据

测量员专业管理实务/孙成城主编. —郑州:黄河水利出版社,2010.6
建筑工程施工现场专业人员培训教材
ISBN 978 – 7 – 80734 – 830 – 6

Ⅰ.①测… Ⅱ.①孙… Ⅲ.①建筑测量 – 技术培训 – 教材 Ⅳ.①TU198

中国版本图书馆 CIP 数据核字(2010)第 092487 号

组稿编辑:王琦 电话:0371 – 66028027 E-mail:wq3563@163.com

出 版 社:黄河水利出版社
　　　　地址:河南省郑州市顺河路黄委会综合楼 14 层 邮政编码:450003
发行单位:黄河水利出版社
　　　　发行部电话:0371 – 66026940、66020550、66028024、66022620(传真)
　　　　E-mail:hhslcbs@126.com
承印单位:河南承创印务有限公司
开本:787 mm ×1 092 mm 1/16
印张:14.5
字数:353 千字　　　　　　　　　　　　印数:7 100—10 100
版次:2010 年 6 月第 1 版　　　　　　　印次:2018 年 3 月第 3 次印刷
定价:45.00 元

建筑工程施工现场专业人员培训教材

编 委 会

前　言

为了适应工程建设的日益发展,满足建筑工程类专业技术人员对建筑工程测量知识的需要,编者本着科学性、实用性、先进性的指导思想,参考各种相关规范和前人教学研究成果编写了本书。

全书共分 12 章。第一章概述了确定地面点位的三个基本要素和测量工作的原则与程序。第二、三、四章重点阐述了水准测量、角度测量和距离测量的原理,测量仪器的构造及使用方法,同时还详细讲述了测量成果的计算。第五章介绍了测量误差的基本知识。第六章介绍了全站仪的基本功能。第七、八章结合建筑工程测量的基本知识,阐述了小地区控制测量和大比例尺地形图的测绘与使用。第九章以建筑工程测量基本理论为基础,讲述了建筑工程施工测设,重点是角度、距离、点的平面位置、已知高程的测设方法。第十、十一章介绍了工业与民用建筑工程、道路与管道工程在施工过程中的主要测设内容与测设方法。第十二章简述了建筑物在施工和使用过程中的变形监测的内容与方法。

本书在编写过程中一方面注重建筑工程测量学的知识系统性,另一方面强调建筑工程测量技术的应用性,改变了传统测量教材重"测定"轻"测设"的倾向,在讲述建筑工程测量学基本理论的基础上,加强了测量技术在建设工程施工过程中的应用。

随着施工企业所承担的施工业务范围的不断拓展,本书在传统的建筑工程测量的基础上,增加了道路与管道施工测量方面的内容,以适应新时期土木工程专业技术人员多方面的需要。为了适应重大工程对工程结构健康监测的需要,本书对建筑物的变形测量单列成章,以利读者学习。

本书在编写过程中力求跟踪现代测量技术的发展,除系统介绍传统的工程测量基本知识和测量仪器构造外,还介绍了电子水准仪、电子经纬仪、全站仪、全球卫星定位系统(GPS)等现代测绘仪器在工程施工中的具体应用。在编写过程中参考了工程测量的新标准和新规范。

本书由洛阳理工学院编写,由孙成城担任主编,袁东、章后甜担任副主编。本书第一章、第七章由袁东编写,第二章、第四章第一节由王嘉杨编写,第三章、第十二章由杨谈蜀编写,第四章第二节至第四节及小结和习题、第五章、第六章由章后甜编写,第八章由胡磊编写,第九章、第十章由孙成城编写,第十一章由张坤编写。全书由孙成城统稿,并最终定稿。

本书由郑日忠担任主审,他认真、仔细阅读了全稿,并提出了许多宝贵的修改意见,在此表示衷心感谢。

本书的编写内容系统而全面,既注重测量基本理论的讲述,也强调土木工程施工过程中的测量知识的应用,具有广泛的适用性。本书不仅适合作为测量员的培训教材,也可供大中专院校相关专业师生阅读参考。

在本书编写过程中,参考了多种文献,在此向这些文献的原作者表示感谢。

由于编者水平有限,书中难免存在疏漏及不妥之处,恳请读者及同行批评指正。

编　者

2010 年 1 月

目　录

第一章　绪　论

第一节　建筑工程测量的任务与作用

一、工程测量的概念和内容

传统的测绘学是对地球进行测定和描绘的科学,是利用测量仪器和工具对地球表面的高低起伏形态、森林植被、土壤、湖泊,以及人类为了生产和生活所建造的各类人工设施的形状、大小、空间位置及其属性等进行测定,然后根据观测到的长度和角度数据通过地图制图的方法将地面的自然形态和人工设施等绘制成地图的科学。

测绘学是测绘科学技术的总称,它所涉及的技术领域,按照研究内容和测量手段的不同,分为许多二级学科,这些学科有大地测量学、工程测量学、海洋测量学、摄影测量学与遥感、地图制图学。

(一)工程测量学的定义

工程测量学是研究各种工程在规划设计、施工建设和运营管理阶段所应用的测量科学技术的学科。各种工程包括工业建设、城市建设、交通工程(铁路、公路、机场、车站、桥梁、隧道)、水利电力工程(河川枢纽、大坝、船闸、电站、渠道)、地下工程、管线工程(高压输电线、输油及送气管道)、矿山工程等。

总的来说,工程测量学主要包括以工程项目为对象的工程测量和以机器设备为对象的工业测量两部分,主要任务是为各种服务对象提供测绘保障,满足它们所提出的各种要求。工程测量可分为普通工程测量和精密工程测量。精密工程测量代表工程测量学的发展方向,大型特种精密工程是促进工程测量学发展的动力。

国内一般把与工程建设有关的工程测量划分为规划设计、施工建设和运营管理三个阶段,也可按行业划分成建筑工程测量、线路工程测量(铁路、公路和管线等)、水利工程测量、桥梁工程测量、隧道工程测量、矿山测量、海洋工程测量、军事工程测量、三维工业测量、海洋工程测量及城市测量等。

(二)工程测量的内容

工程测量按工程建设的规划设计、施工建设和运营管理三个阶段分为工程勘测、施工测量和安全监测,这三个阶段对测绘工作有不同的要求,现简述如下。

1.工程建设规划设计阶段的测量工作

每项工程建设都必须按照自然条件和预期目的进行规划设计。在这个阶段中,测量工作主要是提供各种比例尺的地形图,另外,还要为工程地质勘探、水文地质勘探以及水文测验等进行测量。对于重要的工程(如某些大型特种工程)或在地质条件不良的地区(如膨胀土地区)进行建设,则还要对地层的稳定性进行观测。

2. 工程建设施工阶段的测量工作

每项工程建设的设计经过讨论、审查和批准之后,即进入施工阶段。这时,首先要将所设计的工程建筑物按照施工的要求在现场标定出来(即所谓定线放样),作为实地修建的依据。因此,要根据工地的地形、工程的性质及施工的组织与计划等,建立不同形式的施工控制网,作为定线放样的基础。然后按照施工的需要,采用各种不同的放样方法,将图纸上所设计的内容转移到实地。此外,还要进行施工质量控制,这里主要是几何尺寸,如高层建筑物的竖直度、地下工程的断面等的监控。为了监测工程进度,还要进行开挖与建筑方量测绘及工程竣工测量、变形观测,以及设备的安装测量等。

3. 工程建设运营管理阶段的测量工作

在运营期间,为了监视工程建筑物安全情况,了解设计是否合理,验证设计理论是否正确,需要对工程建筑物的水平位移、沉陷、倾斜及摆动等进行定期或持续的监测。这些工作,就是通常所说的变形观测。对于大型工业设备,还要进行经常性的检测和调校,以保证其按设计安全运行。为了对工程进行有效的管理、维护和日后改建、扩建的需要,还应建立工程信息系统。

二、建筑工程测量的任务与作用

建筑工程测量既是工程测量学的一个组成部分,同时又是建筑工程技术的组成部分。它是研究建筑工程在勘测、设计、施工和管理各阶段所进行的各项测量工作中应用的测量仪器、工具,采用的测量技术与方法的学科。

建筑工程测量的内容包括测定和测设两个部分。

测定又称测图,是指使用测量仪器和工具,用一定的测绘程序和方法将地面上局部区域的各种固定性物体(地物,如房屋、道路、河流等)及地面的起伏形态(地貌),按一定的比例尺和特定的图例符号缩绘成地形图。

测设又称放样,是指使用测量仪器和工具,按照设计要求,采用一定的方法,将设计图纸上设计好的工程建(构)筑物的平面位置和高程标定到施工作业面上,为施工提供正确依据,指导施工。

因为放样是直接为施工服务的,故通常称为施工放样。放样是测图的逆过程。测图是将地面上地物、地貌的点位相关位置测绘在图纸上,转换为图面符号之间的位置。放样则是将设计图上的点位测设到地面上,两者测量过程相反。建筑工程测量有以下几方面的任务。

(1)测绘大比例尺地形图。把将要进行工程建设的地区的各种地物(如房屋、道路、铁路、森林植被与河流等)和地貌(地面的高低起伏,如山头、丘陵与平原等)通过外业实际观测和内业数据计算整理,接一定的比例尺绘制成各种地形图、断面图,或用数字模型表示出来,为工程建设的各个阶段提供必要的图纸和数据资料。

(2)建(构)筑物的施工放样。将图纸上设计好的建(构)筑物,按照设计与施工的具体要求在实地标定出来,作为施工的依据。另外,在建筑物施工和设备的安装过程中,也要进行各种测量工作,以配合和指导施工,确保施工和安装的质量。

(3)绘制竣工总平面图。在工程竣工后,必须对建(构)筑物、各种生产生活管道等设施,特别是对隐蔽工程的平面位置和高程位置进行竣工测量,绘制竣工总平面图,为建(构)筑物交付使用前的验收及以后的改建、扩建和使用中的检修提供必要资料。

（4）建筑物的变形观测。在建筑物施工和使用阶段,为了监测其基础和结构的安全稳定状况,了解设计施工是否合理,必须定期对其位移、沉降、倾斜及摆动进行观测,为工程质量的鉴定、工程结构和地基基础的研究及建筑物的安全保护等提供资料。

第二节　地面点位确定

一、地球的形状和大小

由于地球的自转,地球上任一点都受到离心力和地心吸引力的作用,这两个力的合力称为重力。重力的作用线常称为铅垂线,这是因为测量工作取得重力方向的一般方法是用细绳悬挂一个垂球(过去称为铅垂)G,如图 1-1 所示,细绳即为悬挂点 O 的重力方向。铅垂线是测量工作的基准线。

处处与重力方向垂直的连续曲面称为水准面。任何自由静止的水面向内陆延伸形成的封闭曲面都是水准面。与水准面相切的平面称为水平面。水准面因其高度不同而有无数个,其中与平均海水面相吻合的水准面称为大地水准面。大地水准面包围的形体称为大地体。为了确定地面点的位置,必须有一个参照基准面。在实际测量工作中,以大地水准面作为测量的基准面。

地球表面约71%的面积被海洋覆盖,地面高低起伏与地球半径相比很微小,所以人们通常把大地体当做地球的形体。由于地球内部质量分布的不均匀,导致地面上各点的铅垂线方向产生不规则变化,因而大地水准面是一个有微小起伏的不规则曲面,不能用数学式来表述,如图 1-2 所示。长期测量实践表明,大地体与一个以椭圆的短轴为旋转轴的旋转椭球体的形状十分近似,所以测绘工作取大小与大地体很接近的旋转椭球体作为地球的参考形状和大小,如图 1-3 所示。我国目前采用的旋转椭球体的参数值为:

长半径　　$a = 6\ 378\ 140$ m

短半径　　$b = 6\ 356\ 755$ m

扁率　　　$\alpha = (a-b)/a = 1/298.257$

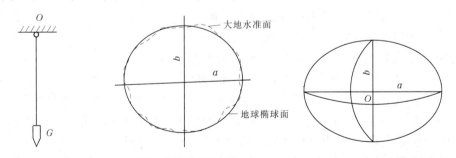

图 1-1　铅垂线　　　图 1-2　大地水准面　　　图 1-3　旋转椭球体

由于旋转椭球体的扁率很小,所以在测量精度要求不高的情况下,可以近似地把地球当做圆球,其平均半径 R 为 6 371 km。

二、地面点位的确定方法

测量工作的基本任务是确定地面点的空间位置。确定地面点的空间位置需要三个量,通常是确定地面点在球面或平面上的投影位置(即地面点的坐标),以及地面点到大地水准面的铅垂距离(即地面点的高程)。

（一）地理坐标

在大区域内确定地面点的位置,以球面坐标系统来表示,用经度、纬度表示地面点在球面上的位置,称为地理坐标。地理坐标又因采用的基准面、基准线的不同而分为天文地理坐标和大地地理坐标两种。

用天文经度 λ 和天文纬度 φ 表示地面点在大地水准面上的位置,称为天文地理坐标。如图1-4所示,过地面上任一点铅垂线与地轴 N—S 所组成的平面称为该点的子午面,过英国格林威治天文台的子午面称为首子午面。子午面与球面的交线称为子午线或经线。球面上 F 点的天文经度是过 F 点的子午面与首子午面所夹的二面角,用 λ 表示。自首子午面向东 $0° \sim 180°$ 称为东经,向西 $0° \sim 180°$ 称为西经。垂直于地轴并通过球心的平面称为赤道面。赤道面与球面的交线称为赤道。垂直于地轴且平行于赤道的平面与球面的交线称为纬线。球面上 F 点的纬度是过 F 点的铅垂线与赤道面的夹角,用 φ 表示。纬度从赤道起向北 $0° \sim 90°$ 称为北纬,向南 $0° \sim 90°$ 称为南纬。例如,北京市中心的天文地理坐标为东经 $116°24'$,北纬 $39°54'$。

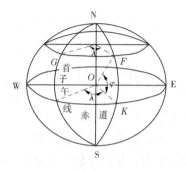

图1-4　地理坐标

（二）独立平面直角坐标

地理坐标是球面坐标,在球面上(尤其是在椭球面上)求解点间的相对位置关系是比较复杂的问题,测量计算和绘图最好在平面上进行。当测量区域较小时,可以用水平面代替作为投影面的球面,用平面直角坐标来确定点位,如图1-5所示。一般而言,面积小于 $25\ \text{km}^2$ 的城镇,可以将水平面作为投影面,地面点在水平面上的投影位置可以用平面直角坐标表示。图1-5中,在水平面上选定一点作为坐标原点,建立平面直角坐标系。纵轴为 x 轴,与南北方向一致,向北为正,向南为负;横轴为 y 轴,与东西方向一致,向东为正,向西为负。如果坐标系的原点

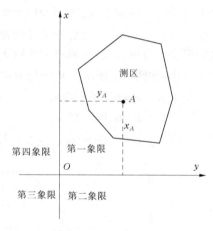

图1-5　独立平面直角坐标

是任意假设的,则称为独立的平面直角坐标系。为了不使坐标出现负值,对于独立测区,往往把坐标原点选在西南角以外的适当位置。

对于地面点的平面直角坐标,可以通过观测有关的角度和距离,通过计算的方法确定。

测量工作采用的独立平面直角坐标系与数学上的平面直角坐标系基本相同,但坐标轴互换,象限顺序相反。测量工作的独立平面直角坐标系的象限,取南北为标准方向顺时针方向量度,这样便于将数学的三角公式直接应用到测量计算上。

（三）高斯平面直角坐标

当测区范围较大时,由于曲面与平面存在较大的差异,不能用水平面代替球面。而作为

大地地理坐标投影面的旋转椭球面又是一个"不可展"曲面,不能简单地展成平面。测量上将旋转椭球面上的点位换算到平面上,称为地图投影。在投影中可能存在角度、距离、面积三种变形,我国采用保证角度不变形的高斯投影方法。如图1-6(a)所示,设想将一个椭圆柱套在旋转椭球外面,并与旋转椭球面上某一条子午线 NOS 相切,同时使椭圆柱的轴位于赤道面内,且通过椭球中心,相切的子午线称为高斯投影面上的中央子午线。将旋转椭球面上的 M 点投影到椭圆柱面上,得 m 点,将椭圆柱面沿其母线剪开,展成平面如图1-6(b)所示,这个平面为高斯投影平面。

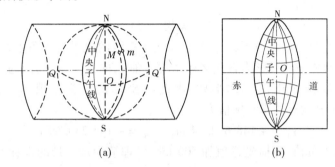

(a)   (b)

图1-6 高斯投影

在高斯投影平面上,中央子午线投影的长度不变,其余子午线的长度大于投影前的长度,离中央子午线愈远长度变形愈大。为使长度变形不大于测量的精度范围,高斯投影的方法从首子午线起每隔经差 6°为一带,自西向东将整个地球分成 60 个带,各带的带号 N 为 $1,2,\cdots,60$,如图1-7所示。第一个 6°带中央子午线的经度为 3°,任意一带中央子午线经度 L_0 可按下式计算

$$L_0 = 6°N - 3° \tag{1-1}$$

式中 N——6°带的带号。

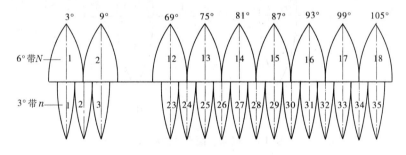

图1-7 高斯投影的分带

在大比例尺测图中,要求投影变形更小,则可用 3°带,如图1-7所示,或 1.5°带投影。3°带中央子午线在奇数带时与 6°带中央子午线重合,各 3°带中央子午线经度为

$$L_0' = 3°n \tag{1-2}$$

式中 n——3°带的带号。

【例1-1】 某一地面点的经度为东经 $160°20'30''$,试问该点在高斯投影 6°带和 3°带分别位于第几号带?其中央子午线经度各是多少?

解:该点在 6°带的带号为

$$\frac{160°20'30''}{6°} = 27（进为整数）$$

其中央子午线的经度为

$$L_0 = 6°N - 3° = 6° \times 27 - 3° = 159°$$

该点在3°带的带号为

$$\frac{160°20'30'' - 1°30'00''}{3°} = 53（进为整数）$$

其中央子午线的经度为

$$L_0' = 3°n = 3° \times 53 = 159°$$

在高斯平面直角坐标系中,以每一带的中央子午线的投影为直角坐标系的纵轴 x,向北为正,向南为负;以赤道的投影为直角坐标系的横轴 y,向东为正,向西为负;两轴交点 O 为坐标原点。由于我国领土位于北半球,因此 x 坐标值均为正值, y 坐标有正有负,如图 1-8(a)所示, A、B 两点的横坐标值为

$$y_A = + 148\ 680.54\ \text{m}, \quad y_B = - 134\ 240.69\ \text{m}$$

为了避免出现负值,将横坐标值加500 km,可理解为每一带的坐标原点向西移了500 km。

如图1-8(b)所示,则 A、B 两点的横坐标值为

$$y_A = 500\ 000 + 148\ 680.54 = 648\ 680.54（\text{m}），$$
$$y_B = 500\ 000 - 134\ 240.69 = 365\ 759.31（\text{m}）$$

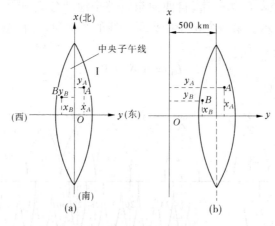

图 1-8　高斯平面直角坐标系

为了根据横坐标值能确定某一点位于哪一个6°(或3°)投影带内,再在横坐标前加注带号,如 A 点位于第21带,则其横坐标值为 $y_A = 21\ 648\ 680.54$ m。

(四)地面点的高程

地面点到大地水准面的铅垂距离称为绝对高程,又称海拔。如图 1-9 中的 A、B 两点的绝对高程为 H_A、H_B。由于受海潮、风浪等影响,海水面的高低时刻在变化。我国在青岛设立验潮站,进行长期观测,取黄海平均海水面作为高程基准面。根据青岛验潮站 1950~1956 年的验潮资料计算确定的平均海水面作为基准面,据以计算地面点高程的系统,称为"1956年黄海高程系",其青岛国家水准原点高程为 72.289 m,该高程系自 1987 年废止并启用

"1985 年国家高程基准"。1985 年国家高程基准是以青岛验潮站 1952～1979 年验潮资料计算确定的平均海水面作为基准面的高程基准，即原点高程为 72. 260 m。在使用测量资料时，一定要注意新旧高程系统，以及系统间的正确换算。

在局部地区，可以假设一个高程基准面作为高程的起算面，地面点到假设高程基准面的铅垂距离称为假定高程或相对高程。如图 1-9 中 A、B 两点的相对高程分别为 H'_A、H'_B。

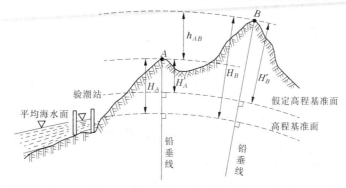

图 1-9　高程、高差及其相互关系

地面上两点高程之差称为高差，以 h 表示。A、B 两点的高差为

$$h_{AB} = H_B - H_A = H'_B - H'_A \tag{1-3}$$

B、A 两点的高差为

$$h_{BA} = H_A - H_B = H'_A - H'_B \tag{1-4}$$

可见

$$h_{AB} = - h_{BA} \tag{1-5}$$

【例 1-2】　某测区采用相对高程，测得 A 点的相对高程 $H'_A = 468. 124$ m。之后该测区与国家水准点 B 进行了联测，测得水准点 B 的相对高程 $H'_B = 482. 444$ m。已知水准点 B 的绝对高程 $H_B = 497. 685$ m，试计算 A 点的绝对高程 H_A。

解：先计算出假定水准面的绝对高程

$$H_{假} = H_B - H'_B = 497. 685 - 482. 444 = 15. 241(\text{m})$$

则 A 点的绝对高程应为

$$H_A = 468. 124 + 15. 241 = 483. 365(\text{m})$$

检核：　$h_{AB} = H_B - H_A = 497. 685 - 483. 365 = 14. 320(\text{m})$

$$h'_{AB} = H'_B - H'_A = 482. 444 - 468. 124 = 14. 320(\text{m})$$

说明计算无误。

（五）用水平面代替水准面的限度

水准面是一个曲面，曲面上的图形投影到平面上，总会产生一定的变形，当变形不超过测量误差的容许范围时，可以用水平面代替水准面。但是在多大面积范围内才容许这种代替，有必要加以讨论。为叙述方便，假定大地水准面为圆球面。

1. 对水平距离的影响

如图 1-10 所示，设地面上 A、B、C 三个点在大地水准面上的投影点为 a、b、c，用过 a 点的切平面代替大地水准面，则地面点在水平面上的投影点为 a、b'、c'，设 ab 的弧长为 D，ab' 的长度为 D'，球面半径为 R，D 所对的圆心角为 θ，则以水平长度 D' 代替弧长 D 所产生的误

差为

$$\Delta D = D' - D = R\tan\theta - R\theta = R(\tan\theta - \theta)$$

$$(1-6)$$

将 $\tan\theta$ 用级数展开为

$$\tan\theta = \theta + \frac{1}{3}\theta^3 + \frac{5}{12}\theta^5 + \cdots$$

因 θ 角很小,只取前两项代入式(1-6)得

$$\Delta D = R\left(\theta + \frac{1}{3}\theta^3 - \theta\right) = \frac{1}{3}R\theta^3$$

以 $\theta = D/R$ 代入上式,得

$$\left.\begin{array}{l} \Delta D = \dfrac{D^3}{3R^2} \\[2mm] \dfrac{\Delta D}{D} = \dfrac{D^2}{3R^2} \end{array}\right\}$$

$$(1-7)$$

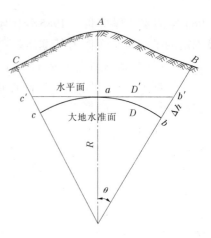

图 1-10　水平面代替水准面对距离的影响

取 $R = 6\ 371$ km,以不同的 D 值代入式(1-7),得到表 1-1 所列的结果。当 $D = 10$ km 时,以水平面代替大地水准面所产生的距离相对误差为 $1:1\ 220\ 000$,这样小的误差,对于精密量距来说也是允许的。因此,在半径为 10 km 的面积范围内进行距离测量时,可以不考虑地球曲率,把水准面当做水平面看待。

表 1-1　以水平面代替大地水准面所产生的距离误差

$D(\text{km})$	$\Delta D(\text{cm})$	$\Delta D/D$
5	0.1	$1:4\ 870\ 000$
10	0.8	$1:1\ 220\ 000$
20	6.6	$1:304\ 000$
50	102.7	$1:48\ 700$

2. 对高程的影响

在图 1-10 中,地面点 B 的绝对高程 H_B 为线段 Bb,用水平面代替大地水准面时,B 点的相对高程 H_B' 为线段 Bb',两者之差 Δh 即为对高程的影响。由图 1-10 得

$$(R + \Delta h)^2 = R^2 + D'^2$$

$$\Delta h = \frac{D'^2}{2R + \Delta h}$$

前已证明 D 与 D' 相差很小,可用 D 代替 D',同时 Δh 与 $2R$ 相比可忽略不计,则

$$\Delta h = \frac{D^2}{2R}$$

当 $D = 0.1$ km 时,$\Delta h = 0.078$ cm;

当 $D = 1$ km 时,$\Delta h = 7.85$ cm;

当 $D = 10$ km 时,$\Delta h = 785$ cm。

上述计算表明,进行高程测量时,应考虑地球曲率对高程的影响。

第三节　测量工作概述

一、测量工作的基本内容

在实际测量工作中,一般不能直接测出地面点的坐标和高程,通常是求得待定点与已测出坐标和高程的已知点之间的几何位置关系,然后推算出待定点的坐标和高程。

如图 1-11 所示,设 A、B 为坐标和高程已知的点,C 为待定点,三点在投影平面上的投影位置分别是 a、b、c。在 $\triangle abc$ 中,只要测出一条未知边和一个角(或两个角、或两条未知边),就可以推算出 c 点的坐标。可见,测定地面点的坐标主要是测量水平距离和水平角。

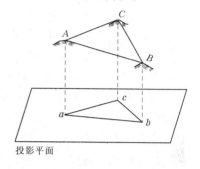

投影平面

图 1-11　确定地面点位的间接方法

欲求 C 点的高程,则要测量出高差 h_{AC}(或 h_{BC}),然后推算出 C 点高程。所以,测定某点高程的主要测量工作是测高差。

综上所述,高差测量、水平角测量、水平距离测量是测量工作的基本内容。

二、测量工作的基本原理

地表形态和建筑物形状是由许多特征点决定的,在进行建筑工程测量时,就需要测定(或测设)许多特征点(也称碎部点)的平面位置和高程。如果从一个特征点开始逐点进行施测,虽可得到欲测各点的位置,但由于测量工作中存在不可避免的误差,会导致前一点的量度误差传递到下一点,这样累积起来,最后可能使点位误差达到不可容许的程度。因此,测量工作必须按照一定的原则进行。

在实际测量工作中,应遵循的原则之一是"从整体到局部、先控制后碎部"。也就是先在测区内选择一些有控制意义的点(称为控制点),把它们的平面位置和高程精确地测定出来,然后根据这些控制点测定出附近碎部点的位置。这种测量方法可以减少误差积累,而且可以同时在几个控制点上进行测量,加快工作进度。此外,测量工作必须重视检核,防止发生错误,避免错误的结果对后续测量工作的影响。因此,"前一步工作未做检核不进行下一步工作",这是测量工作应遵循的又一个原则。

小　结

建筑工程测量是工程测量学的分支,工程测量学是测绘学的二级学科之一。建筑工程测量包括建筑工程在规划设计、施工和运营管理阶段所进行的各种测量工作。在不同的领域中,工程测量工作的内容和步骤并不完全相同,建筑工程测量的主要任务包括地形测图、施工测量及变形观测。我们着重要掌握高程测量、角度测量、距离测量的基本方法,具备施工放样、地形图识图、用图和对建筑物进行变形监测的能力。至于地形图测绘等工作,则主要由测绘专业人员完成。

地球的形状主要由大地水准面所包围的形状决定,地面点空间位置由地理坐标、独立平面直角坐标和高斯平面直角坐标及高程等确定。

"从整体到局部、先控制后碎部"是测量工作所遵循的原则。无论是地形测量还是施工测量,都要遵循此项原则。尽管随着现代测量技术的发展,有时控制测量和碎部测量可同时进行,但测量的检核原则是测量工作必须遵守的。

思考题与习题

1. 测绘学的二级学科有哪些?

2. 一般的工程建设分为哪三个阶段?

3. 工程测量学的定义是什么?

4. 建筑工程测量的任务与作用是什么?

5. 建筑工程测量的内容主要包括哪些方面?对你学的专业起什么作用?

6. 什么叫水平面?什么叫水准面?什么叫大地水准面?它们有何区别?

7. 什么叫绝对高程(海拔)?什么叫相对高程?什么叫高差?

8. 表示地面点位有哪几种坐标系统?各有什么用途?

9. 某市的大地经度为125°19′,试计算它所在6°带和3°带的带号及其中央子午线的经度。

10. 测得一地面点的相对高程为428.524 m。已知该相对高程的假定水准面的绝对高程为42.617 m,试计算该点的绝对高程。

11. 测量的基本要素有哪些?测量工作的基本原则是什么?

第二章　水准测量

测定地面点高程的工作称为高程测量。根据使用仪器及施测方法的不同,测定地面点高程的方法有几何水准测量（简称水准测量）、三角高程测量（间接高程测量）、GPS 高程测量和气压高程测量（物理高程测量）。其中水准测量的精度较高,是最主要的高程测量方法。三角高程测量是测量两点间的水平距离或倾斜距离及竖直角,然后利用三角函数公式计算出两点间的高差。三角高程测量速度较快,大多用于丘陵或山区的高程控制,三角高程测量的精度较水准测量精度低。GPS 高程测量是利用空间距离后方交会原理来测量高程的。气压高程测量是利用气压随着高程的增加而逐渐减少的原理来测量高程的。由于水准测量的精度高,国家高程控制测量和施工测量中常采用水准测量。本章主要介绍水准测量的原理、仪器、操作方法、计算和检验校正。

第一节　水准测量原理

水准测量的基本原理是利用水准仪提供的水平视线,借助两个点上水准尺读数,测得地面两点之间的高差,然后根据已知点高程推算出未知点高程。

如图 2-1 所示,已知 A 点的高程 H_A,欲测定 B 点的高程 H_B,则可在 A、B 两点的中间安置一台水准仪,并分别在 A、B 两点上各竖立一根水准尺,通过水准仪的望远镜读取水平视线分别在 A、B 两点上的水准尺读数。若水准测量是由 A 点到 B 点方向,则规定 A 为后视点,其标尺读数 a 称为后视读数;B 为前视点,其标尺读数 b 称为前视读数。A 点到 B 点的高差或 B 点相对于 A 点的高差为

$$h_{AB} = a - b \qquad (2-1)$$

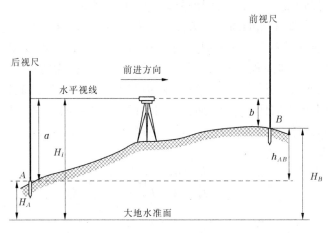

图 2-1　水准测量原理

由式(2-1)可知,高差等于后视读数减去前视读数。若 $a > b$,高差为正,A 点较 B 点低;

若 $a < b$,高差为负, A 点较 B 点高。待定点 B 的高程为

$$H_B = H_A + h_{AB} \qquad (2\text{-}2)$$

从以上可见,水准测量的基本原理是利用水平视线来比较两点的高低,求出两点的高差。由视线高计算 B 点高程的方法,在建筑工程测量中被广泛应用。由图 2-1 可知, A 点的高程加上后视读数等于水准仪的视线高程,简称视线高,设为 H_i ,即

$$H_i = H_A + a \qquad (2\text{-}3)$$

则 B 点的高程等于视线高减去前视读数,即

$$H_B = H_i - b = (H_A + a) - b \qquad (2\text{-}4)$$

式(2-4)特别适用于根据一个后视点的高程同时测定多个前视点的高程的工作。如图 2-2 所示,当架设一次水准仪要测量多个前视点 B_1 , B_2 ,…, B_n 点的高程时,则将水准仪架设在适当的位置,对准后视点 A ,读取中丝读数 a ,按式(2-3)计算出视线高 $H_i = H_A + a$,然后用水准仪照准竖立在 B_1 , B_2 ,…, B_n 点上的水准尺并分别读取读数为 b_1 , b_2 ,…, b_n ,则可按式(2-4)计算 B_1 , B_2 ,…, B_n 点的高程。

【例2-1】 图 2-1 中已知 A 点高程为 54.892 m,后视读数为 1.432 m,前视读数为 0.578 m,求 B 点高程。

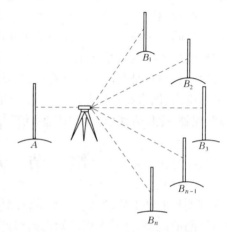

图 2-2　用视线高法计算多点高程

解: B 点对于 A 点的高差为

$$h_{AB} = 1.432 - 0.578 = 0.854(\text{m})$$

B 点高程为

$$H_B = 54.892 + 0.854 = 55.746(\text{m})$$

在水准测量工作中,若已知水准点到待定水准点之间的距离较远或高差较大,仅安置一次仪器无法测得两点之间的高差,则可分段连续进行测量。

如图 2-3 所示,设已知 A 点的高程为 H_A ,要定 B 点的高程,由于两点之间距离较远,必须在 A 、 B 两点之间连续设置若干个测站。进行观测时,每安置一次仪器观测两点间的高差,称为一个测站;作为传递高程的临时立尺点 1 , 2 ,…, $n-1$ 称为转点(TP)。它们在前一测站先作为待求高程的点,然后在下一测站再作为已知高程的点,转点起传递高程的作用。转点非常重要,转点上产生的任何差错,都会影响到以后所有点的高程。为了保证高程传递的准确性,在两相邻测站的观测过程中,必须使转点保持稳定。

各测站的高差为

$$h_1 = a_1 - b_1$$
$$h_2 = a_2 - b_2$$
$$\vdots$$
$$h_n = a_n - b_n$$

A 、 B 两点之间的高差为

$$h_{AB} = h_1 + h_2 + \cdots + h_n = \sum h = \sum a - \sum b \qquad (2\text{-}5)$$

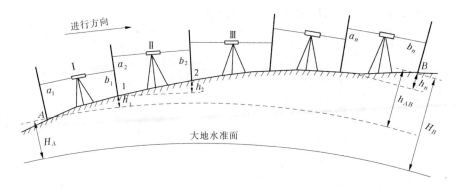

图 2-3　转点法测距离较远的高程

即两点的高差等于连续各段高差的代数和,也等于后视读数之和减去前视读数之和。通常要同时用 $\sum h$ 和 $\sum a - \sum b$ 进行计算,用来检核计算是否有误。

第二节　水准测量的仪器、工具及使用

水准仪是进行水准测量的主要仪器,它可以提供水准测量所必需的水平视线。目前,通用的水准仪从构造上可分为两大类:一类是利用水准管来获得水平视线的水准管水准仪,其主要形式称微倾式水准仪;另一类是利用补偿器来获得水平视线的自动安平水准仪。此外,尚有一种新型水准仪——电子水准仪,它配合条纹编码尺,利用数字化图像处理的方法,可自动显示高程和距离,使水准测量实现了自动化。

水准仪的类型很多,中国按其精度指标划分为 DS_{05}、DS_1、DS_3 和 DS_{10} 四个等级,D 和 S 分别为"大地测量"和"水准仪"汉语拼音的第一个字母,下角数字 05、1、3、10 等指用该类型水准仪进行水准测量时每千米往、返测高差中数的偶然中误差值,分别不超过 ± 0.5 mm、± 1 mm、± 3 mm、± 10 mm。一般可省略 D 只写 S。DS_{05}、DS_1 为精密水准仪,主要用于国家一、二等精密水准测量和精密工程测量;DS_3 主要用于国家三、四等水准测量和常规工程测量,建筑工程测量中常用的是 DS_3(S_3)型水准仪。

一、S_3 型微倾式水准仪的构造

根据水准测量原理,水准仪的主要作用是提供水平视线,并在水准尺上读数。如图 2-4 所示是中国生产的 S_3 型微倾式水准仪。它是通过调整水准仪的微倾螺旋使管水准气泡居中而获得水平视线的一种仪器设备。S_3 型微倾式水准仪由下列三个主要部分组成:

(1)望远镜。它可以提供视线,并可读出远处水准尺上的读数。

(2)水准器。它用于指示仪器或视线是否处于水平位置。

(3)基座。它用于置平仪器,它支承仪器的上部并能使仪器的上部在水平方向转动。

水准仪各部分的名称见图 2-4。基座上有三个脚螺旋,调节脚螺旋可使圆水准器的气泡移至中央,使仪器粗略整平。望远镜和管水准器与仪器的竖轴联结成一体,竖轴插入基座的轴套内,可使望远镜和管水准器在基座上绕竖轴旋转。制动螺旋和微动螺旋用来控制望远镜在水平方向的转动。制动螺旋松开时,望远镜能自由旋转;制动螺旋旋紧时,望远镜则固定不动。旋转微动螺旋可使望远镜在水平方向作缓慢的转动,但只有在制动螺旋旋紧时,

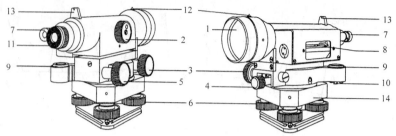

1—物镜;2—物镜调焦螺旋;3—微动螺旋;4—制动螺旋;5—微倾螺旋;6—脚螺旋;

7—管水准气泡观察窗;8—管水准器;9—圆水准器;10—圆水准器校正螺钉;

11—目镜;12—准星;13—照门;14—基座

图 2-4 S₃ 型微倾式水准仪

微动螺旋才能起作用。旋转微倾螺旋可使望远镜连同管水准器作微量的俯仰倾斜,从而可使视线精确整平。因此,这种水准仪称为微倾式水准仪。

(一)望远镜

望远镜是构成水平视线、瞄准目标并对水准尺进行读数的主要部件。根据在目镜端观察到的物体成像情况,望远镜可分为正像望远镜和倒像望远镜。如图 2-5 所示为望远镜的构造图,它由物镜、调焦透镜、十字丝分划板、目镜等组成。

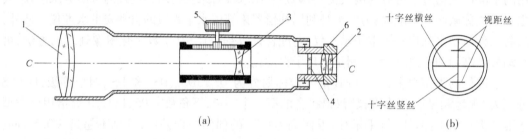

(a)   (b)

1—物镜;2—目镜;3—物镜调焦透镜;4—十字丝分划板;

5—物镜调焦螺旋;6—目镜调焦螺旋

图 2-5 倒像望远镜的构造

十字丝分划板的作用是瞄准目标和读数。十字丝分划板是由平板玻璃片制成的,上面刻有两条相互垂直的长线,竖直的一条称为十字丝竖丝,水平的一条称为十字丝横丝,平板玻璃片装在分划板座上,分划板座固定在望远镜筒上。在横丝的上下还对称地刻有两条与中丝平行的短横线,是用来测量水准仪到水准尺之间的水平距离,称为视距丝。物镜光心与十字丝交点的连线称为望远镜的视准轴,视准轴是瞄准目标和读数的依据。

望远镜的成像原理如图 2-6 所示。目标 AB 发出的光线经过物镜和调焦透镜的作用在镜筒内构成倒立的小实像 ab,转动调焦螺旋时,调焦透镜随之前后移动,使远近不同的目标清晰地成像在十字丝分划板上;再经过目镜放大,使倒立的小实像放大成为倒立的大虚像 a'b',同时十字丝分划板也被放大。

把经望远镜放大的虚像与眼睛直接看到的目标大小的比值称为望远镜的放大率,通常用 $V = \beta/\alpha$ 表示。《城市测量规范》(CJJ 8—99)要求,S₃ 型水准仪的望远镜放大率一般不低于 28 倍。

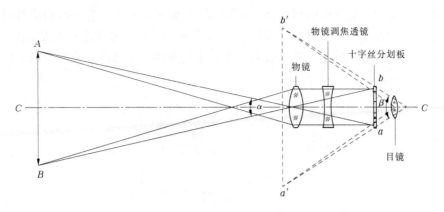

图 2-6　望远镜的成像原理

(二)水准器

水准器是用以置平仪器的一种设备,是测量仪器上的重要部件。水准器分为管水准器和圆水准器两种。

1. 管水准器

管水准器又称水准管,是一个封闭的玻璃管,管的内壁在纵向磨成圆弧形,其半径可自 0.2 m 至 100 m。管内盛酒精或乙醚或两者混合的液体,并留有一气泡(见图 2-7)。管面上刻有间隔为 2 mm 的分划线,分划的中点称水准管的零点。过零点与管内壁在纵向相切的直线称水准管轴。当气泡的中心点与零点重合时,称气泡居中,气泡居中时水准管轴位于水平位置。

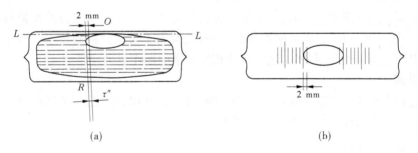

(a)　　　　　　　　　　　　　　(b)

图 2-7　管水准器

水准管上一格(2 mm)所对应的圆心角称为水准管的分划值。根据几何关系可以看出,分划值也是气泡移动一格水准管轴所变动的角值(见图 2-8)。水准仪上水准管的分划值 τ 为 $10'' \sim 20''$,水准管的分划值愈小,视线置平的精度愈高。但水准管的置平精度还与水准管的研磨质量、液体的性质和气泡的长度有关。在这些因素的综合影响下,使气泡移动 0.1 格时水准管轴所变动的角值称水准管的灵敏度。能够被气泡的移动反映出水准管轴变动的角值愈小,水准管的灵敏度就愈高。

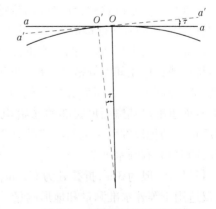

图 2-8　水准管轴变动示意图

为了提高水准管气泡居中的精度，S₃型水准仪在水准管上方安置一组符合棱镜，当气泡两端的半边影像经过三次反射后，其影像反映在望远镜的符合水准器的放大镜内，若气泡不居中，气泡两端半边影像错开，当转动微倾螺旋使气泡两端半边的影像吻合时，气泡完全居中，如图2-9所示。

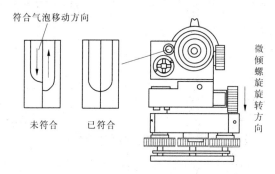

图2-9 符合水准器及操作

2. 圆水准器

圆水准器一般装在基座上，用于粗略整平，如图2-10所示。圆水准器是一个密封的顶面内壁磨成球面的玻璃圆盒，球面中央有圆分划圈，圆圈的中心 S 为水准器的零点。通过零点的球面法线称为圆水准器轴，当圆水准器气泡居中时，圆水准器轴即成竖直，这时切于零点的平面

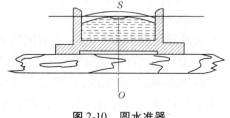

图2-10 圆水准器

也就成水平面。当气泡不居中时，气泡中心偏移零点 2 mm，轴线所倾斜的角值称为圆水准器分划值，一般为 8′~10′。圆水准器的精度较低，只用于仪器的粗略整平。圆水准器的分划值制做得较水准管的分划值大，这样可使粗略整平的操作能迅速完成。

（三）基座

基座起到支承仪器和连接仪器与三脚架的作用，由轴座、底板、三角压板及三个脚螺旋组成。转动三个脚螺旋可使水准器气泡居中。

二、水准尺和尺垫

水准尺是与水准仪配合进行水准测量的重要工具，常用优质木材或玻璃钢、金属材料制造，长度为 2~5 m，根据构造可以分为双面水准尺、折尺和塔尺三种，如图2-11所示。

双面水准尺多用于三、四等水准测量，一般尺长为 3 m，如图2-11所示，尺面每隔 1 cm 涂以黑白或红白相间的分格，每分米处有数字。尺子底面钉有铁片，以防磨损。黑白相间分格的称为黑面尺；另一面为红白相间，称为红面尺。在水准测量中，水准尺必须成对使用。每对双面水准尺其黑面尺底部的起始均为零，而红面尺底部的起始数分别为 4 687 mm 和 4 787 mm，两把尺红面注记的零点差为 0.1 m。为使水准尺更精确地处于竖直位置，多数水准尺的侧面装有圆水准器。

折尺长一般为 3 m，折叠处为 1.5 m，尺面分划值为 1 cm 或 0.5 cm。因连接处稳定性较差，仅适用于等外水准测量和地形测量。

塔尺长一般为 5 m，分 3 节套接而成，可以伸缩，尺底从零起算，尺面分划值为 1 cm 或

0.5 cm。因塔尺连接处稳定性较差，仅适用于等外水准测量。

尺垫如图2-12所示，用生铁铸成，一般为三角形，中央有一突出的半圆球。水准尺立于半圆球顶部，下有三个尖脚可以插入土中，尺垫通常用于转点上，使用时应使其稳定、牢固。

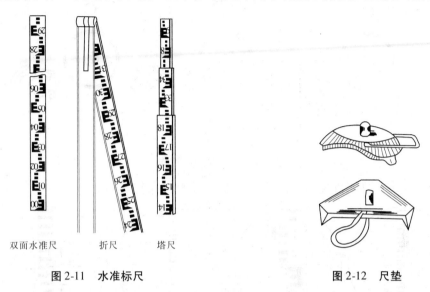

图2-11　水准标尺

双面水准尺　　折尺　　塔尺

图2-12　尺垫

三、微倾式水准仪的使用

微倾式水准仪的基本操作程序包括安置水准仪、粗略整平、照准和调焦、精确整平和读数。现分述如下。

（一）安置水准仪

将水准仪架设在两根水准尺中间，首先松开三脚架架腿的固定螺旋，按观测者的身高调节好三个架腿的高度，目估脚架顶面大致水平，用脚踩实三脚架腿，使脚架稳定、牢固，再拧紧固定螺旋。三脚架安置好后，从仪器箱中取出仪器，旋紧中心连接螺旋将水准仪固定在三脚架头上，以防仪器从三脚架头上摔下来。

（二）粗略整平（粗平）

松开水平制动螺旋，转动仪器，将圆水准器置于两个脚螺旋之间，当气泡中心偏离零点位于 m 处时，如图2-13（a）所示。用两手同时相对（向内或向外）转动1、2两个脚螺旋（此时气泡移动方向与左手拇指移动方向相同，即左手原则），使气泡沿1、2两螺旋连线的平行方向移至中间 n 处。然后转动第三个脚螺旋，使气泡居中，如图2-13（b）所示。初学者一般先练习用一只手操作，熟练后再用双手操作。

另外，还可以按照"顺高逆低"的原则来调整脚螺旋，即某脚螺旋按顺时针方向旋转，则该方向会变高，若按逆时针方向旋转，则该方向会变低，此原则和左手原则是一致的。

（三）照准和调焦

（1）将望远镜对准明亮的背景，旋转目镜调焦螺旋，使十字丝成像清晰。

（2）转动望远镜，利用望远镜镜筒上的缺口和准星的连线，粗略瞄准水准尺，拧紧水平制动螺旋。

（3）旋转物镜调焦螺旋，并从望远镜内观察至水准尺影像清晰，然后转动水平微动螺

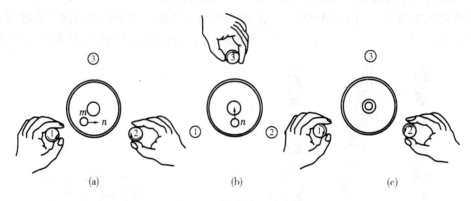

图2-13 粗略整平的过程

旋,使十字丝竖丝照准水准尺中央稍偏一点,以便读数,如图2-14所示。

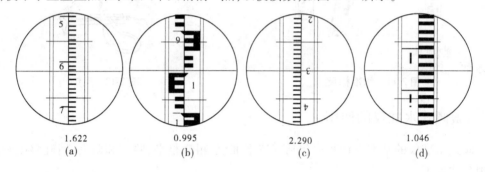

图2-14 水准尺上的读数

（4）消除视差:当眼睛在目镜端上下移动时,若发现十字丝与目标影像有相对运动,这种现象称为视差,如图2-15（a）、（b）所示。产生视差的原因是水准尺成像平面与十字丝平面不重合。由于视差的存在会影响到读数的正确性,必须加以消除。消除的方法是重新仔细地进行物镜对光,直到眼睛在目镜端上下移动,读数不变,如图2-15（c）所示。此时,从目镜端看到十字丝与水准尺的像都很清晰。

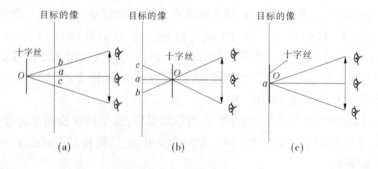

图2-15 十字丝视差

（四）精确整平

精确整平又称为精平,是指在读数前转动微倾螺旋使符合水准器两端半边气泡严密吻合,从而使视准轴精确水平。其做法是:转动位于目镜右下方的微倾螺旋,从气泡观察窗内看符合水准器的两端半边气泡影像是否吻合,若吻合,则说明管水准器气泡居中,如图 2-16 所示。在转动微倾螺旋时要缓慢而匀速,右手大拇指转动微倾螺旋的方向与左半边气泡影像移动方向一致,以此来确定旋转方向。

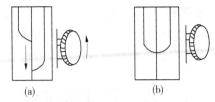

图 2-16　转动微倾螺旋

旋转微倾螺旋,会改变望远镜和竖轴的关系,当望远镜由一个方向转变到另一个方向时,水准管气泡一般不再符合。所以,望远镜每次变动方向后,也就是在每次读数前,都需要调节微倾螺旋重新使气泡符合。

(五)读数

当水准管气泡居中时,应立即读取十字丝横丝在水准尺上截取的读数,从尺上可直接读取米、分米和厘米数,并估读出毫米数。如图 2-17 所示,读数为 1.608 m,读后应检查水准管气泡是否符合,若不符合应再精确整平,重新读数。若用双面尺进行水准测量,完成黑面尺的读数后,将水准尺旋转 180°,立即读取红面尺的读数,若两读数之差等于该尺尺常数,说明读数正确,如图 2-18 所示。

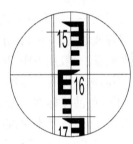

图 2-17　水准尺读数

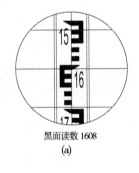 

黑面读数 1608　　　　　红面读数 6295
(a)　　　　　　　　　(b)

图 2-18　双面尺读数

精平和读数虽是两项不同的操作步骤,但有时在水准测量施测过程中把这两项操作视为一个整体,即先精平后读数,读数前需要检查水准管气泡影像是否严密吻合。只有这样,才能保证读取的读数是视线水平时的读数。

四、微倾式水准仪满足的基本条件

如图 2-19 所示,水准仪有四条主要轴线,它们是管水准器轴(LL)、望远镜视准轴(CC)、圆水准器轴($L'L'$)和仪器竖轴(VV)。水准测量基本原理要求水准仪能够提供一条

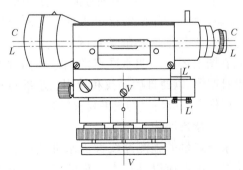

图 2-19　水准仪的主要轴线

水平视线。为此,各个轴线之间需要满足以下条件:

（1）圆水准器轴平行于仪器竖轴（$L'L' /\!/ VV$）。

（2）十字丝的横丝应垂直于仪器的竖轴（中丝应水平）。

（3）视准轴应平行于水准管轴（$LL /\!/ CC$）。

在水准仪出厂时经过检验已满足上述条件,但由于运输中的振动和长期使用的影响,各轴线的关系可能发生变化,因此作业之前必须对仪器进行检验与校正。

第三节　普通水准测量

一、水准点与水准路线

（一）水准点

为了统一全国高程系统和满足科学研究、各种比例尺测图和工程建设的需要,测绘部门在全国各地埋设了许多固定的测量标志,并用水准测量的方法测定了它们的高程,这些标志称为水准点,一般用 BM（Bench Mark）表示。国家等级的水准点应按要求设置永久性固定标志;不需永久保存的水准点,可在地面上打入木桩,或在坚硬的岩石、建筑物上设置固定标志,并用红色油漆标注记号和编号。地面水准点应按一定规格埋设,水准点标石的类型可分为基岩水准标石、基本水准标石、普通水准标石和墙角水准标志等四种。顶部设置有不易腐烂的材料制成的半球状标志,如图 2-20（a）所示;墙角水准点应按要求设置在永久性建筑物上,如图 2-20（b）所示。

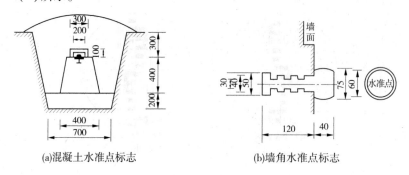

(a)混凝土水准点标志　　　　(b)墙角水准点标志

图 2-20　水准点标志　（单位:mm）

水准点埋设之后,为便于以后使用时寻找,应做点之记,即详细绘出水准点与附近固定建筑物或其他地物的关系图（如图 2-21 所示）,在图上还要写明水准点的编号和高程及测设日期等,以便日后寻找和使用。水准点点之记应作为水准测量的成果妥善保管。

（二）水准路线

水准测量的施测路线称为水准路线。水准路线的选取应以满足本工程的需要为出发

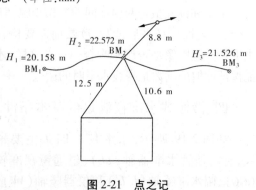

图 2-21　点之记

点,水准路线应尽量沿着公路大道布设,其原因在于路线通过的地面坚实,仪器和水准尺都能稳定。为了不增加测站数,并保证足够的测量精度,所选水准路线的坡度要小。

水准路线的布设分为单一水准路线和水准网。单一水准路线有三种形式,即闭合水准路线、附合水准路线和支水准路线。

如图2-22(a)所示,从一已知高程的水准点 BM_1 出发,沿一条环形路线进行水准测量,测定沿线若干水准点的高程,最后又回到原水准点 BM_1,这种水准路线称为闭合水准路线。

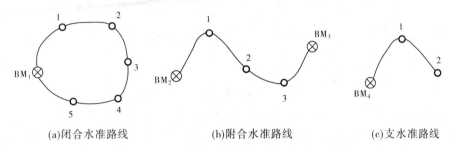

(a)闭合水准路线　　　　　(b)附合水准路线　　　　　(c)支水准路线

图2-22　单一水准路线的三种形式

如图2-22(b)所示,从一个已知高程的水准点 BM_2 出发,沿一条路线进行水准测量,以测定另外一些水准点的高程,最后联测到另一个已知高程的水准点 BM_3,这种水准路线称为附合水准路线。

如图2-22(c)所示,从一个已知高程水准点 BM_4 出发,既不附合到其他高级水准点上,也不自行闭合,这种水准路线称为支水准路线。为了对测量成果进行检核,并提高测量成果的精度,支水准路线必须进行往返测量,此外还应限制其路线长度,一般地形测量中支水准路线长度不能超过 4 km。

如图2-23 所示,当几条附合水准路线或闭合水准路线连接在一起时,就形成了水准网。水准网可使检核成果的条件增多,因而可提高成果的精度。

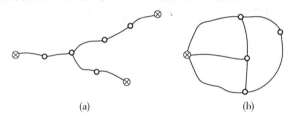

(a)　　　　　　　　　　(b)

图2-23　水准网

二、水准测量的施测方法

水准测量的施测方法如图2-24 所示,图中 A 为已知高程的点,B 为待求高程的点。首先在已知高程的起始点 A 上竖立水准尺,在测量前进方向离起点不超过 200 m 处设立第一个转点 TP_1,必要时可放置尺垫,并竖立水准尺。在离这两点等距离处安置水准仪。仪器粗略整平后,先照准起始点 A 的水准尺,用微倾螺旋使气泡符合后,读取 A 点的后视读数。然后照准转点 TP_1 上的水准尺,气泡符合后读取 TP_1 点的前视读数。把读数记入手簿,并计算出这两点间的高差。此后,在转点 TP_1 处的水准尺不动,仅把尺面转向前进方向。在 A 点的水准尺和水准仪则向前转移,水准尺安置在与第一站有同样间距的转点 TP_2,而水准仪则安置在离 TP₁、TP₂ 两转点等距离处的测站处。按第一站同样的步骤和方法读取后视读数和前视读数，并计算出高差。如此继续进行，直到到达待求高程点 B。

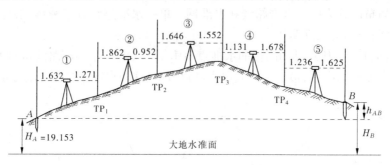

图 2-24　水准测量施测 （单位:m）

观测所得每一读数应立即记入手簿,水准测量手簿格式见表 2-1。填写时应注意把各个读数正确地填写在相应的行和栏内。例如仪器在第一个测站时,起点 A 上所得水准尺读数 1.632 应记入该点的后视读数栏内,照准转点 TP₁ 所得读数 1.271 应记入 TP₁ 点的前视读数栏内。后视读数减前视读数得 A、TP₁ 两点的高差 +0.361,记入高差栏内。以后各测站观测所得均按同样方法记录和计算。各测站所得的高差代数和 $\sum h$,就是从起点 A 到终点 B 总的高差。终点 B 的高程等于起点 A 的高程加上 A、B 间的高差。因为测量的目的是求 B 点的高程,所以各转点的高程不需计算。

表 2-1　水准测量手簿（一）

观测日期＿＿＿＿＿＿　　　仪器型号＿＿＿＿＿＿　　　观测者＿＿＿＿＿＿
天　　　气＿＿＿＿＿＿　　　工程名称＿＿＿＿＿＿　　　记录者＿＿＿＿＿＿

测站	测点	后视读数	前视读数	高差（m） +	高差（m） −	高程（m）	备注
1	A	1.632		0.361		19.153	已知 A 点高
	TP₁		1.271				程为 19.153 m
2	TP₁	1.862		0.910			
	TP₂		0.952				
3	TP₂	1.646		0.094			
	TP₃		1.552				
4	TP₃	1.131			0.547		
	TP₄		1.678				
5	TP₄	1.236			0.389		
	B		1.625			19.582	
	$\sum$	7.507	7.078	1.365	0.936		
校核计算		$\sum a - \sum b = +0.429$,　　$\sum h = +0.429$					

为了节省手簿的篇幅,在实际工作中常把水准手簿格式简化成表 2-2 的形式。这种格式实际上是把同一转点的后视读数和前视读数合并填在一行内,两点间的高差则一律填写在该测站前视读数的同一行内。其他计算和检核均相同。

表 2-2　水准测量手簿(二)

观测日期＿＿＿＿＿＿＿＿＿　仪器型号＿＿＿＿＿＿＿＿＿　观测者＿＿＿＿＿＿＿＿＿

天　　气＿＿＿＿＿＿＿＿＿　工程名称＿＿＿＿＿＿＿＿＿　记录者＿＿＿＿＿＿＿＿＿

测点	后视读数	前视读数	高差(m)		高程(m)	备注
			+	−		
A	1.632				19.153	已知 A 点高程为 19.153 m
TP_1	1.862	1.271	0.361			
TP_2	1.646	0.952	0.910			
TP_3	1.131	1.552	0.094			
TP_4	1.236	1.678		0.547		
B		1.625		0.389	19.582	
Σ	7.507	7.078	1.365	0.936		
校核	\multicolumn{6}{c}{$\sum a - \sum b = +0.429$,　$\sum h = +0.429$}

在每一测段结束后或手簿上每一页之末,必须进行计算检核。检查后视读数之和减去前视读数之和($\sum a - \sum b$)是否等于各站高差之和($\sum h$),并等于终点高程减起点高程。如不相等,则计算中必有错误,应进行检查。但应注意这种检核只能检查计算工作有无错误,而不能检查出测量过程中所产生的错误,如读错、记错等。

三、水准测量成果计算

在外业水准测量中,不管采用哪种测量方法和测站检核都不能保证整条水准路线的观测高差计算没有错误。因此,在内业计算前,必须对外业手簿进行检查,检查无误方可进行水准路线的检核和成果计算。

(一)高差闭合差及其允许值的计算

1. 附合水准路线

附合水准路线是由一个已知高程的水准点测量到另一个已知高程的水准点,各段测得的高差总和 $\sum h_{测}$ 应等于两水准点的高程之差 $\sum h_{理}$。但由于测量误差的影响,使得实测高差总和与其理论值之间有一个差值,这个差值称为附合水准路线的高差闭合差。

$$f_h = \sum h_{测} - \sum h_{理} = \sum h_{测} - (H_{终} - H_{始}) \tag{2-6}$$

式中　f_h——高差闭合差,m;

　　　$\sum h_{测}$——实测高差总和,m;

　　　$H_{终}$——路线终点已知高程,m;

　　　$H_{始}$——路线起点已知高程,m。

2. 闭合水准路线

闭合水准路线由于路线起闭于同一个水准点,因此高差总和的理论值应等于零,但因测量误差的存在使得实测高差的总和往往不等于零,其差值称为闭合水准路线的高差闭合差。

$$f_h = \sum h_{测} \tag{2-7}$$

3.支水准路线

通过往返观测,得到往返高差的总和$\sum h_{往}$和$\sum h_{返}$,理论上应大小相等、符号相反,但由于测量误差的影响,两者之间产生一个差值,这个差值称为支水准路线闭合差。

$$f_h = \sum h_{往} - \sum h_{返} \tag{2-8}$$

闭合差产生的原因很多,如仪器的精密程度、观测者的分辨能力、外界条件的影响等,但其数值必须限定在一定范围内。《城市测量规范》(CJJ 8—99)规定:在平坦地区,图根水准测量路线高差闭合差的容许值规定为

$$f_{h容} = \pm 40\sqrt{L} \tag{2-9}$$

式中　$f_{h容}$——高差闭合差的容许值,mm;

　　　L——水准路线长度,km。

在山地,每千米水准测量的测站数超过 16 站时,高差闭合差的容许值规定为

$$f_{h容} = \pm 12\sqrt{n} \tag{2-10}$$

式中　n——水准路线的测站总数。

附合水准路线或闭合水准路线长度不得大于 8 km,结点间水准路线长度不得大于 6 km,支水准路线长度不得大于 4 km。在这个长度范围内,若高差闭合差小于容许值,则成果符合要求,否则应查明原因,重新观测。

(二)高差闭合差的调整和高程计算

1.高差闭合差的调整

当高差闭合差f_h在容许范围之内时,可调整闭合差。附合水准路线或闭合水准路线高差闭合差分配的原则是将闭合差按距离或测站数成正比例反号改正到各测段的观测高差上。高差改正数按式(2-11)或式(2-12)计算:

$$v_i = -\frac{f_h}{\sum L}L_i \tag{2-11}$$

或

$$v_i = -\frac{f_h}{\sum n}n_i \tag{2-12}$$

式中　v_i——测段高差的改正数,m;

　　　f_h——高差闭合差,m;

　　　$\sum L$——水准路线总长度,m;

　　　L_i——测段长度,m;

　　　$\sum n$——水准路线测站数总和;

　　　n_i——测段测站数。

高差改正数的总和应与高差闭合差大小相等、符号相反,即

$$\sum v_i = -f_h \tag{2-13}$$

用式(2-13)检核计算的正确性。

2.计算改正后的高差

将各段高差观测值加上相应的高差改正数,求出各段改正后的高差,即

$$h_i = h_{测} + v_i \tag{2-14}$$

对于支水准路线,当闭合差符合要求时,可按式(2-15)计算各段平均高差

$$h = \frac{h_{往} - h_{返}}{2} \tag{2-15}$$

式中　h——平均高差,m;

　　　$h_{往}$——往测高差,m;

　　　$h_{返}$——返测高差,m。

3. 计算各点高程

根据改正后的高差,由起点高程逐一推算出其他各点的高程。最后一个已知点的推算高程应等于它的已知高程,以此检查计算是否正确。

(三)实例

1. 闭合水准路线成果计算

如图 2-25 所示,A 点为已知水准点,A 点的高程为 40.238 m,其观测成果见图所列,计算 1、2、3 点的高程。

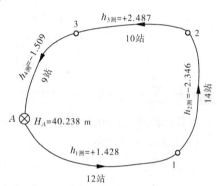

图 2-25　闭合水准路线简图　(单位:m)

1)已知数据和观测数据的填写

将点号 A、1、2、3、A 按顺序由上到下填入第一列"点号"一栏中,再将起始点高程 40.238 填入第六列"高程"一栏中,然后将测站数和测得的高差分别填入相应的栏中,见表 2-3。

表 2-3　闭合水准路线成果计算

点号	测站数	观测高差(m)	改正数(mm)	改正后高差(m)	高程(m)	备注
A	12	+ 1.428	− 16	+ 1.412	40.238	已知
1	14	− 2.346	− 19	− 2.365	41.650	
2	10	+ 2.487	− 13	+ 2.474	39.285	
3					41.759	
A	9	− 1.509	− 12	− 1.521	40.238	已知
Σ	45	f_h = + 60 mm	− 60	0		
辅助计算	$f_h = h_{1测} + h_{2测} + h_{3测} + h_{4测} = +60$ mm $f_{h容} = \pm 12\sqrt{45} = \pm 80 (mm),\quad |f_h| < |f_{h容}|,$观测成果合格					

2)高差闭合差的计算

由式(2-7)计算高差闭合差:

$$f_h = \sum h_{测} = h_{1测} + h_{2测} + h_{3测} + h_{4测} = + 60 \text{ mm}$$

由式(2-10)计算高差闭合差的容许值:

$$f_{h容} = \pm 12\sqrt{n} = \pm 12\sqrt{45} = \pm 80 (mm)$$

$|f_h| < |f_{h容}|$，符合测量规范的要求，可以对闭合差进行调整。

3）高差闭合差的调整

高差闭合差的分配原则是按与测站数 n 成正比反号分配。设 v_i 表示第 i 测段的高差闭合差调整值，v_i 可由式（2-12）来计算。

$$v_1 = -\frac{f_h}{\sum n}n_1 = -\frac{60}{45} \times 12 = -16(\text{mm})$$

$$v_2 = -\frac{f_h}{\sum n}n_2 = -\frac{60}{45} \times 14 = -19(\text{mm})$$

$$v_3 = -\frac{f_h}{\sum n}n_3 = -\frac{60}{45} \times 10 = -13(\text{mm})$$

$$v_4 = -\frac{f_h}{\sum n}n_4 = -\frac{60}{45} \times 9 = -12(\text{mm})$$

检核，$\sum_{i=1}^{4} v_i = -f_h = -60$ mm。

将各测段高差改正数分别填入表2-3"改正数"一栏内。

4）计算改正后高差

各测段实测高差加上相应高差改正数，得到各测段的改正后高差。

$$h_1 = h_{1测} + v_1 = +1.428 - 0.016 = +1.412(\text{m})$$
$$h_2 = h_{2测} + v_2 = -2.346 - 0.019 = -2.365(\text{m})$$
$$h_3 = h_{3测} + v_3 = +2.487 - 0.013 = +2.474(\text{m})$$
$$h_4 = h_{4测} + v_4 = -1.509 - 0.012 = -1.521(\text{m})$$

检核，$\sum_{i=1}^{4} h_i = 0$。

将各测段改正后高差分别填入表2-3"改正后高差"一栏内。

5）计算各点高程

利用已知点 A 的高程及各测段改正后高差逐点计算高程。

$$H_1 = H_A + h_1 = 40.238 + 1.412 = 41.650(\text{m})$$
$$H_2 = H_1 + h_2 = 41.650 - 2.365 = 39.285(\text{m})$$
$$H_3 = H_2 + h_3 = 39.285 + 2.474 = 41.759(\text{m})$$
$$H_A = H_3 + h_4 = 41.759 - 1.521 = 40.238(\text{m})$$

计算得到的 A 点高程应与 A 点的已知高程相等，否则计算有错误。将计算的各点高程填入表2-3"高程"一栏内。

2. 附合水准路线成果计算

如图2-26所示，A、B 两点为已知水准点，A 点的高程为6.543 m，B 点的高程为9.578 m，其观测成果见图2-26所列，计算1、2、3点高程。

1）已知数据和观测数据的填写

将点号 A、1、2、3、B 按顺序由上到下填入第一列"点号"一栏中，再将起始点高程6.543和终点高程9.578填入第六列"高程"一栏相应格中，然后将距离和测得的高差分别填入相

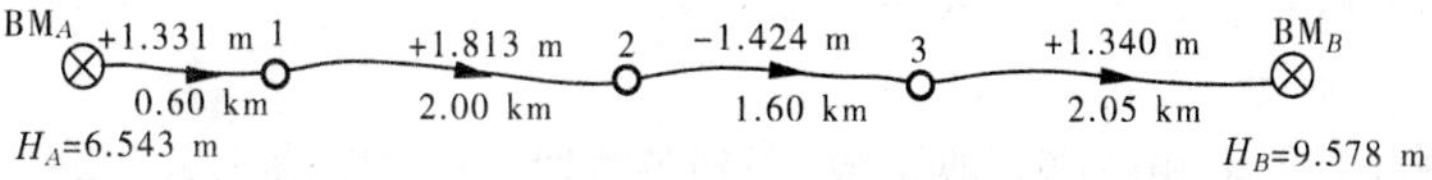

图 2-26 附合水准路线简图

应的栏中,见表2-4。

表 2-4 附合水准路线高差闭合差的调整与高程计算

点号	距离(km)	观测高差(m)	改正数(mm)	改正后高差(m)	高程(m)	备注
A	0.60	+1.331	-2	+1.329	6.543	已知
1					7.872	
	2.00	+1.813	-8	+1.805		
2					9.677	
	1.60	-1.424	-7	-1.431		
3					8.246	
	2.05	+1.340	-8	+1.332		
B					9.578	已知
Σ	6.25	+3.060	-25	+3.035		
辅助计算	$f_h = h_{1测} + h_{2测} + h_{3测} + h_{4测} - (H_B - H_A) = +25 \text{ mm}$ $f_{h容} = \pm 40\sqrt{6.25} = \pm 100 \text{ mm}, \quad \lvert f_h \rvert < \lvert f_{h容} \rvert,$ 观测成果合格					

2)高差闭合差的计算

由式(2-6)计算高差闭合差:

$$f_h = \sum h_{测} - \sum h_{理} = h_{1测} + h_{2测} + h_{3测} + h_{4测} - (H_B - H_A) = +25 \text{ mm}$$

由式(2-9)计算高差闭合差的容许值

$$f_{h容} = \pm 40\sqrt{L} = \pm 40\sqrt{6.25} = \pm 100 \text{ (mm)}$$

$\lvert f_h \rvert < \lvert f_{h容} \rvert$,符合测量规范要求,可以对闭合差进行调整。

3)高差闭合差的调整

高差闭合差的调整原则是按与路线长度 L 成正比反号分配。设 v_i 表示第 i 测段的高差闭合差调整值,v_i 可由式(2-11)来计算。

$$v_1 = -\frac{f_h}{\sum L}L_1 = -\frac{25}{6.25} \times 0.6 = -2 \text{ (mm)}$$

$$v_2 = -\frac{f_h}{\sum L}L_2 = -\frac{25}{6.25} \times 2 = -8 \text{ (mm)}$$

$$v_3 = -\frac{f_h}{\sum L}L_3 = -\frac{25}{6.25} \times 1.6 = -7 \text{ (mm)}$$

$$v_4 = -\frac{f_h}{\sum L}L_4 = -\frac{25}{6.25} \times 2.05 = -8 \text{ (mm)}$$

检核,$\sum_{i=1}^{4} v_i = -f_h = -25 \text{ mm}$。

将各测段高差改正数分别填入表 2-4"改正数"一栏内。

4)计算改正后高差

各测段实测高差加上相应高差改正数,得到各测段的改正后高差。

$$h_1 = h_{1测} + v_1 = + 1.331 - 0.002 = + 1.329 (m)$$
$$h_2 = h_{2测} + v_2 = + 1.813 - 0.008 = + 1.805 (m)$$
$$h_3 = h_{3测} + v_3 = - 1.424 - 0.007 = - 1.431 (m)$$
$$h_4 = h_{4测} + v_4 = + 1.340 - 0.008 = + 1.332 (m)$$

检核,$\sum\limits_{i=1}^{4} h_i = H_B - H_A = 3.035$ m。

将各测段改正后高差分别填入表 2-4"改正后高差"一栏内。

5)计算各点高程

利用已知点 A 的高程及各测段改正后高差逐点计算高程。

$$H_1 = H_A + h_1 = 6.543 + 1.329 = 7.872 (m)$$
$$H_2 = H_1 + h_2 = 7.872 + 1.805 = 9.677 (m)$$
$$H_3 = H_2 + h_3 = 9.677 - 1.431 = 8.246 (m)$$
$$H_B = H_3 + h_4 = 8.246 + 1.332 = 9.578 (m)$$

计算得到的 B 点高程应与 B 点的已知高程相等,否则计算有错误。将计算的各点高程填入表 2-4"高程"一栏内。

四、水准测量的误差分析及注意事项

(一)水准测量的误差分析

水准测量误差主要来源于三个方面:仪器误差、观测误差、外界环境的影响。

1. 仪器误差

1)i 角误差

仪器误差主要是指水准管轴不平行视准轴而产生误差。仪器虽经检验与校正,但仍存在 i 角残余误差。该误差属于系统误差,具有积累性。在作业过程中,只要将仪器安置在距前后视水准尺距离相等的位置,就可消除该项误差对测量高差的影响。《工程测量规范》(GB 50026—2007)规定:四等水准测量前后视距离较差不超过 5 m,前后视距离较差累计不超过 10 m。

2)水准尺误差

在水准测量中,水准尺本身及对水准尺的使用不正确也会对水准测量成果产生误差。水准尺本身的误差有水准尺尺长误差、刻划误差及尺底磨损误差等。《工程测量规范》(GB 50026—2007)规定:水准尺上的米间隔平均长与名义长之差,对于因瓦水准尺,不超过 0.15 mm;对于条形码尺,不超过 0.10 mm;对于木质双面水准尺,不超过 0.5 mm。因此,事先必须对所用水准尺逐项进行检定,符合要求后方可使用。由于使用、磨损等原因,水准尺的底面与其分划零点不完全一致,其差值称为标尺零点差。在水准测量作业过程中,一测段设置偶数测站可以消除该项误差。水准尺是否竖直,会影响水准测量的读数精度,且水准尺的前后倾斜是很难被发现的。水准标尺倾斜误差与高差总和的大小成正比,即水准路线的高差愈大,影响愈大,所以在水准测量时要认真扶尺,当精度要求较高时,使用带有圆水准器的水准尺。

2. 观测误差

1）读数误差

在水准测量时，毫米数是观测者根据十字丝横丝在厘米间隔内的多少来估读的，而厘米分划是通过望远镜放大后的像，因此毫米读数的准确程度与厘米间隔的像及十字丝横丝的粗细有关。人眼的分辨能力约为 0.1 mm，若厘米间隔的像大于 1 mm，可以估读到间隔的十分之一，否则读数精度会受到影响。用放大率为 20 倍的望远镜在距离小于 50 m 时，厘米间隔的像大于 1 mm。读数误差与望远镜的放大率和视距长度有关，因此对各级水准测量规定仪器望远镜的放大率和限制视线的最大长度是有必要的。

2）整平误差

水准测量是利用水准仪提供的水平视线测量两点之间的高差，如果仪器的水准管气泡没有严格居中，水准管轴就会不水平，视准轴也不水平，视准轴的延长线——视线也不水平，读取的数据就会不准确。因此，在每次读数之前必须使符合水准器气泡严格吻合。

3）视差

当水准尺成像没有与十字丝分划板重合，观测者眼睛在目镜前上下移动时，若发现十字丝与目标影像有相对运动，此时就有视差。在水准测量中，视差的影响会给观测结果带来较大的误差，因此在读数前，必须反复调节目镜和物镜对光螺旋，以消除视差。

3. 外界环境的影响

1）水准仪和水准尺升沉误差

由于水准仪和水准尺有重量，会造成下沉，同时又由于土壤的弹性会使水准仪和水准尺上升。因此，在水准测量中，会出现水准仪和水准尺的上升与下沉现象。

仪器下沉（或上升）的速度与时间成正比，如图 2-27 所示，从读取后视读数 a_1 到读取前视读数 b_1 时，仪器下沉了 Δ，则有

$$h_1 = a_1 - (b_1 + \Delta) \tag{2-16}$$

为了减弱此项误差的影响，可在同一测站进行第二次观测，而且第二次观测应先读前视读数 b_2，再读后视读数 a_2，则

$$h_2 = (a_2 + \Delta) - b_2 \tag{2-17}$$

取两次高差的平均值，即

$$h = \frac{h_1 + h_2}{2} = \frac{(a_1 - b_1) + (a_2 - b_2)}{2} \tag{2-18}$$

以此可消除仪器下沉对高差的影响，一般称上述操作为"后—前—前—后"的观测程序。

如图 2-28 所示，如果往测与返测水准尺下沉量是相同的，则由于误差符号相同，而往测与返测高差符号相反，因此取往测和返测高差的平均值可消除其影响。

2）大气折光

由于空气温度变化及空气密度不同，导致光线发生折射，视线不是一条水平直线，特别是在夏天的中午，靠近地面的温度较高，空气密度不均匀，视线离地面愈近折射也愈大，在水准尺上的读数误差也愈大。在水准测量时要使视线高出地面 0.3 m 以上。

上述对水准测量误差的分析都是采用单独影响的原则来进行分析的，实际上水准测量

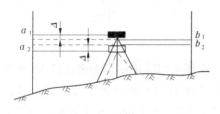

图 2-27　仪器下沉

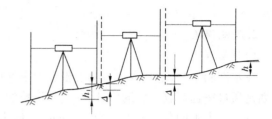
图 2-28　水准尺下沉

误差是它们的综合反映。在水准测量时要注意上述措施,在保证测量精度的前提下,提高观测速度,能够满足测量施测精度要求。

（二）注意事项

（1）每项工程开工前,应对水准仪和水准尺进行检校。

（2）每次作业时,必须检查仪器箱是否扣好或锁好,提手和背带是否牢固。

（3）取出仪器时,应先看清楚仪器在箱内的安放位置,以便使用完毕照原样装箱。仪器取出后,要盖好仪器箱。

（4）安置仪器时,注意拧紧架腿螺旋和中心连接螺旋。作业员在测量过程中不得离开仪器,特别是在建筑工地等处工作时,更须防止意外事故发生。

（5）操作仪器时,制动螺旋不要拧得过紧。仪器制动后,不得用力转动仪器。转动仪器时必须先松开制动螺旋。

（6）仪器在工作时,应撑伞遮住仪器,以避免仪器被暴晒或雨淋,影响观测精度。

（7）在测量过程中,应尽量用目估或步测保持前后视距基本相等。

（8）估数要准确,读数时要仔细对光,消除视差。

（9）迁站时,若距离较近,可将仪器各制动螺旋固紧,收拢三脚架,一手持脚架,一手托住仪器搬移。若距离较远,应装箱搬运。

（10）仪器装箱前,先清除仪器外部灰尘,松开制动螺旋,将其他螺旋旋至中部位置,然后按仪器在箱内的原安放位置装箱。

（11）仪器装箱后,应放在干燥通风处保存,注意防盗、防潮、防霉、防碰撞。

第四节　水准仪的检验和校正

水准仪的检验就是检查水准仪各个轴之间是否满足应有的几何条件;校正是当仪器不满足各几何条件时对仪器进行调整,使其满足相应的几何条件。

一、圆水准器轴的检验与校正

（一）目的

圆水准器轴检验与校正的目的是使圆水准器轴平行于仪器竖轴。当满足此条件,圆水准器气泡居中时,仪器竖轴竖直;当转动望远镜时,管水准器气泡不至于偏差太多,很容易调节微倾螺旋使符合水准器气泡吻合。

（二）原理

若圆水准器轴($L'L'$)不平行于仪器竖轴(VV),当圆水准器气泡居中时,设它们之间的

夹角为 α，如图 2-29（a）所示；将仪器旋转 180°，由于仪器的旋转轴是仪器竖轴，即仪器竖轴在望远镜的旋转过程中是不动的，此时圆水准器轴与铅垂线之间的夹角变为 2α，如图 2-29（b）所示。

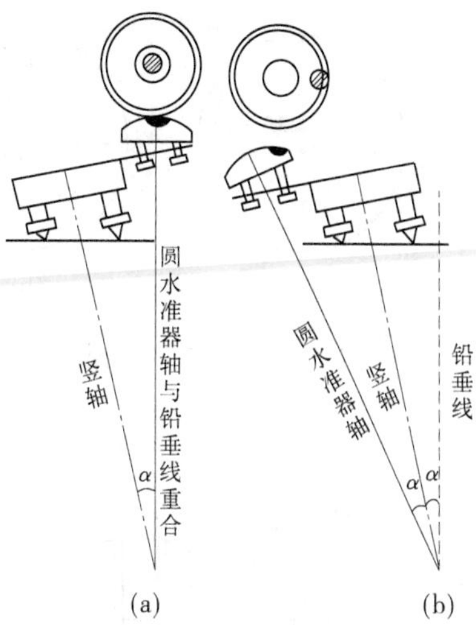

（三）检验

先调节脚螺旋使圆水准器气泡居中，然后将仪器旋转 180°，若气泡仍在居中位置，说明圆水准器轴平行于仪器竖轴；若气泡有偏离，则表面圆水准器轴不平行于仪器竖轴，需要校正。气泡偏离零点的长度代表了仪器竖轴与圆水准器轴夹角的 2 倍。

（四）校正

如图 2-30 所示，用校正针拨动圆水准器下面的三个校正螺钉使气泡向居中位置移动偏离长度的一半，若操作完全正确，经过校正之后，圆水准器轴平行于仪器竖轴。在实际操作过程中，由于各种原因，在拨动三个校正螺钉时很难保证让气泡移动偏离长度的一半，校正需要反复进行。每次校正工作都必须先整平圆水准器，然后将仪器旋转 180°，观察气泡的位置，确定是否需要再次校正。直到将仪器整平后旋转仪器至任何位置，气泡都始终居中，校正工作才算结束。

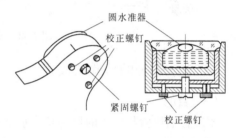

图 2-29　圆水准器的检验

图 2-30　圆水准器的校正

二、十字丝横丝的检验与校正

（一）目的

十字丝横丝检验与校正的目的是当仪器整平后，十字丝横丝水平，十字丝横丝垂直仪器竖轴。

（二）原理

若十字丝横丝已经与仪器竖轴垂直，当仪器水准管气泡居中时，通过十字丝横丝可以做一个与仪器竖轴垂直的水平面。当仪器转动时，该水平面不会发生变化。如果有一个点位于该水平面上，当仪器旋转时，该点应始终位于这个水平面上。

（三）检验

仪器整平后，从望远镜视场内选择一清晰目标点，用十字丝交点照准目标点，拧紧制动螺旋。转动水平微动螺旋，若目标点始终沿横丝做相对移动，如图 2-31（a）、（b）所示，说明十字丝横丝垂直于竖轴；如果目标偏离横丝，如图 2-31（c）、（d）所示，则表明十字丝横丝不垂直于竖轴，需要校正。

（四）校正

松开目镜座上的三个十字丝环固定螺钉（有的仪器需卸下十字丝环护罩），松开四个十字丝环压环螺钉，如图 2-32 所示。转动十字丝环，使横丝与目标点重合，再进行检验，直至目标点始终在横丝上相对移动。最后拧紧固定螺钉，盖好护罩。

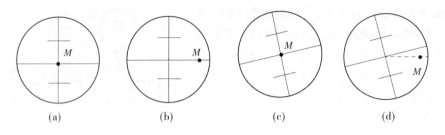

(a)	(b)	(c)	(d)

图 2-31　十字丝横丝的检验与校正

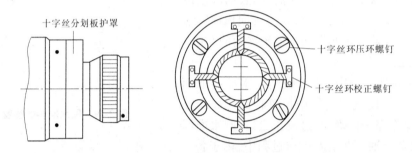

图 2-32　十字丝的校正装置

三、水准管轴的检验与校正

(一)目的

水准管轴检验与校正的目的是使水准管轴平行于视准轴。

(二)原理

若水准管轴不平行于视准轴,它们有一个小的夹角 i,由于 i 角的影响而产生的误差称为 i 角误差。在地面上选定两点 A、B,由于这两个点确定,因此它们的高差也就确定了。把水准仪安置在 A、B 的中间位置,测量出 A、B 两点的正确高差 h,然后把水准仪安置在 A 点(或 B 点)附近,再测出高差 h'。若 $h = h'$,则水准管轴平行于视准轴,即 i 角为零;若 $h \neq h'$,则两轴不平行,即 i 角不为零。

(三)检验

在一平坦地面上选择相距 80 ~ 100 m 的两点 A、B,分别在 A、B 两点打入木桩或放置尺垫,并在其上竖立水准尺,将水准仪安置在 A、B 两点的中间,使前、后视距离相等,如图 2-33(a)所示。精确整平仪器后,依次照准 A、B 两点上的水准尺并读数,设读数分别为 a_1 和 b_1,因前、后视距离相等,所以 i 角对前、后视读数的影响相等,均为 x,则 A、B 两点的高差为

$$h_1 = (a_1 - x) - (b_1 - x) = a_1 - b_1$$

因抵消了 i 角误差的影响,所以由 a_1、b_1 计算出高差 h_1 是正确的高差。

将水准仪移至离 B 点约 3 m 处,如图 2-33(b)所示。精确整平仪器后,读取 B 尺上的读数 b_2,由于仪器离 B 点很近,i 角对 b_2 的影响很小,可以认为 b_2 是正确读数。根据正确高差 h_1 可求出 A 尺上的正确读数为 $a_2' = h_1 + b_2$;设 A 尺的实际读数为 a_2,若 $a_2' = a_2$,说明满足条件。当 $a_2 > a_2'$ 时,说明视准轴向上倾斜;当 $a_2 < a_2'$ 时,则视准轴向下倾斜。若 $|a_2' - a_2| > 3$ mm,需要校正。

由图 2-33 可以写出 i 角(单位为(″))的计算公式为

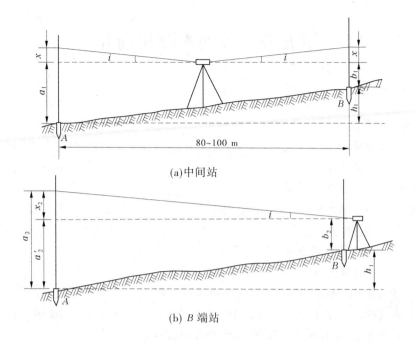

(a)中间站

(b) B 端站

图 2-33　管水准器轴的检验

$$i = \frac{(a_2 - b_2) - (a_1 - b_1)}{S_{AB}}\rho \tag{2-19}$$

式中　ρ——弧度的秒值，$\rho = 206\ 265''$；

　　　S_{AB}——A 点到 B 点的距离，m。

《工程测量规范》（GB 50026—2007）规定：用于三、四等水准测量的水准仪，其 i 角不得大于 $20''$，否则需要校正。

（四）校正

如图 2-33 所示，转动微倾螺旋，使十字丝的横丝切于 A 尺的正确读数 a_2' 处，此时视准轴水平，但水准管气泡偏离中心。如图 2-34 所示，用校正针先松开水准管的左右校正螺钉，然后拨动上下校正螺钉，一松一紧，升降水准管的一端，使气泡居中。此项检验需反复进行，符合要求后，将校正螺钉旋紧。

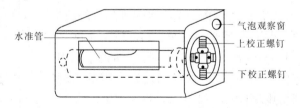

图 2-34　水准管的校正

当 i 角误差不大时，也可用升降十字丝的方法进行校正，具体做法是：水准仪照准 A 尺不动，旋下十字丝护罩，松动左右两个十字丝环校正螺钉，如图 2-32 所示，用校正针拨动上下两个十字丝环校正螺钉，一松一紧，直至十字丝横丝照准正确读数 a_2'（如图 2-33 所示）。

第五节　其他水准仪简介

一、精密水准仪及水准尺

(一)精密水准仪

精密水准仪主要用于国家一、二等水准测量和高精度的工程测量中,如建筑物的沉降观测及大型设备的安装测量。精密水准仪的种类较多,如我国生产的 S_1 和 S_{05} 型、德国蔡司厂生产的 Ni004,以及瑞士生产的威特 N3 等。

精密水准仪与一般水准仪比较,其结构基本相同,都是由望远镜、水准器和基座三部分组成。其特点是能够精密地整平视线和精确地读取读数。为了进行精密水准测量,精密水准仪在结构上必须满足下列要求。

1.高质量的望远镜光学系统

为了获得水准尺的清晰影像,望远镜必须具有足够大的放大率和较大的孔径。规范要求 DS_1 型水准仪的放大率不小于 38 倍,DS_{05} 型水准仪的放大率不小于 40 倍,精密水准仪的十字丝横丝刻成楔形,能较精确地瞄准水准尺的分划。

2.坚固稳定的仪器结构

精密水准仪视准轴与水准管轴之间的联系相对稳定。一般采用因瓦合金制成,并且密封起来,在仪器上套有隔热装置,受温度变化影响小。

3.高精度的测微装置

精密水准仪必须装有光学测微装置,以精密测定小于水准标尺最小分划线间格值的尾数,从而提高水准尺上读数精度。通过精密水准仪测微装置可直接读取水准尺一个分格(1 cm 或 0.5 cm)的 1/100 单位(0.1 mm 或 0.05 mm),提高了读数精度。

4.高灵敏度的水准管

S_3 水准仪的水准管分划值为 20″/(2 mm),而精密水准仪水准管分划值一般为 10″/(2 mm)。

5.配备精密水准尺

精密水准仪必须配有精密水准尺。

(二)精密水准尺

精密水准尺是在木质尺身的槽内装有一根膨胀系数极小的因瓦合金带。带上有刻划,数字标注在木尺上,精密水准尺的分划值有 5 mm 和 10 mm 两种。如图 2-35 所示,带的下端固定,上端用弹簧以一定的拉力拉紧,以保证因瓦合金带的长度不受木质尺身伸缩变形的影响。

与普通水准尺相比,精密水准尺具有以下特点:

(1)精密水准尺分划长度稳定,受空气中温度和湿度变化影响较小。

(2)精密水准尺分划精密,分划的偶然误差和系统误差很小。

图 2-35　精密水准尺

（3）精密水准尺上应装有圆水准器，以便准确扶尺。

精密水准仪的操作方法与 S_3 型水准仪的操作方法基本相同，不同之处在于读数系统。精密水准仪可由其测微装置读取不足一分格的数值。当仪器精平以后，十字丝横丝没有恰好对准水准尺上的某一整分划，这时转动测微装置，使视线上、下平移，十字丝的楔形丝正好夹住一个整分划线，在精密水准尺和测微器中分别读取读数，然后相加即得到最后的结果。

（三）DS$_1$ 精密水准仪简介

DS$_1$ 精密水准仪如图 2-36 所示，与其配套的水准标尺如图 2-35（a）所示。在因瓦合金带上涂有左右两排分划，每排的最小分划值均为 10 mm，但彼此错开 5 mm，其测微装置可以读取最小分划的百分之一，即 0.05 mm。尺身一侧注记米数，另一侧注记分米数。尺身标有大、小三角形，小三角形表示半分米处，大三角形表示分米的起始线。这种水准尺上的注记数字比实际长度增大了 1 倍，即 5 cm 注记为 1 dm。因此，使用这种水准尺进行测量时，要将观测高差除以 2 才是实际高差。

测量时，先转动微倾螺旋，使望远镜视场左侧的符合水准管气泡两端的影像严格吻合，再转动测微轮，使十字丝上楔形丝精确夹住某一整分划，读取该分划读数，如图 2-37 为 1.97 m，再从目镜右下方的测微尺读数窗内读取测微尺读数，图中为 1.50 mm。水准尺的全部读数等于楔形丝所夹分划线读数与测微尺读数之和，即 1.971 50 m，实际读数为全部读数的一半，即 0.985 75 m。

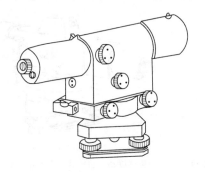
图 2-36　DS$_1$ 精密水准仪

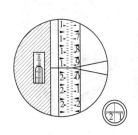
图 2-37　DS$_1$ 望远镜视场

二、自动安平水准仪

自动安平水准仪是一种只需粗略整平即可获得水平视线读数的仪器，即利用水准仪上的圆水准器将仪器粗略整平时，由于仪器内部自动安平机构（自动安平补偿器）的作用，十字丝交点上读得的读数始终为视线水平时的读数。这种仪器操作迅速简便，测量精度高，深受测量人员的欢迎。近几年来，国产 S_3 型自动安平水准仪已广泛应用于建筑工程测量作业中。这里简要介绍仪器的自动安平原理、国产 DZS$_3$－1 型自动安平水准仪的结构特点和使用方法，另外还介绍一种国产的 SJZ$_1$ 型激光扫平仪。

（一）自动安平原理

自动安平水准仪的安平原理如图 2-38 所示。若视准轴倾斜了 α 角，为使经过物镜光心的水平光线仍能通过十字丝交点 A，可采用以下两种方法。

（1）在望远镜的光路中设置一个补偿器装置，使光线偏转一个 β 角而通过十字丝交点 A。

(2)若能使十字丝交点移至 B 点，也可使视准轴处于水平位置而实现自动安平。

自动安平水准仪中常用的补偿器，其结构是采用特殊材料制成的金属丝悬吊一组光学棱镜组成的，利用重力原理进行视线的安平，只有当视准轴的倾斜角 α 在一定的范围内，补偿器才起作用，能使补偿器起作用的最大允许倾斜角度称为补偿范围。自动安平水准仪的补偿范围一般为 $\pm 8' \sim \pm 12'$，质量较好的自动安平水准仪甚至达到 $\pm 15'$，补偿时间一般为 2 s；圆水准器的分划值一般为 $8'/(2\ mm)$。因此，操作时，只要使圆水准器的气泡居中，补偿器马上就起作用。当水准尺像在 1~2 s 后趋于稳定时，即可在水准尺上读数。

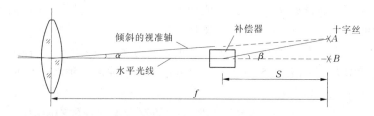

图 2-38　自动安平原理

（二）DZS₃ - 1 型自动安平水准仪

图 2-39 所示为北京光学仪器厂制造的 DZS₃ - 1 型自动安平水准仪，其结构特点是没有管水准器和微倾螺旋，该型号中的字母 Z 是"自动安平"汉语拼音的第一个字母。

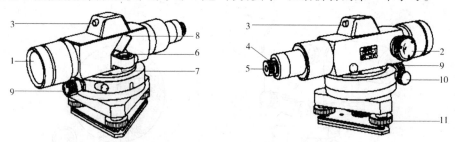

1—物镜；2—物镜调焦螺旋；3—粗瞄器；4—目镜调焦螺旋；5—目镜；6—圆水准器；
7—圆水准器校正螺钉；8—圆水准器反光镜；9—制动螺旋；10—微动螺旋；11—脚螺旋

图 2-39　北京光学仪器厂制造的 DZS₃ - 1 型自动安平水准仪

该仪器望远镜光路如图 2-40 所示。光线通过物镜、调焦透镜、补偿棱镜及底棱镜后首先成像在警告指示板上，然后指示板上的目标影像连同红绿颜色膜一起经转像物镜，第二次成像在十字丝分划板上，再通过目镜进行放大观察。

DZS₃ - 1 型自动安平水准仪具有如下特点：

(1)采用轴承吊挂补偿棱镜的自动安平机构，为平移光线式自动补偿器。

(2)设有自动安平警告指示器，可以迅速判别自动安平机构是否处于正常工作范围，提高了测量的可靠性。

(3)采用空气阻尼器，可使补偿元件迅速稳定。

(4)采用正像望远镜，观测方便。

(5)设置有水平度盘，可方便地粗略确定方位。

工作中，在测站上旋转脚螺旋使圆水准器气泡居中，即可瞄准水准尺进行读数。读数时应注意先观察自动报警窗的颜色(如图 2-41 所示)，若全窗是绿色，则可读数，若窗的任一端

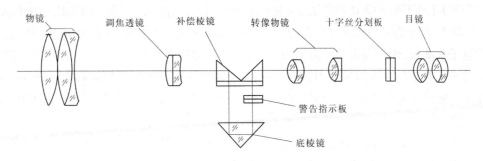

图 2-40　DZS$_3$-1 型自动安平水准仪望远镜光路

出现红色,则说明仪器的倾斜量超出了安平范围,应重新整平仪器后再读数。

三、电子水准仪

(一)电子水准仪的基本原理

电子水准仪又称数字水准仪,它是在自动安平水准仪的基础上发展起来的。由于水准仪和水准标尺在空间上是分离的,

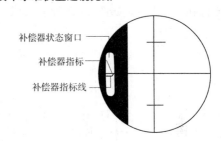

图 2-41　DZS$_3$-1 型自动安平水准仪望远镜视场

在标尺上自动读取水平视线刻度需要图像处理技术。1990 年,瑞士威特(Wild–Leitz)集团首先研制出数字水准仪 NA2000,标志着水准仪数字化读数的难关已被攻克。1994 年德国蔡司(ZEISS)厂推出了电子水准仪 DiNi1a/20,同年日本拓普康(TOPCON)也研制出了电子水准仪 DL–101/102。至此,电子水准仪逐步走向实用。

当前电子水准仪采用了原理上相差较大的三种自动电子读数方法:

(1)几何法(蔡司 DiNi12/12T/22)。

(2)相关法(NA3002/3003/DNA03)。

(3)相位法(拓普康 DL–101C/102C/103,如图 2-42 所示)。

(a)DL–101C/102C　　　　　　　　(b)DL–103

图 2-42　拓普康 DL–101C/102C/103 数字水准仪

由于各厂家采用条码标尺编码的条码图案不相同,因此不能互换使用。目前,照准标尺和调焦仍需人工目视进行。人工完成照准和调焦之后,标尺条码一方面被成像在望远镜分划板上,供目镜观测,另一方面通过望远镜的分光镜,标尺条码又被成像在光电传感器(又

称探测器)上,即线阵 CCD 器件上,供电子读数。因此,如果使用传统水准标尺,电子水准仪又可以像普通自动安平水准仪一样使用。但这时的测量精度低于电子测量的精度,特别是精密电子水准仪,由于没有光学测微器,作为普通自动安平水准仪使用时,其精度更低。

电子水准仪的三种测量原理各有奥妙,三类仪器都经受了各种检验和实际测量的考验,能胜任精密水准测量作业。这里以相关法为例,说明其读数原理,其他两种方法可参考有关专业书籍。

徕卡公司的 NA3002/3003 电子水准仪采用相关法。它的标尺一面是伪随机条码,供电子测量用,另一面为区格式分划,供光学测量用。望远镜照准标尺并调焦后,可以将条码清晰地成像在分划板上(如图 2-43 所示),供目视观测,同时条码影像也被分光镜成像在探测器上,供电子读数。

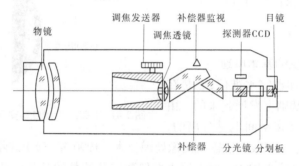

图 2-43　徕卡数字水准仪测量原理

如图 2-44 所示,DNA 是徕卡公司的第二代数字水准仪,于 2002 年 5 月正式向中国市场推出。它设计新颖,外形美观,屏幕采取中文显示。有 DNA03 和 DNA10 两种型号,采用铟钢尺,每千米往返差分别是 0.3 mm 和 0.9 mm。

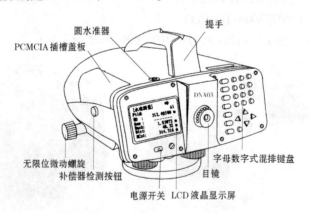

图 2-44　徕卡 DNA03 中文数字水准仪

如图 2-45 所示,左边是水准标尺的伪随机条码,该条码图像已经事先被存储在电子水准仪中作为参考信号。该条码右边是与它对应的区格式分划,左边伪随机条码的下面是望远镜照准伪随机条码后截取的片段伪随机条码。该片段成像在探测器上后,被探测器转换成电信号(测量信号),该信号在电子水准仪中与参考信号进行比较,若两信号相同,即如图 2-45 中左边虚线位置,读数就可以确定。如图 2-45 中的 0.116 m,图中箭头所指为对应的区格式标尺的读数。

由于标尺到仪器的距离不同,条码在探测器上成像的宽窄也不相同,即图2-45中片段条码的宽窄会变化,随之电信号的"宽窄"也将改变,于是引起上述相关的困难。NA系列仪器采用二维相关法来解决,也就是根据精度要求以一定步距改变仪器内部参考信号的"宽窄",与探测器采集到的测量信号相比较,如果没有相同的两信号,则再改变,再进行一维相关,直至两信号相同,可以确定读数。参考信号的"宽窄"与视距是对应的,"宽窄"相同的两信号相比较是求视线高的过程。因此,在二维相关中,一维是视距,另一维是视线高。二维相关之后视距就可以精确算出。

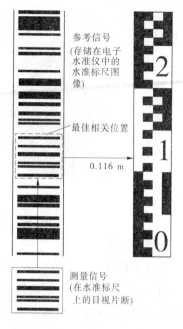

图 2-45　条码水准尺

(二)电子水准仪的特点

电子水准仪是以自动安平水准仪为基础,在望远镜光路中增加了分光镜和探测器(CCD),并采用条码标尺和图像处理电子系统而构成的光电测量一体化的高科技产品。采用普通标尺时,又可像一般自动安平水准仪一样使用。它与传统仪器相比具有以下特点。

1. 读数客观

不存在误读、误记问题,没有人为读数误差。

2. 精度高

视线高和视距读数都是采用大量条码分划图像经处理得出来的,因此削弱了标尺分划误差的影响。多数仪器都有进行多次读数取平均的功能,可以削弱外界条件影响。不熟练的作业人员也能进行高精度测量。

3. 速度快

由于省去了人工读数、报数、听记和现场计算及人为出错的重测数量,测量时间与传统仪器相比可以节省1/2左右。

4. 效率高

只需调焦和按键就可以自动读数,减轻了劳动强度。数据还能自动记录、检核、处理并能输入电子计算机进行后处理,可实现内、外业一体化。

5. 其他

仪器菜单功能丰富,内置功能强,操作界面友好,有各种信息提示,大大方便了实际操作。

(三)蔡司 DiNi12 电子水准仪的简介

蔡司 DiNi12 电子水准仪是目前世界上精度最高的电子水准仪之一,每千米往返测量高差中误差最高为 ±0.3 mm。它有先进的感光读数系统,感应可见白光即可测量,测量时仅需读取条码尺 30 cm 的范围;配有 2 M 内存的 PCMCIA 数据存储卡;具有多种水准导线测量模式及平差和高程放样功能,可进行角度、面积和坐标等测量。该电子水准仪由下列几部分组成:望远镜、补偿器、光敏二极管、水准器及脚螺旋等。图2-46(a)所示为DiNi12电子水准仪的外观图,图2-46(b)所示为该仪器的操作面板及显示窗口;22个键方便输入,采用菜单对话式操作。

(a)

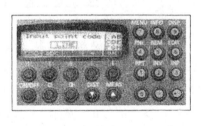
(b)

图2-46   DiNi12电子水准仪的外观和操作面板

1.测量准备

1)安置仪器

(1)松开脚架的三个制动螺旋,展开架腿,将脚架升至合适高度(仪器安放后望远镜大致与眼睛平齐)并使架头基本水平,旋紧三个制动螺旋并将脚架踩入地面使之稳定。

(2)将仪器箱打开,把仪器安放在三脚架上,旋紧基座下面的连接螺旋。

(3)调节脚螺旋使圆水准气泡居中。

(4)在明亮背景下对望远镜进行目镜调焦,使十字丝清晰。

2)照准目标

(1)用手转动望远镜大致照准水准尺(该仪器为阻尼制动,无制动螺旋),用瞄准器进行粗瞄。

(2)调节对光螺旋(俗称调焦)使尺像清晰,用水平微动螺旋使十字丝精确对准条码尺的中央。

(3)消除十字丝视差。

3)开机

(1)开机前必须确认电池已充好电,仪器应和周围环境温度相适应。

(2)用ON/OFF键启动仪器,在简短的显示程序说明和公司简介后,仪器进入工作状态。这时可根据选项设置测量模式。

(3)选项有3种,即单次测量、路线水准测量、校正测量。

(4)测量模式有8种,即后前、后前前后、后前后前、后前前后、后前(奇偶站交替)、后前前后(奇偶站交替)、后前后前(奇偶站交替)、后后前前(奇偶站交替),可选用适当的测量模式进行。

(5)可直接输入点号、点名、线名及代号信息。

(6)可直接设定正/倒尺模式。

2.测量过程

设置完成后,即可按照测量程序进行。表2-5列出DiNi12电子水准仪的主要技术参数。

表 2-5 DiNi12 电子水准仪的主要技术参数

项目	内容	项目	内容
仪器精度	双向水准测量每千米标准差 电子测量： 　因瓦精密编码尺　0.3 mm 　折叠编码尺　1.0 mm 　光学水准测量　1.5 mm 　（折叠尺,米制）	测量范围	电子测量： 　因瓦精密编码尺　1.5~100 m 　折叠编码尺　1.5~100 m 　光学水准测量　从 1.3 m 起 　（折叠尺,米制）
测距精度	视距为 20 m 的电子测距： 　因瓦精密编码尺　20 mm 　折叠编码尺　25 mm 　光学水准测量　0.2 m 　（折叠尺,米制）	最小显示单位	测高 0.01 mm 测距 1.0 mm
		补偿器	偏移范围 ±1.5′ 设置精度 ±0.2″

小　结

　　本章主要介绍了水准测量的原理和在建筑工程测量中广泛应用的视线高的方法。在水准测量工作中,若已知水准点到待定水准点之间距离较远或高差较大,仅安置一次仪器无法测得两点之间的高差,就要采用连续设置若干个测站并利用转点传递高程。

　　建筑工程测量中常用的是 DS₃ 型水准仪。DS₃ 型微倾式水准仪主要由望远镜、水准器和基座三个部分组成。望远镜是构成水平视线、瞄准目标并对水准尺进行读数的主要部件。水准器是用来判断望远镜的视准轴是否水平及仪器竖轴是否竖直的装置;通常分为管水准器和圆水准器两种。微倾式水准仪的基本操作程序包括安置水准仪、粗略整平、照准和调焦、精确整平和读数。

　　水准路线的布设形式分单一水准路线和水准网,单一水准路线有以下三种布设形式:附合水准路线、闭合水准路线、支水准路线。

　　水准测量的外业工作完成后,要进行内业的平差计算,其主要环节有外业手簿的检查、水准路线高差闭合差的调整和高程计算等。

　　为了提高水准测量的精度,必须分析和研究误差的来源及其影响规律,找出消除或减弱这些误差影响的措施。水准测量误差的来源主要有仪器本身的误差、观测误差及外界环境影响产生的误差等三个方面。

　　最后介绍了自动安平水准仪,简介了精密水准仪及电子水准仪,供大家学习和工作时参考。

思考题与习题

1. 试绘图说明水准测量的基本原理。

2. 什么叫视差？产生视差的原因是什么？怎样消除视差？

3. 圆水准器和管水准器在水准测量中各起什么作用？

4. 水准测量时，前、后视距离相等可消除哪些误差？

5. 水准仪有哪些轴线？它们之间应满足什么条件？什么是主要条件？为什么？

6. 使用水准仪应注意哪些事项？

7. 单一水准路线的布设形式有哪几种？其检核条件是什么？

8. 设 A 点为后视点，B 点为前视点，A 点高程为 87.215 m。当后视读数为 1.158 m，前视读数为 1.526 m 时，求 A、B 两点的高差，并绘图说明。

9. 将如图 2-47 所示的水准测量观测数据填入记录手簿，见表 2-6，计算出各点的高差及 B 点的高程，并检核。

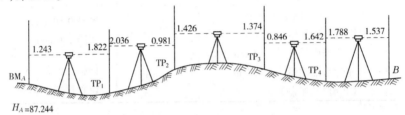

图 2-47　水准测量观测数据 （单位：mm）

表 2-6　水准测量手簿

测站	测点	后视读数（m）	前视读数（m）	高差(m) +	高差(m) −	高程(m)	备注
Ⅰ	BM_A						
	TP_1						
Ⅱ	TP_1						
	TP_2						
Ⅲ	TP_2						
	TP_3						
Ⅳ	TP_3						
	TP_4						
Ⅴ	TP_4						
	B						
Σ							
校核计算		$\sum a - \sum b =$		$\sum h =$			

10. 如图 2-48 所示为附合水准路线的简图及观测成果，已知点高程已填入表格中。试分别用测站数和距离在表 2-7 中完成水准测量成果的计算。

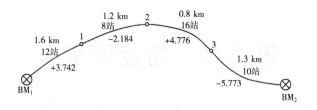

图 2-48　附合水准路线的简图及观测成果　（单位:m）

表 2-7　水准测量成果计算

点号	距离 （km）	测站数 （个）	测得高差 （m）	高差改正数 （m）	改正后高差 （m）	高程 （m）	备注
BM_1						136.742	
1							
2							
3							
BM_2						137.329	
Σ							
辅助计算							

11. 设 A、B 两点相距 80 m，水准仪安置在中间点 C，用两次仪器高法测得 A、B 两点的高差 $h_{AB} = +0.247$ m。仪器搬至 B 点附近，读取 B 尺读数 $b = 1.432$ m，A 尺读数 $a = 1.652$ m。求仪器的 i 角是多少。

第三章　角度测量

角度测量是测量的三项基本工作之一,它包括水平角测量和竖直角测量。水平角测量用于确定地面点的平面位置,竖直角测量用于间接确定地面点的高差和点之间的水平距离。经纬仪和全站仪是进行角度测量的主要仪器。

本章在先介绍水平角和竖直角的概念及测量原理的基础上引入光学经纬仪的结构和使用方法,重点介绍水平角和竖直角的测量方法,然后介绍经纬仪的检验与校正以及角度测量的误差来源和注意事项,最后简单介绍电子经纬仪。

第一节　角度测量原理

一、水平角的定义

水平角是指地面上一点至两个目标点的方向线垂直投影到水平面上的夹角,它也是过两条方向线的铅垂面所夹的二面角。

如图 3-1 所示,A、O、B 是地面上位置不同的三个点,其沿铅垂线投影到水平面 P 上得到相应的三个投影点 A_1、O_1、B_1,则水平投影线 O_1A_1 与 O_1B_1 所构成的角 β 就是地面上从 O 点至 A、B 两点的方向线的水平角,同时还可看出它也是过 OA、OB 两方向线的铅垂面的二面角。

水平角的取值范围为 $0° \sim 360°$。

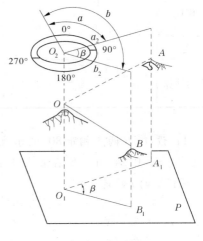

图 3-1　水平角测量原理

二、水平角的测量原理

为测定水平角 β 的大小,可在过 O 点的铅垂线 OO_1 上任意点位置上放置一个水平的、有刻度的、带注记的圆盘,即水平度盘,并使其圆心 O_2 过 OO_1,此时过 OA、OB 的铅垂面与水平度盘的交线为 O_2a_2、O_2b_2,则 $\angle a_2O_2b_2$ 即为水平角 β。设两个铅垂面与顺时针分划的水平度盘交线的读数分别为 a、b,则所求的水平角 β 为

$$\beta = b - a \tag{3-1}$$

三、竖直角的定义

竖直角是指在同一竖直面内,测站点至目标点的视线与水平线的夹角,也称为倾斜角或高度角。

竖直角有仰角和俯角之分。视线在水平线上方的称为仰角,角值为正,如图 3-2 中的

δ_1；视线在水平线下方的称为俯角，角值为负，如图 3-2 中的 δ_2。竖直角的取值范围为 $0° \sim \pm 90°$。

视线与测站点天顶方向之间的夹角称为天顶距，图 3-2 中以 Z 表示，其角值为 $0° \sim 180°$，均为正值。同一目标的竖直角与天顶距之间的关系如下：

$$\delta = 90° - Z \tag{3-2}$$

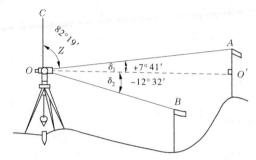

图 3-2　竖直角测量原理

四、竖直角的测量原理

为了观测竖直角的大小，假想在过 O 点的铅垂线上安置一个竖直刻度竖盘，通过瞄准设备和读数设备可分别读出目标视线的读数 m 和水平视线的读数 n，则竖直角 δ 为

$$\delta = m - n \tag{3-3}$$

经纬仪就是根据以上原理设计并可以完成观测水平角和竖直角的测角仪器。

第二节　光学经纬仪构造、读数系统及使用

目前，经纬仪主要分为光学经纬仪与电子经纬仪两大类，其中光学经纬仪的种类很多，但其基本构造大致相同。本节主要介绍在建筑工程测量中常用的光学经纬仪。

我国生产的光学经纬仪按精度不同划分为 DJ_{07}、DJ_1、DJ_2、DJ_6 和 DJ_{15} 等几个级别。其中，D、J 分别是"大地测量"和"经纬仪"汉语拼音的第一个字母大写，数字 07、1、2、6、15 表示仪器的精度等级，分别为该仪器的一测回方向观测中误差的秒值。如 DJ_6 表示一测回方向观测中误差不超过 $\pm 6''$ 的经纬仪。

我国目前在建筑工程测量中常用的光学经纬仪有 DJ_6 和 DJ_2 两种类型。

一、DJ_6 型光学经纬仪构造及读数方法

（一）DJ_6 型光学经纬仪构造

国产 DJ_6 型光学经纬仪外形及各部件名称如图 3-3 所示，由照准部、水平度盘和基座三部分组成。

1. 照准部

照准部是仪器上部可转动部分的总称，是光学经纬仪的重要组成部分。照准部主要由望远镜、竖直度盘、照准部管水准器、竖盘指标管水准器、U 形支架、光学对中器和读数装置等组成。照准部的下部是一个插在轴座内的竖轴，整个照准部可绕竖轴在水平面内转动，由

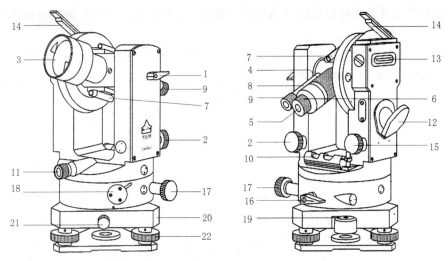

1—望远镜制动螺旋;2—望远镜微动螺旋;3—物镜;4—物镜调焦螺旋;5—目镜;6—目镜调焦螺旋;7—光学瞄准器;
8—度盘读数显微镜;9—度盘读数显微镜调焦螺旋;10—照准部管水准器;11—光学对中器目镜;12—度盘照明反光镜;
13—竖盘指标管水准器;14—竖盘指标管水准器观察反射镜;15—竖盘指标管水准器微动螺旋;16—水平方向制动螺旋;
17—水平方向微动螺旋;18—水平度盘变换螺旋与保护卡;19—基座圆水准器;20—基座;21—轴套固定螺旋;22—脚螺旋

图 3-3 国产 DJ$_6$ 型光学经纬仪

水平制动螺旋和水平微动螺旋控制。

1）望远镜

望远镜是精确瞄准目标的设备,它固定连接在仪器横轴上,可绕横轴在竖直面内俯仰转动而照准不同高度的目标。通过调节望远镜制动螺旋和微动螺旋,控制望远镜在竖直面内的转动。为准确定位而专门设计了十字丝分划板,如图 3-4 所示。

2）竖直度盘

竖直度盘一般由光学玻璃制成,固定在横轴的一端,随望远镜一起转动,用于观测竖直角。竖直度盘的分划注记分为顺时针和逆时针两种形式。

3）照准部管水准器

照准部管水准器用于精确整平仪器,使水平度盘处于水平位置。

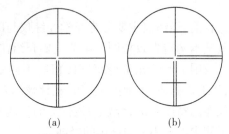

（a）　　　　　　（b）

图 3-4 经纬仪的十字丝分划板

4）竖盘指标管水准器

在竖直角观测中,利用竖盘指标管水准器微动螺旋使气泡居中,保证竖盘读数指标线处于正确位置。

5）光学对中器

光学对中器用于使水平度盘的中心位于测站点的铅垂线上。

6）读数装置

读数装置用来精确读取水平度盘和竖直度盘的读数。

2.水平度盘

水平度盘是带有刻划和注记的圆环形的光学玻璃片,安装在仪器竖轴上,在一个测回观测过程中,水平度盘和照准部是分离的,不随照准部一起转动,当望远镜照准不同方向的目标时,移动的读数指标线便可在固定不动的度盘上读得不同的度盘读数,即方向值。如需变换度盘位置,可利用仪器上的度盘变换手轮或复测扳手,把度盘变换到需要的读数上。

水平度盘的边缘上按顺时针方向均匀刻有 0°~360° 的分划线,相邻两分划线之间的格值为 1° 或 30′。

3. 基座

基座即仪器的底座,用于支承整个仪器,并通过中心螺旋将经纬仪固定在三角架上。

基座上有三个脚螺旋用于整平仪器。一般经纬仪在基座上还装有圆水准器,用于粗略整平仪器。

(二)DJ$_6$型光学经纬仪的读数方法

光学经纬仪的水平度盘和竖直度盘的分划线通过一系列的棱镜和透镜,成像于读数显微镜内,观测者可以通过读数窗读取度盘读数。DJ$_6$型光学经纬仪在读数窗中能同时看到竖直度盘和水平度盘两种影像,由于度盘尺寸有限,因此分划精度也有限,为实现精密测角,要借助光学测微技术。不同的测微技术读数方法也不一样,下面分别予以介绍。

1. 分微尺测微器及其读数方法

分微尺测微器结构简单,读数方便,目前大部分 DJ$_6$ 型光学经纬仪都采用这种测微器。

如图 3-5 所示,在读数显微镜中可以看到注有"水平(或 H)"和"竖直(或 V)"的两个读数窗,每一读数窗上有一条刻有 60 小格的测微尺,每小格为 1′,全长为 1°,可估读到 0.1′。读数时,先读出位于分微尺 60 小格区间内的度盘分划线的度注记值,再以度盘分划线为指标,在分微尺上读出不足 1° 的分数,估读到 0.1′,并将不足 1′ 的分值换算为秒数(秒数必须为 6″ 的倍数,即 0.1′ 的倍数)。图 3-5 所示的水平度盘的读数为

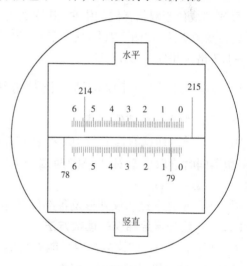

图 3-5 带分微尺测微器的读数窗

214°54.7′,即 214°54′42″;竖直度盘的读数为 79°05.5′,即 79°05′30″。

2. 单平板玻璃测微器读数法

该方法由于操作不方便,容易产生误差,在新生产的仪器中很少使用。如图 3-6 所示,单平板玻璃测微器是利用一块平板玻璃与测微尺连接,转动测微轮,平板玻璃和测微尺一起转动。平板玻璃转动一个角度后,水平度盘(或竖直度盘)分划线的影像也平移一微小距离,移动量的大小 d 在测微尺上读出。

使用该方法的经纬仪在制造时,玻璃度盘被分化为 720 格,每格的分划值为 30′,顺时针注记。当度盘分划影像移动 1 格即 0.5° 或 30′ 时,对应于测微尺上移动 90 格,因此测微尺上,1 格所代表的角度值为 20″,然后还可以估读到测微尺 1 格的 1/10,即为 2″。

如图 3-7(a)、(b)所示,在读数显微镜中我们可以看见 3 个读数窗口,其中下窗口为水平度盘影像窗口,中间窗口为竖直度盘影像窗口,上窗口为测微尺影像窗口。读数时,先旋

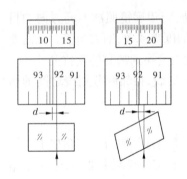

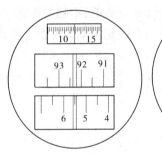

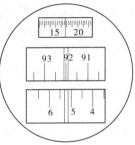

(a)水平度盘读数5°41′50″　　　(b)竖直度盘读数92°17′34″

图 3-6　平板玻璃测微尺的原理　　　　图 3-7　单平板玻璃测微器读数窗

转测微螺旋,使相应度盘分划线中的某一个分划线精确地位于双指标线的中央,0.5°整倍数的读数根据分划线注记读出,不足 0.5°的读数从测微尺读出,两个读数相加即为度盘的读数。由于来自两个度盘的光线同时通过平板玻璃,当旋转测微螺旋时,将使两个度盘读数窗口中的影像同时移动,一次旋转测微螺旋只能读取一个度盘的读数。图 3-7(a)中使水平度盘 5.5°刻划线位于双指标线的中央,其读数为 5°30′ + (11′ + 2.5 格 ×20″) = 5°41′50″;然后再旋转测微螺旋,如图 3-7(b)使竖盘的 92°刻划线位于双指标线的中央,其读数为 92° + (17′ + 1.7 格 ×20″) = 92°17′34″。

二、DJ₂ 型光学经纬仪构造及读数方法

(一)DJ₂ 型光学经纬仪构造

DJ₂ 型光学经纬仪的构造与 DJ₆ 型基本相同,只是度盘读数采用双平板玻璃(或双光楔)测微器同时读取度盘对径 180°两端分划线处读数的平均值,以消除度盘偏心误差的影响。

国产 DJ₂ 型光学经纬仪外形及各部件名称如图 3-8 所示。

(二)DJ₂ 型光学经纬仪的读数方法

DJ₂ 型光学经纬仪的读数窗内只能看到竖直度盘或水平度盘中的一种影像,读数时必须通过换像手轮选择所需的度盘影像。

DJ₂ 型光学经纬仪采用对径符合读数方法,即在水平度盘或竖直度盘相差 180°的位置取得两个度盘读数的平均值,由此可以消除度盘偏心误差的影响,以提高读数精度。

为使读数方便和不易出错,现在生产的 DJ₂ 型光学经纬仪,一般采用图 3-9 所示的读数窗。度盘对径分划像及度数和 10′的影像分别出现于两个窗口,另一窗口为测微器读数。当转动测微轮使对径上、下分划对齐以后,从度盘读数窗读取度数和 10′数,从测微器窗口读取分数和秒数(可估读至 0.1″)。如图 3-9 所示,左侧窗口读数为 28°10′ + 4′24.2″ = 28°14′24.2″,右侧窗口读数为 123°40′ + 8′12.3″ = 123°48′12.3″。

三、经纬仪的使用

经纬仪的使用主要包括安置经纬仪、照准目标、读数或置数等操作步骤。

(一)安置经纬仪

角度测量首先要在测站上安置经纬仪,即进行对中和整平。对中的目的是使仪器中心

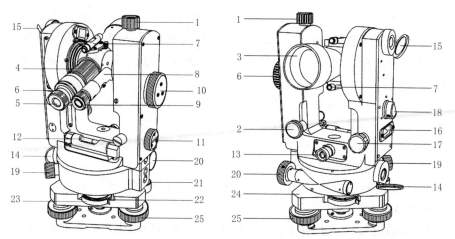

1—望远镜制动螺旋；2—望远镜微动螺旋；3—物镜；4—物镜调焦螺旋；5—目镜；6—目镜调焦螺旋；7—光学瞄准器；
8—度盘读数显微镜；9—度盘读数显微镜调焦螺旋；10—测微轮；11—水平度盘与竖直度盘换像手轮；
12—照准部管水准器；13—光学对中器；14—水平度盘照明镜；15—垂直度盘照明镜；16—竖盘指标管水准器进光窗口；
17—竖盘指标管水准器微动螺旋；18—竖盘指标管水准气泡观察窗；19—水平制动螺旋；20—水平微动螺旋；
21—基座圆水准器；22—水平度盘位置变换手轮；23—水平度盘位置变换手轮护盖；24—基座；25—脚螺旋

图 3-8 国产 DJ$_2$ 型光学经纬仪

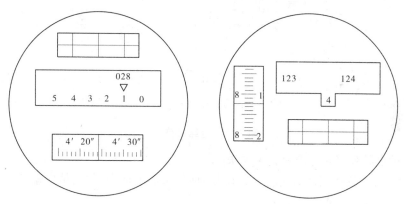

图 3-9 对径符合读数装置读数窗

（即水平度盘的中心）与测站点的标志中心位于同一铅垂线上，整平则是为了使水平度盘处于水平状态。根据仪器对中设备不同，对中的方式又分为垂球对中和光学对中。

1. 用垂球对中和整平的安置方法

1）垂球对中

（1）在测站点上打开三脚架，使其高度适中，方便观察和读数，目估使架顶中心与测站点标志中心大致对准。注意此时三脚架的架头要大致水平，三个脚至测站点的距离要大致相等。

（2）将仪器放在架头上，并拧紧中心连接螺旋，挂上垂球，调整垂球线长度至标志点的高差 2~3 mm。

（3）当垂球尖端距测站点稍远时，可平移三脚架或以一只脚为中心将另外两只脚抬起，以前后推拉和左右旋转的方式使垂球尖大致对准测站点，然后将架脚尖踩入土中，使其稳固。

(4)若垂球尖端距测站点较近,稍微松开中心连接螺旋,在架头上缓慢移动仪器使垂球尖精确对准测站点,再旋紧连接螺旋。用垂球对中的误差一般可控制在 3 mm 以内。

2)整平

(1)先旋转脚螺旋使圆水准器气泡居中,然后松开水平制动螺旋,转动照准部,使照准部管水准器平行于任意两个脚螺旋的连线,如图 3-10(a)所示。

(2)根据气泡的偏移方向,两手同时向内或向外旋转脚螺旋,使管水准器气泡居中,气泡移动方向与左手拇指的移动方向一致。

(3)转动照准部 90°,如图 3-10(b)所示,旋转第三个脚螺旋使气泡居中。如此反复调整,直至管水准器气泡在任意位置偏移均不超过一格。

在风力较大的情况下,垂球对中会带来较大误差,此时应采用光学对中器进行对中。

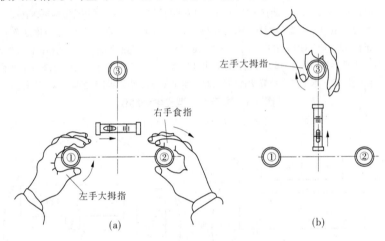

图 3-10 经纬仪整平

2.光学对中器对中和整平的安置方法

(1)安置三脚架:在测站点上打开三脚架,使架头高度适中,并目估使架头大致水平,架头中心与测站点标志中心大致对准。

(2)粗略对中:连接经纬仪,调节(旋转或推拉)光学对中器目镜,使对中器分划板上的照准圈及地面测站点标志同时成像清晰。然后固定一条架腿,移动其余两条架腿,使对中器照准圈大致对准测站点标志,并脚踩三角架腿稳固插入土中。

(3)精确对中:调节脚螺旋,使对中器照准圈精确对准测站点标志中心,对中误差应小于 1 mm。

(4)粗略整平:根据圆水准器气泡偏移情况,伸长或缩短三脚架的相应架腿使圆水准器气泡居中。

(5)精确整平:用前面垂球对中整平仪器的方法,使照准部管水准器在相互垂直的两个方向的气泡都居中。

(6)检查仪器对中情况:若测站点标志偏移较小,可稍微松开中心连接螺旋,在架头上平移(不得旋转)仪器,使之精确对中,再重复(5)、(6)步,直至仪器既对中又整平。若偏移过大,重复(3)、(4)、(5)、(6)步,直至对中和整平均达到要求。

(二)照准目标

1. 照准标志

角度观测时的照准标志一般为标杆(花杆)、测钎、觇牌或吊垂球,如图3-11所示。一般测钎常用于测站较近的目标;标杆常用于较远的目标;觇牌远近均适合,一般与棱镜结合用于电子经纬仪或全站仪。

通常将标杆、测钎的尖端对准目标点的标志,并尽量竖直立好,以方便瞄准。觇牌要连接在基座上并通过连接螺旋固定在三脚架上使用,通过基座上的脚螺旋和光学对中器进行精确整平对中。

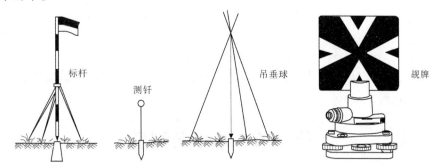

标杆　　　　　测钎　　　　　吊垂球　　　　　觇牌

图3-11　角度观测照准标志

2. 照准目标

用望远镜十字丝分划板的竖丝对准观测标志,具体步骤如下。

(1)目镜对光:松开照准部和望远镜制动螺旋,将望远镜对准明亮背景,调整望远镜目镜调焦螺旋,使十字丝最清晰。

(2)粗略瞄准:利用望远镜上的瞄准器粗略对准目标,而后旋紧照准部水平制动螺旋和望远镜制动螺旋。

(3)物镜对光及消除视差:调整望远镜物镜调焦螺旋,使观测标志影像清晰。同时,要注意消除视差。所谓视差,就是目标的影像不在十字丝平面上,眼睛在目镜端左右稍微移动,目标影像与十字丝有相对移动现象。视差会影响瞄准和观测精度,应尽量消除。消除视差的方法是仔细地调节目镜和物镜的调焦螺旋,直至眼睛左右移动目标影像与十字丝无错动现象。

(4)精确瞄准:调整照准部水平微动螺旋和望远镜微动螺旋,精确照准目标。在水平角观测时,要尽量照准目标底部,用十字丝分划板的单丝平分目标或双丝夹住观测标志;竖直角观测时,照准目标某一预定部位,如图3-12所示。

(三)读数或置数

1. 读数

首先打开度盘照明反光镜并调整方向使读数窗亮度适中,然后调整读数显微镜的目镜螺旋,使度盘刻划、数字清晰,而后根据仪器的读数装置按前述方法读取度盘读数。

2. 置数

照准某一方向,将度盘读数调整至某一预定值的工作称为置数。在水平角观测或建筑工程施工放样中,常常需要使某一方向的读数为零或某一预定值。测微尺读数装置的经纬仪多采用度盘变换器结构,其置数方法为"先照准后置数",即在精确照准目标后,打开度盘

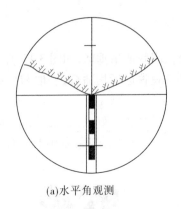
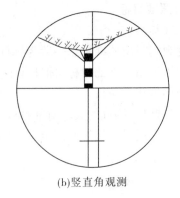

(a)水平角观测   (b)竖直角观测

图 3-12　照准目标

变换手轮保险,转动度盘变换手轮,使度盘读数等于预定值,最后关闭度盘变换手轮保险,并检查置数是否正确。

第三节　水平角测量

水平角的观测方法一般应根据照准目标的多少确定,常用的有测回法和方向观测法两种。

一、测回法

测回法用于观测只有两个方向的单个水平角。如图 3-13 所示,A、O、B 分别为地面上的三点,要观测 OA 和 OB 两方向线之间的水平角 $\angle AOB$,首先在测站点 O 上安置经纬仪,对中、整平,并在 A、B 点上设置照准标志。其一测回的操作步骤如下:

(1)盘左(竖盘在望远镜观测方向的左侧,也称正镜)照准起始目标 A,按置数方法配置起始读数 $a_{左}$,$a_{左}$ 值一般稍大于 $0°$,记入观测手簿。A 点方向称为零方向。

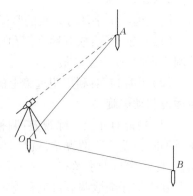

图 3-13　测回法观测水平角

(2)松开水平制动螺旋,顺时针旋转照准部照准目标 B,读取读数 $b_{左}$,记入观测手簿。(1)、(2)两步称为上半测回(或称盘左半测回)。上半测回测得水平角值为

$$\beta_{左} = b_{左} - a_{左} \tag{3-4}$$

(3)纵转望远镜成盘右位置(竖盘在望远镜观测方向的右侧,也称倒镜),照准目标 B 读取读数 $b_{右}$,记入观测手簿。

(4)逆时针方向转动照准部照准目标 A,读取水平度盘读数 $a_{右}$,记入观测手簿。(3)、(4)两步称为下半测回(或称盘右半测回)。下半测回测得水平角值为

$$\beta_{右} = b_{右} - a_{右} \tag{3-5}$$

上、下半测回合称为一个测回,当两个半测回角值之差不超过限差(DJ$_6$ 型光学经纬仪一般取 ±40″)要求时,取其平均值作为一测回观测成果,即

$$\beta = \frac{1}{2}(\beta_{左} + \beta_{右}) \qquad\qquad (3\text{-}6)$$

表 3-1 为测回法观测水平角的记录和计算。

表 3-1 水平角观测手簿(测回法)

观测日期＿＿＿＿＿＿＿＿＿   天气状况＿＿＿＿＿＿＿＿＿   工程名称＿＿＿＿＿＿＿＿＿

仪器型号＿＿＿＿＿＿＿＿＿   观 测 者＿＿＿＿＿＿＿＿＿   记 录 者＿＿＿＿＿＿＿＿＿

测站	测回	竖盘位置	目标	水平度盘读数 (° ′ ″)	半测回角值 (° ′ ″)	一测回角值 (° ′ ″)	各测回平均角值 (° ′ ″)	备注
O	1	左	A	0 02 18	68 42 24	68 42 18	68 42 23	
			B	68 44 42				
		右	A	180 02 24	68 42 12			
			B	248 44 36				
O	2	左	A	90 02 24	68 42 36	68 42 27		
			B	158 45 00				
		右	A	270 02 30	68 42 18			
			B	338 44 48				

注:表中两个半测回角值之差及各测回角值之差均不超过限差。

当测角精度要求较高时,需要进行多测回观测。为了减少度盘分划不均匀误差的影响,各测回应均匀分配在度盘不同位置进行观测。若观测 n 个测回,一般将第一测回起始目标的度盘读数设至略大于 $0°$,其他各测回间按 $180°/n$ 的差值递增设置度盘起始位置。各测回角度之差称为测回差,用 DJ$_6$ 型光学经纬仪观测时,其测回差不得超过 $\pm 24″$。当测回差满足限差要求时,取各测回平均值作为本测站水平角观测成果。

二、方向观测法

当一个测站上需要观测多个角度,即观测方向在 3 个或 3 个以上时,采用方向观测法。该方法是以选定的某一方向为起始方向(称为零方向),依次观测出其余各个方向相对于起始方向的方向值,则任意两个方向的观测值之差即为两方向线之间的水平角值。当方向数超过 3 个时,必须在每半个测回末尾再观测一次零方向,称为归零,两次观测零方向的读数应相等或差值不超过规定值,其差值称为归零差。由于归零时照准部已旋转 $360°$,故又称方向观测法为全圆方向法或全圆测回法。当测站方向数不多于 3 个时,可以不归零。

如图 3-14 所示,在测站 O 上安置经纬仪,精确对中、整平。

(一)一测回观测程序

1. 上半测回观测

将度盘置于盘左位置并选一方向(假定为 A)为起始方向,如图 3-14(a)所示,精确瞄准目标并将水平度盘读数配置至略大于 $0°$,读取读数。松开照准部水平制动螺旋,按顺时针方向 $A \rightarrow B \rightarrow C \rightarrow D \rightarrow A$ 顺序,依次瞄准目标 B、C、D 进行观测,最后再次瞄准起始方向 A(称为归零)并读数,以上称为上半测回。两次瞄准起始方向 A 点的读数之差为归零差,对于不同精度等级的仪器,限差要求不同,《工程测量规范》(GB 50026—2007)的规定见表 3-2,其中任何一项限差超限,均应重测。

2. 下半测回观测

将度盘置于盘右位置照准起始方向 A 进行观测，如图 3-14(b)所示，而后按逆时针方向 A→D→C→B→A 顺序，依次照准目标 D、C、B、A 并读数，称为下半测回。

上、下半测回合称一个测回，在同一测回内不能第二次改变水平度盘的位置。当精度要求较高，需测多个测回时，各测回间应按 $180°/n$ 设置度盘起始方向的读数。规范规定超过 3 个方向数的方向观测法必须归零。

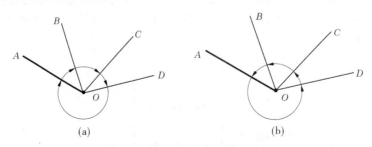

图 3-14 方向观测法观测水平角

表 3-2 水平角方向观测法的技术要求

等级	仪器型号	半测回归零差 ($''$)	一测回 $2c$ 变动范围 ($''$)	同一方向值各测回较差 ($''$)
一级及以下	DJ$_2$	12	18	12
	DJ$_6$	18	—	24

当一测回完成后，在进行下一测回前，检查对中、整平是否满足要求，如果不满足，需要重新对中、整平。在观测过程中不能随意改变对中、整平，否则，应从起始点开始重新观测。

（二）观测记录计算

方向观测法的观测手簿见表 3-3。上半测回各方向的读数从上向下记录，下半测回各方向读数自下向上记录。

1. 归零差的计算

对起始方向，每半测回都应计算归零差 Δ，并记入表格；若归零差超限，应及时在原来度盘位置上进行重测。

2. 两倍视准误差 $2c$ 的计算

$$2c = 盘左读数 - (盘右读数 \pm 180°) \qquad (3-7)$$

式(3-7)中，盘右读数大于 180°时取"−"号，盘右读数小于 180°时取"+"号。将各方向的 $2c$ 值填入表 3-3 第 6 栏。一测回内各方向 $2c$ 值互差不应超过表 3-2 中的规定。如果超限，应在原度盘位置重测。

3. 计算各方向的平均读数

$$平均读数 = \frac{1}{2}[盘左读数 + (盘右读数 \pm 180°)] \qquad (3-8)$$

平均读数又称为各方向的方向值，计算时，以盘左读数为准，将盘右读数加或减 180° 后，和盘左读数取平均值。计算各方向的平均读数，填入表 3-3 第 7 栏。起始方向有两个平均读数，故应再取其平均值，填入表 3-3 第 7 栏上方小括号内。

4. 归零后方向值的计算

将各方向的平均读数减去起始方向的平均读数（括号内数值），即得各方向的"一测回归零后方向值"，填入表3-3第8栏。起始方向归零后的方向值为零。

表3-3　水平角观测手簿（方向观测法）

观测日期＿＿＿＿＿＿＿＿　天气状况＿＿＿＿＿＿＿＿　工程名称＿＿＿＿＿＿＿＿

仪器型号＿＿＿＿＿＿＿＿　观　测　者＿＿＿＿＿＿＿＿　记　录　者＿＿＿＿＿＿＿＿

| 测站 | 测回 | 目标 | 水平度盘读数 | | 2c (") | 盘左、盘右平均读数 (° ′ ″) | 一测回归零后方向值 (° ′ ″) | 各测回归零后平均方向值 (° ′ ″) | 水平角角值 (° ′ ″) |
			盘左 (° ′ ″)	盘右 (° ′ ″)					
1	2	3	4	5	6	7	8	9	10
						(0　02　14)			
O	1	A	0　02　06	180　02　12	−06	0　02　09	0　00　00	0　00　00	95　51　47
		B	95　54　06	275　54　00	+06	95　54　03	95　51　49	95　51　47	
		C	166　32　48	346　32　48	0	166　32　48	166　30　34	166　30　34	70　38　47
		D	214　07　12	34　07　06	+06	214　07　09	214　04　55	214　04　56	47　34　22
		A	0　02　18	180　02　18	+0	0　02　18			145　55　04
		Δ	12	6					
						(90　01　27)			
O	2	A	90　01　18	270　01　24	−06	90　01　21	0　00　00		
		B	185　53　06	5　53　18	−12	185　53　12	95　51　45		
		C	256　31　54	76　32　06	−12	256　32　00	166　30　33		
		D	304　06　26	124　06　20	+06	304　06　23	214　04　56		
		A	90　01　36	270　01　30	+06	90　01　33			
		Δ	18	6					

5. 各测回归零后平均方向值的计算

多测回观测时，同一方向值各测回较差，符合表3-2中的规定，则取各测回归零后方向值的平均值，作为该方向的最后结果，填入表3-3第9栏。

6. 水平角角值的计算

相邻方向值之差即为两相邻方向所夹的水平角，将第9栏相邻两方向值相减即可求得，填入第10栏的相应位置上。

第四节　竖直角测量

一、竖盘装置

光学经纬仪的类型不同，竖直度盘的分划注记方向也不同，在首次使用该仪器测量竖直角之前，要先判断其竖直度盘的注记方向。

经纬仪用于测量竖直角的主要部件有竖直度盘、读数指标、竖盘指标水准管和竖盘指标水准管微动螺旋，如图3-15所示。竖直度盘垂直固定在横轴的一端，其刻划中心与横轴的中心重合。望远镜在竖直面内转动时，竖直度盘也随之转动。另外，有一个固定的竖盘读数指标,竖盘读数指标与竖盘指标水准管安置在一起,不随竖直度盘一起转动,只能通过调节竖盘指标水准管微动螺旋,使竖盘读数指标与竖盘指标水准管做微小的转动。当竖盘指标水准管气泡居中时,竖盘读数指标处于正确位置。对于 DJ$_6$ 型光学经纬仪来说,竖直度盘、竖盘读数指标及竖盘指标水准管之间应满足:当望远镜的视线水平、竖盘指标水准管气泡居中时,竖盘读数指标在竖直度盘上位置盘左为 90°,盘右为 270°。

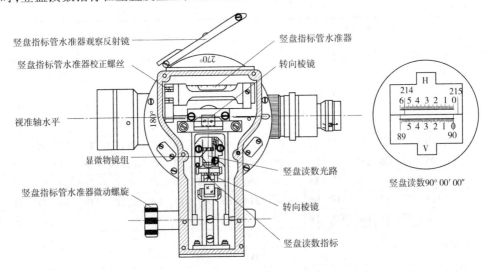

图 3-15　竖直度盘分划

二、竖直角的计算公式

判断竖直度盘的注记方向的方法如下:

如图 3-16(a)所示,将竖直度盘置于盘左(正镜)位置,使望远镜大致水平,此时竖盘读数应在 90°左右;而后缓慢上仰望远镜,若读数减少则为顺时针注记,若读数增加,则为逆时针注记。图 3-16 所示为顺时针注记方式。

若此时度盘读数为 L,则竖直角计算公式为

$$\delta_L = 90° - L \qquad (3\text{-}9)$$

同样,如图 3-16(b)所示,若盘右度盘读数为 R,可以得出盘右时竖直角计算公式为

$$\delta_R = R - 270° \qquad (3\text{-}10)$$

同理,可得出竖直度盘为逆时针分划时竖直角的计算公式为

$$\delta_L = L - 90° \qquad (3\text{-}11)$$

$$\delta_R = 270° - R \qquad (3\text{-}12)$$

对于同一标志,由于观测中存在误差,以及仪器本身和外界条件的影响,盘左、盘右所获得的竖直角 δ_L 和 δ_R 不完全相等,则取盘左、盘右的平均值作为竖直角的结果,即

$$\delta = \frac{1}{2}(\delta_L + \delta_R) \qquad (3\text{-}13)$$

三、竖直角的观测、记录与计算

(一)竖直角的观测

(1)在测站点上安置仪器,并判断竖盘的注记方式以确定竖直角的计算公式。

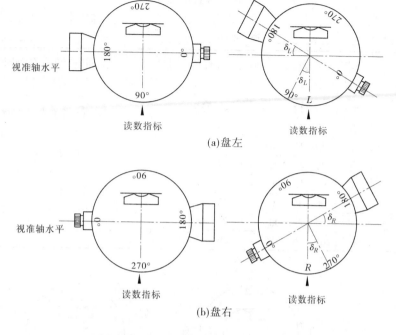

图 3-16　竖直度盘分划示意

（2）盘左照准标志，使十字丝的中丝切住标志的顶端，如图 3-17 所示，调整竖盘指标水准管微动螺旋，使气泡居中，读取竖盘读数 L。

（3）盘右照准原标志位置，使竖盘指标水准管居中后，读取竖盘读数 R。

以上观测构成一个竖直角测回。

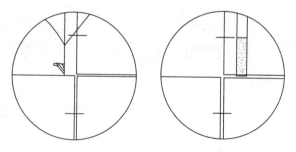

图 3-17　十字丝的中丝照准标志

（二）竖直角的记录与计算

将各观测数据及时填入表 3-4 的竖直角观测手簿并按式（3-9）、式（3-10）或式（3-11）、式（3-12）分别计算半测回竖直角，再按式（3-13）计算出一测回竖直角。

四、竖盘读数指标差

当竖盘指标水准管气泡居中且实现水平时，竖盘指标应处于正确位置，即正好指向 90°或 270°，事实上在实际工作中由于仪器制造、运输和长期使用等原因使读数指标偏离正确位置，与正确位置相差一小角值，该角值称为竖直度盘指标差，如图 3-18 所示。

表 3-4　竖直角观测手簿

观测日期＿＿＿＿＿＿＿＿　　天气状况＿＿＿＿＿＿＿＿　　工程名称＿＿＿＿＿＿＿＿

仪器型号＿＿＿＿＿＿＿＿　　观　测　者＿＿＿＿＿＿＿＿　　记　录　者＿＿＿＿＿＿＿＿

测站	目标	测回	竖盘位置	竖盘读数 (° ′ ″)	半测回竖直角 (° ′ ″)	指标差 (″)	一测回竖直角 (° ′ ″)	各测回竖直角 (° ′ ″)	备注
O	A	1	左	80 12 24	+9 47 36	+6	−9 47 42		竖盘为顺时针注记
			右	279 47 48	+9 47 48			+9 47 32	
	A	2	左	80 12 30	+9 47 30	−9	+9 47 21		
			右	279 47 12	+9 47 12				
	B	1	左	93 23 06	−3 23 06	−12	−3 23 18		
			右	266 36 30	−3 23 30			−3 23 12	
	B	2	左	93 23 00	−3 23 00	−6	−3 23 06		
			右	266 36 48	−3 23 12				

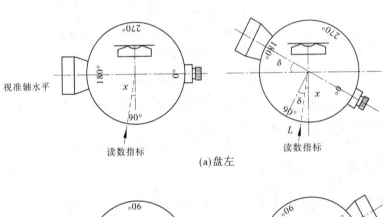

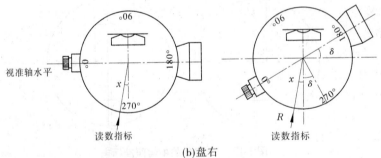

图 3-18　读数、竖直角和指标差的关系

根据图 3-18 可看出竖直度盘指标差对竖直角的影响为

盘左时

$$\delta_L = 90° - (L - x) \tag{3-14}$$

盘右时

$$\delta_R = (R - x) - 270° \tag{3-15}$$

将式(3-14)和式(3-15)联立求解,可得

$$\delta = \frac{1}{2}(\delta_L + \delta_R) = \frac{1}{2}(R - L - 180°) \tag{3-16}$$

$$x = \frac{1}{2}(\delta_R - \delta_L) = \frac{1}{2}(R + L - 360°) \qquad (3-17)$$

从式(3-16)可看出,通过盘左、盘右观测取平均值的方法可以消除竖盘指标差的影响,获得正确的竖直角。

在同一测站的观测中,同一仪器的指标差值应相同,但由于受外界条件和观测误差的影响,使得各方向的指标差值产生变化。因此,指标差互差可以反映观测成果的质量。为保证观测精度,对于 DJ₆ 型光学经纬仪,《工程测量规范》(GB 50026—2007)规定了在同一测站上不同目标的指标差互差或同方向指标差互差不应超过25″,否则需重新观测。

目前,光学经纬仪为使操作简便及保证观测结果的准确性,一般采用竖盘指标自动归零装置,但必须注意正确使用。

第五节　光学经纬仪的检验与校正

由于光学经纬仪经过长途运输和长期在野外使用,在出厂前所做的严格的检验与校正可能被破坏,因此《工程测量规范》(GB 50026—2007)要求,在正式作业前应对经纬仪进行检验校正,以使测量成果符合精度要求。光学经纬仪检验和校正的项目较多,但通常只进行主要轴线间的几何关系的检校。

一、光学经纬仪应满足的几何条件

如图3-19所示,光学经纬仪的几何轴线有望远镜的视准轴 CC、横轴 HH、照准部水准管轴 LL 和仪器的竖轴 VV。测量角度时,光学经纬仪应满足下列几何条件:

(1)照准部水准管轴应垂直于竖轴($LL \perp VV$)。

(2)十字丝竖丝应垂直于横轴 HH。

(3)视准轴应垂直于横轴($CC \perp HH$)。

(4)横轴应垂直于竖轴($HH \perp VV$)。

(5)竖盘指标差应等于零。

(6)光学对中器的光学垂线与竖轴重合。

二、检验与校正

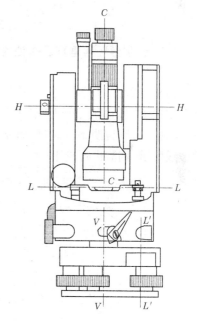

图 3-19　经纬仪主要轴线关系

(一)照准部水准管轴应垂直于竖轴的检验与校正($LL \perp VV$)

1. 检验

将仪器大致整平,转动照准部使水准管与两个脚螺旋连线平行。转动脚螺旋使水准管气泡居中,此时水准管轴水平。将照准部旋转180°,若气泡仍然居中,表明条件满足;若气泡偏离大于1格,则需进行校正。

2. 校正

如图3-20所示,首先转动与水准管平行的两个脚螺旋,使气泡向中央移动偏离值的一半。再用校正针拨动水准管校正螺丝(注意应先放松一个再旋紧另一个),使气泡居中,此时水准管轴处于水平位置，竖轴处于铅直位置，即 $LL \perp VV$。此项检验校正需反复进行，直至照准部旋转到任何位置气泡偏离最大不超过 1 格。

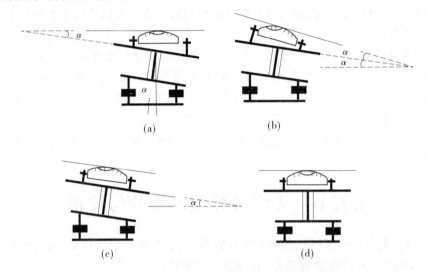

(a)　　　　　　(b)

(c)　　　　　　(d)

图 3-20　水准管轴垂直于竖轴的校正

（二）十字丝竖丝垂直于横轴的检验与校正

1. 检验

整平仪器，以十字丝的交点精确照准任一清晰的小点 P，如图 3-21(a) 所示。拧紧照准部和望远镜制动螺旋，转动照准部微动螺旋，使照准部做左、右微动，如果所瞄准的小点始终不偏离横丝，则说明条件满足；若十字丝交点移动的轨迹明显偏离了 P 点，如图 3-21(a) 中的虚线所示，则需进行校正。

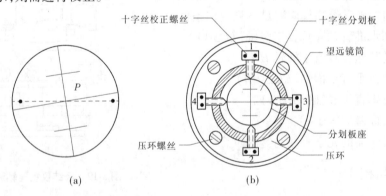

(a)　　　　　　(b)

图 3-21　十字丝竖丝垂直于横轴的检验与校正

2. 校正

卸下目镜处的外罩，即可见到十字丝分划板校正设备，如图 3-21(b) 所示。松开四个十字丝分划板套筒压环固定螺丝，转动十字丝套筒，直至十字丝横丝始终在 P 点上移动，然后将压环固定螺丝旋紧。

（三）视准轴垂直于横轴的检验与校正（$CC \perp HH$）

视准轴不垂直于横轴所偏离的角度叫照准误差，一般用 c 表示。

1. 检验

选择一平坦场地,如图 3-22 所示,在 A、B 两点(相距约 100 m)的中点 O 安置仪器,在 A 点竖立一标志,在 B 点横放一根水准尺或毫米分划尺,使其尽可能与视线 OA 垂直。标志与水准尺的高度大致与仪器相同。首先用盘左位置照准 A 点,固定照准部,然后倒转望远镜成盘右位置,在 B 尺上读数,得 B_1,见图 3-22(a)。再用盘右位置照准 A 点,固定照准部,倒转望远镜成盘左位置,在 B 尺上读数,得 B_2,见图 3-22(b)。若 B_1、B_2 两点重合,表明条件满足;否则需校正。

2. 校正

如图 3-22 所示,由 B_2 点向 B 点量取 $B_1B_2/4$ 的长度,定出 B_3 点。用校正针拨动图 3-21 中左右两个校正螺丝,使十字丝交点与 B_3 点重合。此项检验校正需反复进行,直至满足条件。

由此检校可知,盘左、盘右瞄准同一目标并取读数的平均值,可以抵消视准轴误差的影响。

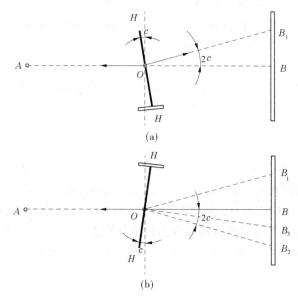

图 3-22 视准轴垂直于横轴的检验与校正

(四)横轴垂直于竖轴的检验与校正($HH \perp VV$)

1. 检验

如图 3-23 所示,在距一洁净的高墙 20~30 m 处安置仪器,以盘左瞄准墙面高处的一固定点 P,固定照准部,然后大致放平望远镜,按十字丝交点在墙面上定出一点 P_1;同样再以盘右瞄准 P 点,放平望远镜,在墙面上定出一点 P_2。如果 P_1、P_2 两点重合,则满足要求,否则需要进行校正。

2. 校正

由于光学经纬仪的横轴是密封的,一般能够满足横轴与竖轴相垂直的条件,测量人员只要进行此项检验即可,若需校正,应由专业检修人员进行。

(五)竖盘指标差的检验与校正

观测竖直角时,采用盘左、盘右观测并取其平均值,可消除竖盘指标差对竖直角的影响,

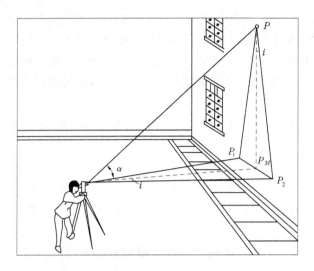

图 3-23　横轴垂直于竖轴的检验与校正

但在地形测量时,往往只用盘左位置观测碎部点,如果仪器的竖盘指标差较大,就会影响测量成果的质量。因此,应对其进行检校消除。

1. 检验

安置仪器,分别用盘左、盘右瞄准高处某一固定目标,在竖盘指标水准管气泡居中后,各自读取竖盘读数 L 和 R。根据式(3-17)计算指标差 x 值,若 $x = 0$,则条件满足;若 x 值超出 $\pm 1'$,则应进行校正。

2. 校正

检验结束时,保持盘右位置和照准目标点不动,先转动竖盘指标水准管微动螺旋,使盘右竖盘读数对准正确读数 $R - x$,此时竖盘指标水准管气泡偏离居中位置,然后用校正拨针拨动竖盘指标水准管校正螺钉,使气泡居中。反复进行几次,直至竖盘指标差在 $\pm 1'$ 以内。

(六)光学对中器的光学垂线与竖轴重合的检验与校正

光学对中器有两种形式,即在照准部上和基座上,其检验方式不同,下面仅介绍常见的在照准部上的形式的检验。

1. 检验

在平坦的地面上严格整平仪器,在脚架的中央地面上固定一张白纸。对中器调焦,将对中器标志中心投影于白纸上得 P_1。尔后转动照准部180°,得对中器标志中心投影 P_2,若 P_1 与 P_2 重合,则条件满足;否则,需校正。

2. 校正

取 P_1、P_2 的中点 P,校正直角转向棱镜或对中器分划板,使对中器标志中心对准 P 点。重复检验校正的步骤,直到照准部旋转180°后对中器刻划标志中心与地面点无明显偏离。

第六节　角度测量误差分析及注意事项

一、角度测量主要误差来源

角度测量误差来源主要有三个方面,即仪器误差、观测误差和外界条件影响。研究观测误差的来源、性质,以便采取适当的措施与观测方法,提高角度测量的精度。

(一)仪器误差

仪器误差主要指仪器检校后残余误差和仪器零部件加工不够完善引起的误差。仪器误差一般都是系统误差,应在工作中通过一定的方法予以消除或减小。

仪器误差主要分为以下两类:

(1)仪器制造加工不完善所引起的误差,主要有度盘分划不均匀误差、照准部偏心差(照准部旋转中心与度盘分划中心不重合)、水平度盘偏心差(度盘旋转中心与度盘分划中心不重合)。这些误差一般很小,大多数都可以在观测过程中采取相应的措施消除或减弱它们的影响。如通过观测多个测回,并在测回间变换度盘位置,使读数均匀地分布在度盘的各个位置,可减小度盘分划误差的影响;通过盘左、盘右取平均值可消除照准部偏心差和水平度盘偏心差的影响。

(2)仪器检验校正不完善所引起的误差,主要有仪器的三轴误差,即视准轴误差(望远镜视准轴不垂直于仪器横轴)、横轴误差(仪器横轴不垂直于竖轴)、竖轴误差(竖轴不垂直于管水准器轴)。通过盘左、盘右观测取平均值的方法可以消除视准轴误差、横轴误差。竖轴误差不能用盘左、盘右取平均值的方法予以消除。为减小该误差,在观测前应严格检校仪器,观测时应保持照准部管水准气泡居中,其偏移量不能超过 1 格,否则应重新进行对中、整平。

(二)观测误差

1. 仪器对中误差

在水平角观测中,若经纬仪对中有误差,将使仪器中心与标志中心不在同一铅垂线上,造成测角误差。

如图 3-24 所示,仪器在 B 点观测的水平角应为 β,而由于对中偏移距离 e 的原因实际测得角值为 β',则对中误差造成的角度偏差为

$$\Delta\beta = \beta - \beta' = \delta_1 + \delta_2$$

设 $\angle AO'O = \theta$,$AO' = D_1$、$BO' = D_2$,则

$$\delta_1 \approx \frac{e \cdot \sin\theta}{D_1}\rho$$

$$\delta_2 \approx \frac{e \cdot \sin(\beta' - \theta)}{D_2}\rho$$

则

$$\Delta\beta = e\rho \left[\frac{\sin\theta}{D_1} + \frac{\sin(\beta' - \theta)}{D_2} \right] \tag{3-18}$$

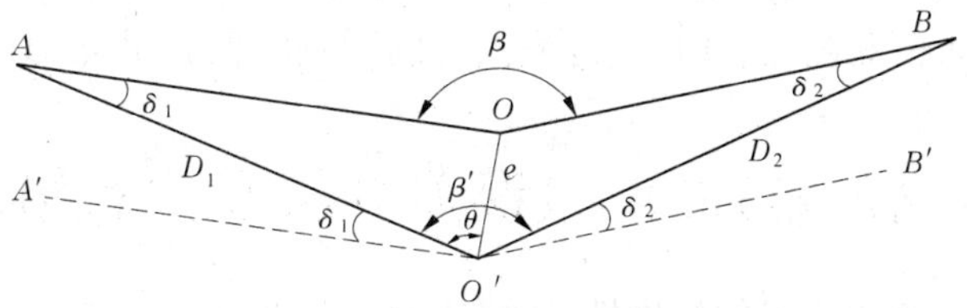

图 3-24 对中误差影响

从式(3-18)可知,对中误差的影响与偏心距 e 成正比,e 越大,则 $\Delta\beta$ 越大;与边长成反

比,边长越短,则 $\Delta\beta$ 越大;与水平角的大小有关,θ、$(\beta'-\theta)$ 越接近 $90°$,$\Delta\beta$ 越大。因此,在边长越短或观测角度接近 $180°$ 时,应特别注意仪器的对中,尽可能减小偏心距。

2. 目标偏心误差

在测角时,通常是用标杆立于目标点上,作为照准标志。当标杆倾斜又瞄准标杆顶部时,将使照准点偏离目标而产生目标偏心误差,如图 3-25 所示。

设标杆的长度为 l,标杆与铅垂线间的夹角为 γ,则照准点的偏心距为

$$e = l\sin\gamma \qquad (3-19)$$

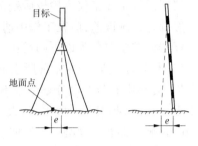

图 3-25　目标偏心误差

e 对水平角观测的影响与对中误差的影响类似。边长越短和瞄准位置越高,其影响也就越大。因此,在观测水平角时应仔细地将标杆竖直,并要求尽可能瞄准标杆的底部,以减少误差。

3. 仪器整平误差

水平角观测时必须保持水平度盘水平、竖轴竖直。若照准部水准管的气泡不居中,导致竖轴倾斜而引起角度误差,则该项误差不能通过盘左、盘右观测取平均值的方法消除。因此,在观测过程中应特别注意仪器的整平。在同一测回内,若气泡偏离中央超过 1 格,应重新整平仪器,并重新观测该测回。

4. 照准误差

测角时人眼通过望远镜照准目标而产生的误差称为照准误差。照准误差与望远镜的放大率,人眼的分辨能力,目标的形状、大小、颜色、亮度和清晰度等因素有关。一般认为,人眼的分辨率为 $60''$,若望远镜的放大率为 v,则分辨能力就可以提高 v 倍,故照准误差为 $\pm60''/v$。如 DJ_6 型光学经纬仪的放大率一般为 28 倍,故照准误差为 $\pm2.1''$。因此,在观测时应仔细做好调焦和照准工作。

5. 读数误差

读数误差与读数设备、照明情况和观测人员的经验有关,其中主要取决于读数设备。一般认为,对 DJ_6 型光学经纬仪的最大估读误差不超过 $\pm6''$,对 DJ_2 型光学经纬仪一般不超过 $\pm1''$,但如果照明条件不好、操作不熟练或读数不仔细,读数误差将可能更大。

(三)外界条件影响

影响角度观测的外界因素很多:大风、松土会影响仪器的稳定;地面辐射热会影响大气稳定而引起物像的跳动;空气的透明度会影响照准的精度;温度的变化会影响仪器的正常状态等。这些因素都会在不同程度上影响测角的精度,要想完全避免这些影响是不可能的,观测者只能采取措施及选择有利的观测条件和时间,如打伞遮阳、设置测站点尽量避开松土和建筑物、选择良好的天气观测等,使这些外界因素的影响降低到最低的程度,从而保证测角的精度。

二、角度测量注意事项

为减少误差,确保观测成果的精确性,还要注意以下事项:

(1)仪器安置的高度要合适,三脚架要踩牢,仪器与脚架连接要牢固;观测时不要手扶或碰动三脚架,转动照准部和使用各种螺旋时,用力要轻。

（2）对中、整平要准确，测角精度要求越高或边长越短的，对中要求越严格；如观测的目标之间高低相差较大，更应注意仪器整平。

（3）在水平角观测过程中，如同一测回内发现照准部水准管气泡偏离居中位置，不允许重新调整水准管使气泡居中；若气泡偏离中央超过 1 格，则需重新整平仪器，重新观测。

（4）观测竖直角时，每次读数之前，必须使竖盘指标水准管气泡居中或自动归零开关设置启用位置。

（5）标杆要立直于测点上，尽可能用十字丝交点瞄准标杆或测钎的底部；竖角观测时，宜用十字丝中丝切于目标的指定部位。

（6）不要把水平度盘和竖直度盘读数弄混淆；记录要清楚，并当场计算校核；若误差超限，应查明原因并重新观测。

（7）观测水平角时，同一个测回里不能转动度盘变换手轮或按动水平度盘复测扳钮。

第七节　电子经纬仪简介

电子经纬仪是在光学经纬仪的基础上发展起来的新一代测角仪器，是利用电子测角原理，自动把度盘的角值以液晶方式显示在屏幕上的。图 3-26 所示为南方测绘仪器公司生产的 ET－05 电子经纬仪的外观构造和部件名称。

与光学经纬仪相比，电子经纬仪有以下特点：

（1）采用电子测角系统，能自动显示测量结果，避免了观测误差，减少了外业劳动强度，提高了工作效率。

（2）现代电子经纬仪具有三轴自动补偿功能，可以自动测定仪器的横轴误差、竖轴误差，并能自动对角度观测值进行改正。

（3）电子经纬仪可以与其他的光电测距仪结合，组成全站型电子速测仪，配合适当的接口，实现测量、计算、成图的自动化和一体化。

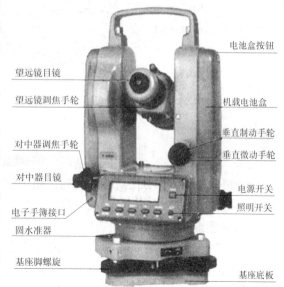

图 3-26　ET－05 电子经纬仪

电子经纬仪在结构上和外观上与光学经纬仪基本相同，使用方法与光学经纬仪也基本相同，除读数在屏幕上直接读取外，其他操作步骤与光学经纬仪完全相同，也包括安置仪器、照准目标和读数三个步骤。

一、电子经纬仪测角原理

电子经纬仪的测角系统通过角－码变换器，从度盘上取得电信号，将角位移量变为二进制码，将其译成度、分、秒，并用数字形式在液晶显示器上显示出来。目前，常用的角－码变换方法有编码度盘测角系统和光栅度盘测角系统。

(一)编码度盘测角系统

编码度盘是以二进制代码运算为基准的绝对式测角系统,在编码度盘的每个位置上的度、分、秒都可以直接读取,如图 3-27 所示编码度盘测角原理、图 3-28 所示编码度盘。为了对度盘进行二进制编码,将整个度盘沿径向均匀地划分为 16 个由圆心向外辐射的等角区间称为码区,每个区间的角值相应为 360°/16 = 22°30′;由里向外分成 4 个同心圆环称为码道。每个码区被码道分成 4 段黑白光区,黑色为透光区,白色为不透光区,透光表示二进制代码"1",不透光表示"0"。不同的码区可形成不同的 4 位编码。每 4 位编码代表度盘的一个位置,从而达到对度盘区间编码的目的。为了读取编码,在编码度盘的每一个码道的一侧设置发光二极管,另一侧设置光敏二极管,如图 3-27 所示。发光二极管发出的光通过码盘产生透光或不透光信号,由光敏二极管转换成电信号,经处理后在显示屏上显示出来。

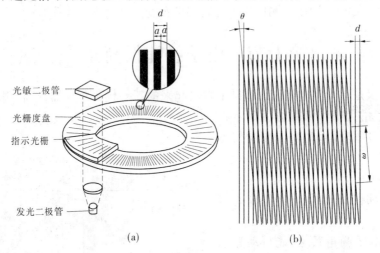

(a)   (b)

图 3-27　编码度盘测角原理

由此根据两个目标方向所在不同码区便可获得两个方向间的夹角。编码度盘的分辨率取决于码道数,码道数愈多,分辨率愈高。

(二)光栅度盘测角系统

如图 3-29 所示,在玻璃圆盘上均匀地按一定的密度刻有透明与不透明的等角距径向刻线,构成等间隔的明暗条纹,称为光栅。通常光栅的刻线宽度与缝隙宽度相同,二者之和 d 称为光栅的栅距。栅距所对应的圆心角即为光栅度盘的分划值。

由于光栅不透光,而缝隙透光,因此我们在光栅度盘的下方安置一个发光二极管用来发射光线,在度盘上方安置一个光敏二极管用来接收光线,将光信号转变为电信号。光栅度盘转动的时候,可以利用一个计数器来计算光敏二极管接收到光线的次数,从而就知道光栅度盘转动的栅距数,根据栅距数就可以求出相应的角度值。

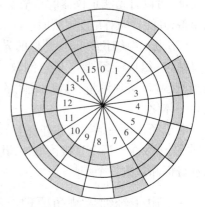

图 3-28　四个码道的编码度盘

从测角的原理可以看出,光栅度盘的栅距就相当于光学度盘的分划,栅距越小,则角度分划值越小,测角的精度越高。例如,在一个直径为 80 mm 的光栅度盘上,如果刻划有 12 500条细线(每毫米 50 条),那么栅距的分划值为 1′44″。为了提高测角精度,还必须对栅距进行细分,分成几十至上千等份。由于栅距太小,细分和计数都不易准确,所以在光栅测角系统中都采用了莫尔条纹技术,借以将栅距放大,再细分和计数。莫尔条纹如图 3-30 所示,是用与光栅度盘相同密度和栅距的一段光栅(称为指示光栅),与光栅度盘以微小的间距重叠起来,并使两光栅刻线互成一微小夹角 θ,这时就会出现放大的明暗交替的条纹,这些条纹就是莫尔条纹。通过莫尔条纹,即可使栅距 d 放大至 D。

图 3-29　电子经纬仪光栅度盘

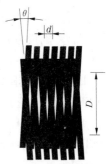

图 3-30　电子经纬仪莫尔条纹度盘

二、ET – 02 电子经纬仪的使用

图 3-31 所示为南方测绘公司生产的 ET – 02 电子经纬仪,各部件的名称见图中的注记。

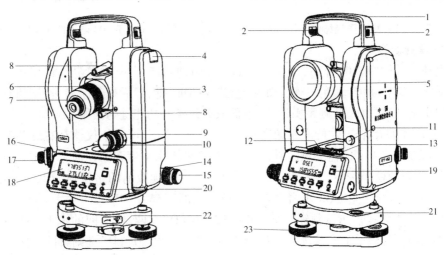

图 3-31　ET – 02 电子经纬仪

1—手柄;2—手柄固定螺丝;3—电池盒;4—电池盒按钮;5—物镜;6—物镜调焦螺旋;7—目镜调焦螺旋;
8—光学粗瞄器;9—望远镜制动螺旋;10—望远镜微动螺旋;11—光电测距仪数据接口;12—管水准器;
13—管水准器校正螺丝;14—水平制动螺旋;15—水平微动螺旋;16—光学对中器物镜调焦螺旋;
17—光学对中器目镜调焦螺旋;18—显示窗;19—电源开关键;20—显示窗照明开关键;
21—圆水准器;22—轴套锁定钮;23—脚螺旋

它一测回方向观测中误差为±2″,角度最小显示到1″,竖盘指标自动归零补偿采用液体电子传感补偿器。它可与南方测绘公司生产的光电测距仪和电子手簿连接,组成速测全站仪,完成野外数据的自动采集。

仪器使用高能可充电电池供电,充满电的电池可供仪器连续使用8~10 h。设有双操作面板,每个操作面板都有完全相同的显示窗和7个功能键,便于正、倒镜观测;望远镜的十字丝分划板和显示窗均有照明光源,以便于在黑暗环境中观测。操作方法简要介绍如下。

（一）开机

仪器面板如图3-32所示,右上角的"PWR"键为电源开关键。

当仪器处于关机状态时,按下"PWR"键2 s后可打开仪器电源;当仪器处于开机状态时,按下"PWR"键2 s后可关闭仪器电源。仪器在测站上安置好后,打开仪器电源时,在显示窗中字符"HR"的右边显示的是当前视线方向的水平度盘读数;在显示窗中字符"V"的右边将显示"OSET"字符,它提示用户应指示竖盘指标归零,如图3-33所示。将望远镜置于盘左位置,向上或向下转动望远镜,当其视准轴通过水平视线位置时,显示窗中字符"V"右边的字符"OSET"将变成当前视准轴方向的竖盘读数值,即可进行角度测量。

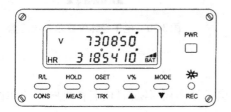

图3-32　ET-02电子经纬仪操作面板

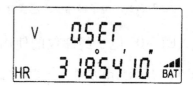

图3-33　ET-02电子经纬仪显示窗

（二）键盘功能

除电源开关键"PWR"外,其余6个键都具有两种功能。一般情况下,仪器执行按键上方注记文字的第一功能(测角操作),如果先按"MODE"键,然后按其余各键,则执行按键下方所注记文字的第二功能(测距操作)。下面只介绍第一功能键的操作。

"R/L"键:显示右旋/左旋水平角选择键。按"R/L"键,可以使仪器在右旋和左旋之间切换。右旋等价于水平度盘为顺时针注记,左旋等价于水平度盘为逆时针注记。打开仪器电源时,仪器自动处于右旋状态,此时,显示窗水平度盘读数前的字符为"HR",表示右旋;按"R/L"键,仪器处于左旋,显示窗水平度盘读数前的字符为"HL"。

"HOLD"键:水平度盘读数锁定键。连续按"HOLD"键两次,当前的水平度盘读数被锁定,此时转动照准部,水平度盘读数值保持不变,再按一次"HOLD"键则解除锁定。该功能可以将所照准目标方向的水平度盘读数配置为已知角度值,其操作方法是:先转动照准部,当水平度盘读数接近已知角度值时旋紧水平制动螺旋,转动水平微动螺旋,使水平度盘读数精确地等于已知角度值;连续按"HOLD"键两次,锁定水平度盘读数;精确照准目标后,再按一次"HOLD"键解除锁定,即完成水平度盘配置工作。

"OSET"键:水平度盘置零键。连续按"OSET"键两次,当前视线方向的水平度盘读数被置零。

"V%"键:竖直角以角度制显示或以斜率百分比显示切换键。按"V%"键,可以使显示窗中"V"字符后的竖直角以角度制显示或以斜率百分比显示。

例如,当竖盘读数以角度制显示时,盘左位置的竖盘读数为88°52′36″,则按"V%"键后的竖盘读数为1.96%。其转换公式为

$$\tan\alpha = \tan(90° - 88°52′36″) = 1.96\%$$

(三)仪器的设置

ET-02电子经纬仪可以设置如下内容。

(1)角度测量单位:360°,400gon,640 mil(出厂设置为360°)。

(2)竖直角零方向的位置:天顶为零方向或水平为零方向(出厂设置为天顶为零方向)。

(3)自动关机时间:30 min 或 10 min(出厂设置为30 min)。

(4)角度最小显示单位:1″或5″(出厂设置为1″);

(5)竖盘指标零点补偿:自动补偿或不补偿(出厂设置为自动补偿)。

(6)水平度盘读数经过0°、90°、180°、270°时蜂鸣或不蜂鸣(出厂设置为蜂鸣)。

(7)选择与不同类型的测距仪连接(出厂设置为与南方测绘公司的ND3000红外测距仪连接)。

如果用户要修改上述仪器设置内容,可以在关机状态,按住"CONS"键不放,再按"PWR"键2 s时间打开电源开关,至三声蜂鸣后松开"CONS"键,仪器进入初始设置模式状态,显示窗显示内容如图3-34所示。其中第二行7个数位表示初始设置。

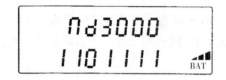

图3-34 ET-02电子经纬仪设置显示内容

按"MEAS"键或"TRK"键可使闪烁的光标向左或向右移动到要更改的数字位,按"▲"键或"▼"键可使闪烁的数字在0与1间变化,根据需要完成设置后,按"CONS"键确认,即可退出设置状态,返回正常测角状态。

(四)角度测量

由于ET-02电子经纬仪是采用光栅度盘测角系统,当转动仪器照准部时,即自动开始测角,所以观测员精确照准目标后,显示窗将自动显示当前视线方向的水平度盘和竖盘读数,不需要再按任何键,仪器操作非常简单。

三、电子激光经纬仪

激光经纬仪主要用于准直测量。准直测量就是定出一条标准的直线,作为土建安装、施工放样和轴线投测的基准线。

图3-35所示为南方测绘公司生产的ET-02电子激光经纬仪,是在ET-02电子经纬仪的基础上安装激光发射装置,将发射的激光束导入经纬仪望远镜视准轴方向,使之沿着视线方向射出一条可见的激光光束,激光光束与望远镜视准轴保持同轴。ET-02电子激光经纬仪发射功率为5 mW,在100 m处的光斑直径≤5 mm,白天遮阳的有效射程为180 m,由可充电电池提供电源,一块充满电的电池可连续工作8 h。

ET-02电子激光经纬仪的操作方法与ET-02电子经纬仪基本相同,区别是按⊛键,同时打开照明灯和视准轴激光,再按一次⊛键,关闭照明灯与视准轴激光。

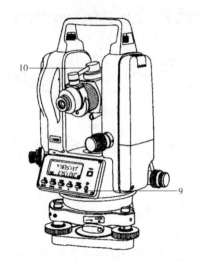
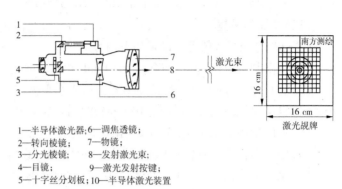

1—半导体激光器；6—调焦透镜；
2—转向棱镜；　　7—物镜；
3—分光棱镜；　　8—发射激光束；
4—目镜；　　　　9—激光发射按键；
5—十字丝分划板；10—半导体激光装置

图 3-35　ET－02 电子激光经纬仪

ET－02 电子激光经纬仪提供一条红色激光光束，可用于建筑工程轴线投测、管线铺设、桥梁工程、隧道测量等。为提高投测精度，可配合使用激光觇牌。

小　结

角度测量是测量的三项基本工作之一，它包括水平角测量和竖直角测量。

进行水平角和竖直角测量的仪器叫经纬仪。在建筑工程测量中常用的光学经纬仪有 DJ_2 型和 DJ_6 型两种类型。各种型号的光学经纬仪的基本构造都大致相同，主要由照准部、水平度盘和基座三部分组成。经纬仪的使用主要包括安置经纬仪、照准目标、读数等操作步骤。

水平角的观测方法一般根据照准目标的多少分为测回法和方向观测法两种。竖直角的观测首先应判断竖直度盘的注记方向，而后应用不同的公式进行计算，同时还要注意竖盘读数指标差的消除。

目前，新一代的测角仪器如电子经纬仪、电子激光经纬仪和全站仪等也正逐步应用于工程建设中。

为保证测量成果的精度要求，光学经纬仪通常要进行主要轴线间的几何关系的校核；还要注意消除仪器误差、观测误差和外界条件产生的误差影响。

通过本章学习，要求掌握水平角和竖直角的测量原理，DJ_6 型光学经纬仪对中、整平、照准调焦及读数的方法，测回法、方向观测法观测水平角，以及竖直角观测、记录和计算；熟悉 DJ_6 型光学经纬仪的结构，角度观测的误差来源及消减措施；了解经纬仪的仪器精度分级，经纬仪的主要轴线应满足的关系，经纬仪的检验和校正，电子经纬仪的观测原理及使用方法。

思考题与习题

1.什么是水平角和竖直角？简述它们的观测原理。

2.观测水平角时，为什么要对仪器进行对中、整平？

3. 光学经纬仪由哪几部分构成？各部分的功能有哪些？

4. 简述光学经纬仪的使用步骤及注意要点。

5. 采用盘左、盘右观测水平角可以消除哪些误差的影响？

6. 试述测回法观测水平角的步骤。

7. 计算水平角时，如果被减数不够减，为什么可以再加360°？

8. 观测竖直角时，读数前为什么要使竖盘指标水准管气泡居中？

9. 什么是竖盘指标差？如何消除？

10. 经纬仪有哪些主要轴线？各轴线间应满足什么条件？

11. 电子经纬仪的测角原理与光学经纬仪的测角原理的主要区别是什么？

12. 整理测回法观测水平角的手簿(见表3-5)。

表3-5　水平角观测手簿(测回法)

观测日期＿＿＿＿＿＿＿＿　天气状况＿＿＿＿＿＿＿＿　工程名称＿＿＿＿＿＿＿＿

仪器型号＿＿＿＿＿＿＿＿　观　测　者＿＿＿＿＿＿＿＿　记　录　者＿＿＿＿＿＿＿＿

测站	测回	竖盘位置	目标	水平度盘读数 (° ′ ″)	半测回角值 (° ′ ″)	一测回角值 (° ′ ″)	各测回平均角值 (° ′ ″)	备注
O	1	左	A	0 01 06				
			B	72 48 54				
		右	A	180 01 36				
			B	252 49 06				
O	2	左	A	90 02 12				
			B	162 50 06				
		右	A	270 02 30				
			B	342 50 12				

13. 整理用方向观测法观测水平角的手簿(见表3-6)。

表3-6　水平角观测手簿(方向观测法)

观测日期＿＿＿＿＿＿＿＿　天气状况＿＿＿＿＿＿＿＿　工程名称＿＿＿＿＿＿＿＿

仪器型号＿＿＿＿＿＿＿＿　观　测　者＿＿＿＿＿＿＿＿　记　录　者＿＿＿＿＿＿＿＿

测站	测回	目标	水平度盘读数 盘左 (° ′ ″)	水平度盘读数 盘右 (° ′ ″)	2c (″)	盘左、盘右平均读数 (° ′ ″)	一测回归零后方向值 (° ′ ″)	各测回归零后平均方向值 (° ′ ″)	水平角角值 (° ′ ″)
O	1	A	0 02 36	180 02 36					
		B	91 23 36	271 23 42					
		C	228 19 24	48 19 30					
		D	254 17 48	74 17 54					
		A	0 02 30	180 02 24					
		Δ							

观测日期＿＿＿＿＿＿＿＿　　天气状况＿＿＿＿＿＿＿＿　　工程名称＿＿＿＿＿＿＿＿

仪器型号＿＿＿＿＿＿＿＿　　观 测 者＿＿＿＿＿＿＿＿　　记 录 者＿＿＿＿＿＿＿＿

测站	测回	目标	水平度盘读数		2c (″)	盘左、盘右 平均读数 (° ′ ″)	一测回归 零后方向值 (° ′ ″)	各测回归零后 平均方向值 (° ′ ″)	水平角 角值 (° ′ ″)
			盘左 (° ′ ″)	盘右 (° ′ ″)					
O	2	A	90 03 12	270 03 18					
		B	181 24 06	1 23 54					
		C	318 20 00	138 19 54					
		D	344 18 30	164 18 24					
		A	90 03 18	270 03 06					
		Δ							

14. 整理表 3-7 竖直角观测手簿。

表 3-7　竖直角观测手簿

观测日期＿＿＿＿＿＿＿＿　　天气状况＿＿＿＿＿＿＿＿　　工程名称＿＿＿＿＿＿＿＿

仪器型号＿＿＿＿＿＿＿＿　　观 测 者＿＿＿＿＿＿＿＿　　记 录 者＿＿＿＿＿＿＿＿

测站	目标	测回	竖盘 位置	竖盘读数 (° ′ ″)	半测回竖直角 (° ′ ″)	指标差 (″)	一测回竖直角 (° ′ ″)	各测回竖直角 (° ′ ″)	备注
O	A	1	左	76 38 00					竖盘为顺时针注记
			右	283 21 54					
	A	2	左	76 38 06					
			右	283 22 06					
	B	1	左	82 10 30					
			右	277 49 06					
	B	2	左	82 10 36					
			右	277 49 18					

第四章　距离测量与直线定向

距离测量是测量的三项基本工作之一。地面点沿着铅垂线方向投影到水平面,投影点之间的距离称为水平距离。如果测得的是倾斜距离,还必须换算为水平距离。根据所使用的仪器和测量方法的不同,距离测量分为钢尺量距、视距测量、电磁波测距和卫星测距等方法。

地面上两点间的相对位置,除确定两点间的水平距离外,尚需确定两点连线的方向。确定一条直线与标准方向之间的角度关系,称为直线定向。

距离和方向是确定地面点平面位置的几何要素。因此,测定地面上两点的距离和方向是测量的基本工作。

第一节　钢尺量距

一、量距工具

(一)钢尺

钢尺分为普通钢卷带尺和因瓦线尺两种。

普通钢尺量距的首要工具是钢尺,又称钢卷尺。尺的宽度一般为 10~15 mm,厚度一般为 0.3~0.4 mm,长度有 20 m、30 m、50 m、100 m 等几种,基本分划有厘米和毫米两种,如图 4-1 所示。

图 4-1　钢卷尺

钢卷尺由于尺的零点位置不同,有端点尺和刻线尺之分,如图 4-2 所示。端点尺是以尺的端部、金属环的最外端为零点(见图 4-2(a)),从建筑物的边缘开始丈量时用端点尺很方便;刻线尺是在尺上刻出零点的位置(见图 4-2(b))。

钢尺由优质钢制成,故受拉力的影响较小,但有热胀冷缩的特性。由于钢尺较薄,性脆易折,应防止打结、车轮碾压。钢尺受潮易生锈,应防雨淋、水浸。

因瓦线尺是用镍铁合金制成的,尺线直径 1.5 mm,长度为 24 m,尺身无分划和注记,在尺两端各连一个三棱形的分划尺,长 8 cm,其上最小分划为 1 mm。因瓦线尺全套由 4 根主尺、1 根 8 m(或 4 m)长的辅尺组成。不用时卷放在尺箱内。

在直线丈量中对精度要求不高时可以采用皮尺。皮尺是由麻与金属丝编织而成的带状卷尺,尺全长有 10 m、20 m、30 m、50 m 四种,尺面上最小分划为厘米。因为是编织物,其受拉力的影响较大,使用时应注意用力均匀。

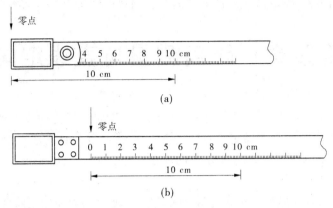

図 4-2　端点尺和刻线尺

（二）钢尺量距的辅助工具

钢尺量距的辅助工具有测钎、标杆、垂球、弹簧秤和温度计。

1. 测钎

如图 4-3 所示,测钎用直径 3~6 mm 的钢筋制成,上部弯成小圆圈,下部磨削成尖锥形,便于插入地内。测钎长度为 30~40 cm。通常以 6 根或 11 根系成一组。距离丈量中,多用以标定尺段端点的位置,亦可作为照准标志。

2. 标杆

标杆又称花杆(如图 4-4 所示),直径 3~4 cm,长 2~3 m,杆身涂以 20 cm 间隔的红、白漆,下端装有锥形铁尖,主要用于标定直线方向。

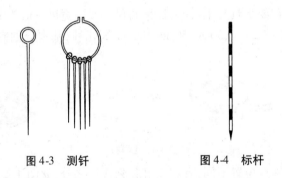

图 4-3　测钎　　　　　　　图 4-4　标杆

3. 垂球

垂球用金属制成(如图 4-5 所示),上大下尖呈圆锥形,上端中心系一细绳。悬吊后,垂球尖与细绳在同一垂线上。垂球用于在不平坦地面丈量时将钢尺的端点垂直投影到地面。

4. 弹簧秤和温度计

当进行精密量距时,还需配备弹簧秤和温度计,弹簧秤用于对钢尺施加规定的拉力,温度计用于测定钢尺量距时的温度,以便对钢尺丈量的距离施加温度改正,如图 4-6 所示。

二、直线定线

当丈量的地面点之间的距离超过尺的本身长度时,或地势起伏较大,一尺段无法完成丈量工作时,为方便量距工作,需将两点之间的距离分成若干尺段进行丈量,这就需要在直线的方向上插上一些标杆或测钎,在同一直线上定出若干点,这项工作被称为直线定线。根据距离丈量的不同精度要求,直线定线的方法有两点间目测定线和经纬仪定线两种。

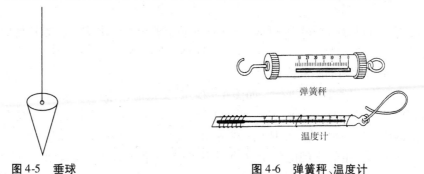

图 4-5　垂球　　　　　　　　　　　图 4-6　弹簧秤、温度计

(一)两点间目测定线

采用目估法定线,如图 4-7 所示,A、B 为地面上互相通视的两点,欲在 A、B 两点间的直线上定出 1、2 等分段点,可进行如下操作:首先在 A、B 两点上竖立测杆,测量员甲立于 A 点测杆后面 1~2 m 处,用眼睛自 A 点测杆后面瞄准 B 点测杆。测量员乙持另一测杆沿 BA 方向走到离 B 点大约一尺段长的 1 点附近,按照甲指挥手势左右移动测杆,直到测杆位于 AB 直线上,插下测杆(或测钎),定出 1 点。同法可以定出 2 点。一般在定线时,点与点之间的距离短于一个尺长。

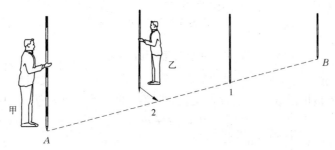

图 4-7　两点间目测定线

(二)经纬仪定线

当直线定线精度要求较高时,可用经纬仪定线。如图 4-8 所示,欲在 AB 直线上精确定出 1、2、3 点的位置,可将经纬仪安置于 A 点,用望远镜照准 B 点,固定照准部制动螺旋,然后将望远镜向下俯视,将十字丝交点投测到木桩上,并钉小钉以确定出 1 点的位置。同法标定出 2、3 点的位置。

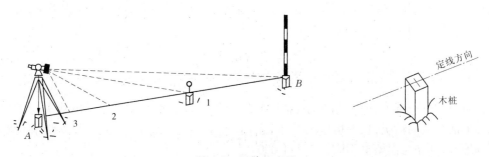

图 4-8　经纬仪定线

三、距离丈量

距离丈量可分为平坦地面的距离丈量和倾斜地面的距离丈量。倾斜地面的距离丈量又分为平量法和斜量法。

（一）平坦地面的距离丈量

丈量工作一般由两人进行。如图4-9所示，丈量前，先将待测距离的两个端点 A、B 用木桩（桩顶钉一小钉）标志出来，并在两点上竖立测杆（或测钎），标定该直线方向。丈量时后尺手持钢尺零点一端，前尺手持钢尺末端和一组测钎沿 A、B 方向前进，行至一尺段处停下，后尺手指挥前尺手将钢尺拉在 A、B 直线上，后尺手将钢尺的零点对准 A 点，两人同时将钢尺拉紧、拉平、拉稳后，前尺手将测钎对准钢尺末端刻划竖直插入地面（在坚硬地面处，可用铅笔在地面画线作标记），得1点，完成第一尺段的测量。前、后尺手抬尺前进，当后尺手到达插测钎处时停住，重复上述操作，量完第二尺段。后尺手拔起地上的测钎，依次前进，直到量完 AB 直线上的最后一段。

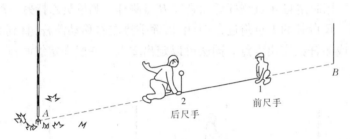

图4-9 平坦地面的距离丈量

直线丈量时尽量以整尺段丈量，最后丈量余长，以方便计算。丈量时应记清楚整尺段数，或用测钎数表示整尺段数。然后逐段丈量，则直线的水平距离 D 按式（4-1）计算：

$$D = nl + q \tag{4-1}$$

式中　l——钢尺的一整尺段长，m；

　　　n——整尺段数；

　　　q——不足一整尺的零尺段的长，m。

为了防止丈量中发生错误并提高量距精度，需要进行往返丈量。若丈量结果合乎要求，取往返平均数作为丈量的最后结果，即

$$D = \frac{1}{2}(D_{往} + D_{返}) \tag{4-2}$$

将往返丈量的距离之差与平均距离之比化成分子为1的分数，称为相对误差 K，可用它来衡量丈量结果的精度。即

$$K = \frac{|D_{往} - D_{返}|}{D_{均}} = \frac{1}{\dfrac{D_{均}}{|D_{往} - D_{返}|}} \tag{4-3}$$

相对误差分母越大，则 K 值越小，精度越高；反之，精度越低。量距精度取决于工程的要求和地面起伏的情况，在平坦地区，钢尺量距的相对误差一般不应大于1/2 000；在量距较困难的地区，其相对误差也不应大于1/1 000。

【例4-1】　A、B 的往测距离为 187.530 m，返测距离为 187.580 m，往返平均数值为

187.555 m,则相对误差 K 为

$$K = \frac{|187.530 - 187.580|}{187.555} = \frac{1}{3\,751} < \frac{1}{2\,000}$$

(二)倾斜地面的距离丈量

1. 平量法

如图 4-10 所示,A、B 两点间的地面呈倾斜状态,坡度较大。丈量方法是,先用目估法标定 A、B 两点的直线方向,然后由高处 A 点沿斜坡面向低处 B 点分成若干个小段进行丈量。丈量时,后尺手将尺的零点分划线对准地面点 A,并指挥前尺手将钢尺拉在 AB 直线方向上,前尺手抬高尺子的一端,两人用力将尺子拉平拉稳后,将垂球线紧靠钢尺上某一分划线,用垂球尖投影于地面上,再插以插钎,得 1 点。此时尺上分划线读数即为 A、1 两点的水平距离。用同样的方法继续丈量其余各尺段,当丈量至 B 点时,应注意垂球尖必须对准 B 点。为了方便起见,返测仍由高处 A 点向低处 B 点进行丈量。若丈量的精度 K 值符合限差要求,则取其平均值作为最后结果。

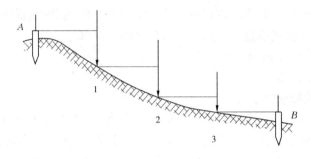

图 4-10 平量法

2. 斜量法

如图 4-11 所示,当倾斜地面的坡度比较均匀或高低起伏较大时,可以沿斜坡丈量出 A、B 两点间的斜距 L,用水准测量或其他方法量出 A、B 两点的高差 h,也可用经纬仪测出直线 AB 的倾斜角 α,然后计算 AB 的水平距离 D,即

$$D = \sqrt{L^2 - h^2} \qquad (4\text{-}4)$$

或 $$D = L\cos\alpha \qquad (4\text{-}5)$$

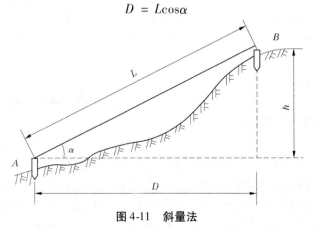

图 4-11 斜量法

四、量距精密方法

(一)钢尺的检定

由于钢尺材料的质量及制造误差等因素的影响,其实际长度和名义长度(即尺上所注的长度)往往不一样,而且钢尺在长期使用中因受外界条件变化的影响也会引起尺长的变化。钢尺的实际长度与名义长度之差称为尺长改正数。在精密量距中,距离丈量精度要求达到1/10 000~1/40 000时,在丈量前应将钢尺送往计量部门进行尺长检定。检定后,计量部门交给委托者一张钢尺检定书。钢尺检定书主要是给出该钢尺的一个尺长方程式。

所谓尺长方程式,即在标准拉力(30 m钢尺用100 N,50 m钢尺用150 N)下钢尺的实际长度与温度的函数关系式。其形式为

$$l_t = l_0 + \Delta l_l + \alpha l_0(t - t_0) \tag{4-6}$$

式中　l_t——钢尺在温度t时的实际长度;

$\quad\quad l_0$——钢尺的名义长度;

$\quad\quad \Delta l_l$——尺长改正数,即钢尺在温度t_0时的改正数,等于实际长度减去名义长度;

$\quad\quad \alpha$——钢尺的线膨胀系数,其值取为1.25×10^{-5} m/℃;

$\quad\quad t_0$——钢尺检定时的标准温度,20 ℃;

$\quad\quad t$——丈量时的温度。

(二)钢尺量距的精密方法

建筑工程中的一些基线、轴线,对量距精度要求较高,相对误差要求小于1/10 000~1/40 000时,应采用精密方法进行丈量。用精密方法量距要五个人协同操作,其中两人为前、后尺手,两人读数,一人专职记录。在工具上需增加经纬仪、水准仪、弹簧秤、温度计等,要选用质量较好并经过检定的钢尺。在读数要求上应估读到0.5 mm。

1. 准备工作

1)清理场地

首先应清除欲丈量的两点方向线上影响丈量的障碍物,如杂草、树丛等。若场地坑洼较多,还应做适当的平整场地工作,使钢尺在每一尺段中不致因地面高低起伏而产生挠曲。

2)直线定线

精密量距须采用经纬仪定线方法进行定线。在确定图4-12中1、2点时,应先沿 *AB* 方向用钢尺进行概量,按稍短于一尺段长的位置打下木桩,桩顶高出地面10~20 cm,然后用经纬仪投测桩顶定出1点的位置,过1点的中心绘出"十"字标志,再用此法定出2点的位置。

3)测桩顶间高差

用水准测量中的双面尺法、双仪器高法,或往、返测法测出各相邻桩顶间高差。尺段两端桩顶高差之差不得大于10 mm。

2. 丈量方法

丈量时,后尺手挂弹簧秤于钢尺的零端立于直线的起点,前尺手执尺子末端沿直线前进方向行至第一个尺段点,两人都蹲下拉紧钢尺,并将钢尺有分划线的一侧贴切于木桩顶十字丝交点,待弹簧秤上的指示达到钢尺检定时的标准拉力时,由后尺手发出"预备"口令,两人同时拉稳尺子,由前尺手回答"好"。在此瞬间,前、后读尺员同时读取读数,估读至0.5

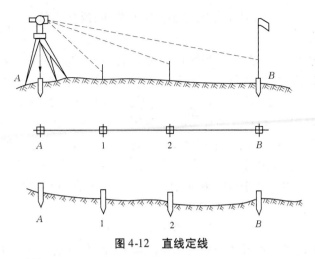

图 4-12　直线定线

mm，记录员依次记入手簿。

　　每尺段需丈量三次，每丈量完一次，将钢尺向后或者往前移动 2 ~ 3 cm，用上述方法再次丈量。三次读数所得尺段长度之差不应超过 2 mm，否则应重新丈量。如果在三次丈量的互差限差之内，再取三次结果的平均值，作为该尺段的观测成果。丈量完成后还须进行成果整理，即改正数计算，最后得到精度较高的丈量成果。丈量时，每一尺段必须记录温度一次，并估读至 0.5 ℃。如此继续丈量至终点，即完成一次往测。完成往测后，应立即返测。

五、量距的成果计算

（一）尺段长度计算

　　野外丈量工作完成后，对丈量的每一尺段长度应加入三项改正值（即尺长改正数、温度改正数、倾斜改正数）来计算出每个尺段精确的长度。

　　1. 尺长改正数 Δl_l

　　由于钢尺的名义长度和实际长度不一致，丈量时就产生误差。设钢尺在标准温度、标准拉力下的实际长度为 l，名义长度为 l_0，则一整尺的尺长改正数为

$$\Delta l_l = l - l_0$$

每量 1 m 的尺长改正数为

$$\Delta l_{\text{米}} = \frac{l - l_0}{l_0}$$

丈量 D' 距离的尺长改正数为

$$\Delta l_l = \frac{l - l_0}{l_0} D' \tag{4-7}$$

钢尺的实长大于名义长度时，尺长改正数为正；反之为负。

　　2. 温度改正数 Δl_t

　　丈量距离都是在一定的环境条件下进行的，温度的变化对距离将产生一定的影响。设钢尺检定时温度为 t_0，丈量时温度为 t，钢尺的线膨胀系数 α 一般为 $1.25 \times 10^{-5}/℃$，则丈量一段距离 D' 的温度改正数为

$$\Delta l_t = \alpha(t - t_0)D' \tag{4-8}$$

若丈量时温度大于检定时温度,温度改正数 Δl_t 为正;反之为负。

3. 倾斜改正数 Δl_h

设量得的倾斜距离为 D',两点间测得高差为 h,将 D' 改算成水平距离 D 需加倾斜改正数 Δl_h,一般用下式计算:

$$\Delta l_h = -\frac{h^2}{2D'} \tag{4-9}$$

倾斜改正数 Δl_h 永远为负值。

4. 改正后的尺段水平距离

将测得的结果加上上述三项改正值,即得

$$D = D' + \Delta l_l + \Delta l_t + \Delta l_h \tag{4-10}$$

(二)计算全长

全长的计算是指将各个尺段改正后的水平距离相加,便得到直线的全长。若进行了往测和返测,则应取其平均值作为直线的全长。根据往测和返测改正后的长度,按式(4-3)计算相对误差,应小于 1/10 000 ~ 1/40 000。

钢尺量距记录计算手簿见表4-1。

表 4-1　钢尺量距记录计算手簿

钢尺号:No.04 - 3　钢尺线膨胀系数:$1.25 \times 10^{-5}/℃$　检定温度:20 ℃　计算者:刘一龙

名义长度:30 m　钢尺检定长度:30.001 5 m　检定拉力:10 kg　日期:2007 年 8 月 9 日

尺段	丈量次数	前尺读数	后尺读数	尺段长度	温度(℃)	高差(m)	温度改正数(mm)	高差改正数(mm)	尺长改正数(mm)	改正后尺段长(m)
1	2	3	4	5	6	7	8	9	10	11
A—1	1	29.991 0	0.070 0	29.921 0	25.5	-0.152	+2.1	-0.4	+1.5	29.925 0
	2	29.992 0	0.069 5	29.922 5						
	3	29.991 0	0.069 0	29.922 0						
	平均			29.921 8						
1—2	1	29.871 0	0.051 0	29.820 0	25.4	-0.071	+1.9	-0.08	+1.5	29.822 8
	2	29.870 5	0.051 5	29.819 0						
	3	29.871 5	0.052 0	29.819 5						
	平均			29.819 5						
2—B	1	24.161 0	0.051 5	24.109 5	25.7	-0.210	+1.6	-0.9	+1.2	24.112 1
	2	24.162 5	0.050 5	24.112 0						
	3	24.161 5	0.052 4	24.109 1						
	平均			24.110 2						
总和										

对表4-1中 A—1 段距离进行三项改正计算。

尺长改正数 $\Delta l_l = \dfrac{30.001\,5 - 30}{30} \times 29.921\,8 = 0.001\,5(\text{m})$

温度改正数 $\Delta l_t = 1.25 \times 10^{-5} \times (25.5 - 20) \times 29.921\,8 = 0.002\,1(\text{m})$

倾斜改正数 $\Delta l_h = -\dfrac{(-0.152)^2}{2 \times 29.921\,8} = -0.000\,4(\text{m})$

经上述三项改正后的 A—1 段的水平距离为

$D_{A-1} = 29.921\,8 + 0.002\,1 + (-0.000\,4) + 0.001\,5 = 29.925\,0(\text{m})$

其余各段改正计算与 A—1 段相同,然后将各段相加为 83.859 9 m。如表 4-1 中,设返测的总长度为 83.852 4 m,可以求出相对误差,用来检查量距的精度。

相对误差 $K = \dfrac{|D_{往} - D_{返}|}{D_{平均}} = \dfrac{0.007\,4}{83.856\,1} = \dfrac{1}{11\,332}$

若将平均值保留 3 位小数,则最后结果为 83.856 m。

第二节 视距测量

视距测量是利用测量仪器望远镜中的视距丝并配合视距尺,根据几何光学及三角学原理,同时测定两点间的水平距离和高差的一种方法。此法操作简单,速度快,不受地形起伏的限制,但测距精度较低,一般可达 1/200 ~ 1/300,故常用于地形测图的碎部测量中。视距尺一般可选用普通塔尺。

一、视距测量原理

(一)视线水平时的视距测量

如图 4-13 所示,要测出地面上 A、B_i 两点间的水平距离及高差,先在 A 点安置仪器,在 B_i 点立视距尺。用望远镜照准视距尺,当望远镜视线水平时,视线与尺子垂直。此时,下丝在标尺上的读数为 a,上丝在标尺上的读数为 b(设为倒像望远镜)。上、下丝读数之差称为视距间隔 n,则 $n = a - b$。

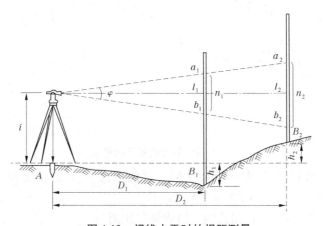

图 4-13 视线水平时的视距测量

由于视距间隔 n 为一定值,因此从两根视距丝引出去的视线在竖直面内的夹角 φ 也是

一个固定的角值。由图4-13可知,视距间隔 n 和立尺点离开测站的水平距离 D 呈线性关系,即

$$D = Kn + C \tag{4-11}$$

式中 K 和 C 分别称为视距乘常数和视距加常数,在仪器制造时,使 $K = 100, C = 0$。因此,视线水平时,计算水平距离的公式为

$$D = Kn = 100n = 100(a - b) \tag{4-12}$$

从图4-13中还可看出,量取仪器高 i 之后,便可根据视线水平时的中丝读数 l 计算两点间的高差

$$h = i - l \tag{4-13}$$

式(4-12)即为视线水平时高差计算公式。

如果 A 点高程 H_A 为已知,则可求得 B 点的高程 H_B 为

$$H_B = H_A + i - l \tag{4-14}$$

(二)视线倾斜时的距离与高差公式

在地面起伏较大的地区进行视距测量时,必须使视线倾斜才能读取视距间隔,如图4-14所示。此时的仪器观测视线不垂直于视距尺,故不能直接应用式(4-12)和式(4-13)计算距离与高差。如果能将视距间隔 MN 换算为与视线垂直的视距间隔 $M'N'$,这样就可按式(4-12)计算倾斜距离 L,再根据 L 和竖直角 α 算出水平距离 D 及高差 h。因此,解决这个问题的关键在于求出 MN 与与 $M'N'$ 之间的关系。

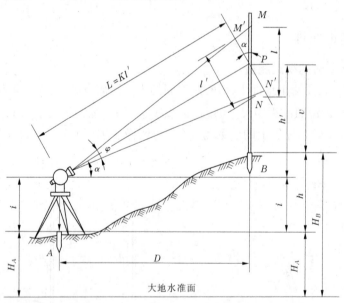

图4-14 视线倾斜时的视距测量原理

图中 φ 角很小,故可把 $\angle PM'M$ 和 $\angle PN'N$ 近似地视为直角,而 $\angle M'PM = \angle N'PN = \alpha$,因此由图可看出 $M'N' = M'P + PN' = MN\cos\alpha$。

设 $M'N'$ 为 l',则 $l' = l\cos\alpha$,根据式(4-12)得倾斜距离为

$$L = Kl' = Kl\cos\alpha \tag{4-15}$$

由图4-14可以看出,A、B 的水平距离为

$$D = L\cos\alpha = Kl\cos^2\alpha \tag{4-16}$$

初算高差为

$$h' = L\sin\alpha = Kl\cos\alpha\sin\alpha = \frac{1}{2}Kl\sin2\alpha \tag{4-17}$$

则 A、B 间的高差为

$$h = \frac{1}{2}Kl\sin2\alpha + i - v \tag{4-18}$$

根据式(4-16)计算出 A、B 间的水平距离 D 后,高差 h 也可按式(4-19)计算:

$$h = D\tan\alpha + i - v \tag{4-19}$$

二、视距测量观测与计算

欲观测 A、B 两点间的水平距离和高差,观测步骤如下:

(1)在 A 点安置经纬仪,对中整平后,量取仪器高 i,在 B 点竖立视距尺。

(2)转动仪器照准部照准视距尺,在望远镜中分别用上、下、中丝读得读数 M、N、v,并算出尺间隔 l。

(3)转动竖盘指标水准管微动螺旋,使竖盘指标水准管气泡居中,读取竖盘读数,并计算竖直角 α。

(4)利用尺间隔 l、竖直角 α、仪器高 i 及中丝读数 v,根据式(4-16)、式(4-18)计算水平距离 D 和高差 h。

三、视距测量的误差来源及消减方法

影响视距测量精度的因素主要有以下几方面。

(一)视距乘常数 K 的误差

仪器出厂时视距乘常数 $K = 100$,但由于视距丝间隔有误差,视距尺有系统性刻划误差,以及仪器检定的各种因素影响,都会使 K 值不一定恰好等于 100。K 值的误差对视距测量的影响较大,不能用相应的观测方法予以消除,故在使用新仪器前,应检定 K 值。

(二)用视距丝读取尺间隔的误差

读取视距尺间隔的误差是视距测量误差的主要来源,因为视距尺间隔乘以常数,其误差也随之扩大 100 倍。因此,读数时应注意消除视差,认真读取视距尺间隔。另外,对于一定的仪器来讲,应尽可能缩短视距长度。

(三)竖直角测定误差

从视距测量原理可知,竖直角误差对于水平距离影响不显著,而对高差影响较大,故用视距测量方法测定高差时应注意准确测定竖直角。读取竖盘读数时,应严格令竖盘指标水准管气泡居中。对于竖盘指标差的影响,可采用盘左、盘右观测取竖直角平均值的方法来消除。

(四)标尺倾斜误差

视距计算的公式是在视距尺严格垂直的条件下得到的。若视距尺发生倾斜,将给测量带来不可忽视的误差影响,因此测量时立尺要尽量竖直。在山区作业时,由于地表有坡度而给人以一种错觉,使视距尺不易竖直,因此应采用带有水准器装置的视距尺。

（五）外界条件的影响

（1）大气垂直折光影响：由于视线通过的大气密度不同而产生垂直折光差，而且视线越接近地面，垂直折光差的影响也越大，因此观测时应使视线离开地面至少 1 m 以上（上丝读数不得小于 0.3 m）。

（2）空气对流使成像不稳定产生的影响：这种现象在视线通过水面和接近地表时较为突出，特别是在烈日下更为严重。因此，应选择合适的观测时间，尽可能避开大面积水域。

第三节 电磁波测距

与钢尺量距的烦琐和视距测量的低精度相比，电磁波测距具有测程远、精度高、作业快、受地形限制少等优点，因而在测量工作中得到广泛应用。

电磁波测距是以电磁波（光波或微波）为载波，通过测定电磁波在测线两端点间往返传播的时间来测量距离。电磁波测距按精度可分为 I 级（$m_D \leq 5$ mm）、II 级（5 mm $< m_D \leq 10$ mm）和 III 级（$m_D > 10$ mm），m_D 为每千米的测距中误差。按测程可分为短程（<3 km）、中程（$3 \sim 5$ km）和远程（>15 km）。按采用的载波不同，可分为利用微波作载波的微波测距仪和利用光波作载波的光电测距仪。光电测距仪所使用的光源一般有激光和红外光。使用激光光源的激光测距仪多用于远程测距；使用红外光光源的红外测距仪则主要用于中、短程测距，在工程测量中应用较广。由于微波测距仪的精度低于光电测距仪，所以在工程测量中应用较少。

一、电磁波测距原理

电磁波测距是通过测定电磁波束，在待测距离上往返传播的时间来计算待测距离的。如图 4-15 所示，欲测量 A、B 两点间距离，在 A 点安置测距仪，在 B 点安置反射棱镜，测距仪发射的光波经反射棱镜反射回来后被测距仪所接收。假设光波在待测距离上传播时间为 t，则距离 D 的计算公式为

$$D = \frac{1}{2} Ct \tag{4-20}$$

式中 C ——电磁波在大气中的传播速度，可根据观测时的气象条件测定。

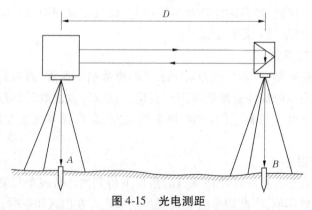

图 4-15 光电测距

光电测距按时间 t 的测定方式分为直接测定时间的脉冲法测距和间接测定时间的相位

法测距。

（一）脉冲法测距

脉冲法测距是指由测距仪的发射系统发出光脉冲,经反射棱镜反射后,又回到测距仪而被其接收系统接收,测出这一光脉冲往返所需时间间隔 t 的总脉冲的个数 m,进而求得距离 D。由于受脉冲宽度和电子计数器的时间分辨率所限,脉冲法测距的精度很低,只能达到 $0.5 \sim 1.0$ m。工程测量中使用的测距仪几乎都采用相位式。

（二）相位法测距

相位式光电测距仪的测距原理是:由光源发出的光通过调制器后,成为光强随高频信号变化的调制光,通过测量连续的调制光在待测距离上往返传播所产生的相位变化来间接测定传播时间,从而求得被测距离。红外光电测距仪就是典型的相位式测距仪。

如图 4-15 所示,测定 A、B 两点的距离 D,将相位式光电测距仪整置于点 A(称测站),反射器安置于另一点 B(称镜站)。测距仪发射出连续的调制光,在待测距离上传播,被 B 点的反射棱镜反射后又回到 A 点而被接收机接收。调制光在经过往返距离 $2D$ 后,相位延迟了 $\Delta\varphi$。我们将 A、B 两点之间调制光的往程和返程展开在一直线上,用波形示意图将发射波与接收波的相位差表示出来,如图 4-16 所示。

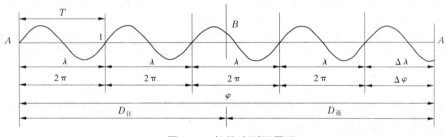

图 4-16　相位法测距原理

设调制光的频率为 f(每秒振荡次数),其周期 $T = \dfrac{1}{f}$(每振荡一次的时间(s)),则调制光的波长 λ 为

$$\lambda = CT = \frac{C}{f} \tag{4-21}$$

从图 4-16 中可看出,在调制光往返的时间 t 内,其相位变化了 N 个整周(2π)及不足一周的余数 $\Delta\varphi$,而对应 $\Delta\varphi$ 的时间为 Δt,则 t 的计算式为

$$t = NT + \Delta t \tag{4-22}$$

由于变化一周的相位差为 2π,则不足一周的相位差 $\Delta\varphi$ 与时间 Δt 的对应关系为

$$\Delta t = \frac{\Delta\varphi}{2\pi}T \tag{4-23}$$

因此,可以得到相位测距的基本公式

$$D = \frac{1}{2}Ct = \frac{1}{2}C\left(NT + \frac{\Delta\varphi}{2\pi}T\right) = \frac{1}{2}CT\left(N + \frac{\Delta\varphi}{2\pi}\right) = \frac{\lambda}{2}(N + \Delta N) \tag{4-24}$$

式中　ΔN ——不足一整周的小数,$\Delta N = \dfrac{\Delta\varphi}{2\pi}$。

将上面的相位测距基本公式与钢尺量距公式相比，如果将$\frac{\lambda}{2}$看做是一把"测尺"的尺长，则测距仪就是用这把"测尺"去丈量距离。N则为整尺段数，ΔN为不足一整尺段之余数。两点间的距离D就等于整尺段总长$\frac{\lambda}{2}N$和余尺段长度$\frac{\lambda}{2}\Delta N$之和。

测距仪的测相装置（相位计）只能分辨出$0 \sim 2\pi$的相位变化，故只能测出不足整周（2π）的尾数相位值$\Delta\varphi$，而不能测定整周数N，这样使相位测距的基本公式产生多值解，只有当所测距离小于光尺长度时，才能有确定的数值。例如，"测尺"为 10 m，只能测出小于 10 m 的距离；"测尺"为 1 000 m，则可测出小于 1 000 m 的距离。又由于仪器测相装置的测相精度一般为 1/1 000，故测尺越长测距误差越大，其关系可参见表 4-2。为了解决扩大测程与提高精度的矛盾，目前的测距仪一般采用两个调制频率，即两把"测尺"进行测距。用长测尺（称为粗尺）测定距离的大数，以满足测程的需要；用短测尺（称为精尺）测定距离的尾数，以保证测距的精度。将两者结果衔接组合起来，就是最后的距离值，并自动显示出来。

表 4-2　测尺长度、测尺频率与测距精度

测尺长度($\lambda/2$)	10 m	20 m	100 m	1 km	2 km	10 km
测尺频率(f)	15 MHz	7.5 MHz	1.5 MHz	150 kHz	75 kHz	15 kHz
测距精度	1 cm	2 cm	10 cm	1 m	2 m	10 m

例如，某测距仪以 10 m 作精尺，显示米位及米位以下的距离值，以 1 000 m 作粗尺，显示百米位、十米位距离值。如实测距离为 425.837 m，则粗测尺结果为 420 m，精测尺结果为 5.837 m，显示距离值为 425.837 m。

二、红外测距仪的使用

目前，国内外生产的红外测距仪型号很多，虽然它们的基本工作原理和结构大致相同，但具体的操作方法还是有差异的。因此，使用时应认真阅读说明书，严格按照仪器的使用手册进行操作。

（一）ND3000 红外相位式测距仪

如图 4-17 所示是南方测绘公司生产的 ND3000 红外相位式测距仪，它自带望远镜，望远镜的视准轴、发射光轴和接收光轴同轴，有垂直制动螺旋和微动螺旋，可以安装在光学经纬仪或电子经纬仪上。

测距时，测距仪瞄准棱镜测距，经纬仪瞄准棱镜测量竖直角，通过测距仪面板上的键盘，将经纬仪测量出的天顶距输入测距仪中，可以计算出水平距离和高差。

ND3000 测距仪具有单次、连续、平均、跟踪等功能，仪器的测距精度为 5 mm $+ 3 \times 10^{-6} D$（D 为距离），跟踪测量 0.8 s，连续测量 3 s。

输入温度和气压，仪器可自动进行气象修正，大气折光和地球曲率的影响可以在平距与高差测量中自动补偿。

ND3000 红外相位式测距仪键盘操作见表 4-3。

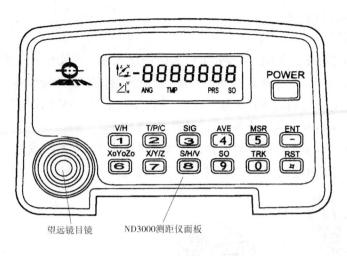

望远镜目镜　　　ND3000测距仪面板

图 4-17　ND3000 红外相位式测距仪

表 4-3　ND3000 红外相位式测距仪键盘操作

键	功能说明
V/H 1	数字"1"置数键、竖直角、水平角输入
T/P/C 2	数字"2"置数键、温度、气压、棱镜常数、手动减光" −"
SIG 3	数字"3"置数键、电池电压、光强
AVE 4	数字"4"置数键、平均测距、手动增光" +"
MSR 5	数字"5"置数键、连续测距
ENT −	送负号、置数、清除输入键
POWER	开机、关机
$X_0Y_0Z_0$ 6	数字"6"置数键、输入测站坐标
X/Y/Z 7	数字"7"置数键、显示未知点坐标(以测站为参考点)
S/H/V 8	数字"8"置数键、斜距 S、平距 H、高差 V 转换
SO 9	数字"9"置数键、定线放样
TRK 0	数字"0"置数键、跟踪测量
RST ☼	照明开关、复位

（二）REDmini2 测距仪

1. 仪器构造

日本索佳 REDmini2 仪器的各操作部件如图 4-18 所示。测距仪常安置在经纬仪上同时使用。测距仪的支架座下有插孔及制紧螺旋，可使测距仪牢固地安装在经纬仪的支架上。测距仪的支架上有垂直制动螺旋和微动螺旋，可以使测距仪在竖直面内俯、仰转动。测距仪的发射接收镜目镜内有十字丝分划板，可以瞄准反射棱镜。

反射棱镜通常与照准觇牌一起安置在单独的基座上，如图 4-19 所示。测程较近（通常在 500 m 以内）时用单棱镜，测程较远时可换三棱镜组。

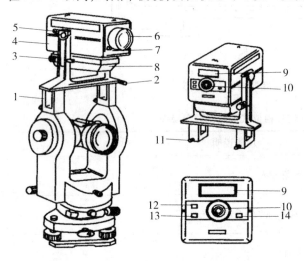

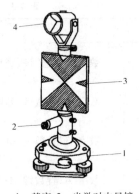

1—支架座；2—水平方向调节螺旋；3—垂直微动螺旋；
4—测距仪主机；5—垂直制动螺旋；6—发射接收镜物镜；
7—数据传输接口；8—电池；9—显示窗；10—发射接收镜目镜；
11—支架固定螺旋；12—测距模式键；13—电源开关；14—测量键

图 4-18　REDmini2 测距仪

1—基座；2—光学对中目镜；
3—照准觇牌；4—反射棱镜

图 4-19　反射棱镜与觇牌

2. 仪器安置

（1）在测站点上安置经纬仪，其高度应比单纯测角度时低约 25 cm。

（2）将测距仪安装在经纬仪上，要将支架上的插孔对准经纬仪支架上的插栓，并拧紧固定螺旋。

（3）在主机底部的电池夹内装入电池盒，按下电源开关键，显示窗内显示"8888888"约 2 s，此时为仪器自检，当显示"－30.000"时，表示自检结果正常。

（4）在待测点上安装反射棱镜，用基座上的光学对中器对中，整平基座，使觇牌面和棱镜面对准测距仪所在方向。

3. 距离测量

（1）用经纬仪望远镜中的十字丝中心瞄准目标点上的觇牌中心，读取竖盘读数，计算出竖直角 α。

（2）上下转动测距仪，使其望远镜的十字丝中心对准棱镜中心，左、右方向如果不对准棱镜中心，则调整支架上的水平方向调节螺旋，使其对准。

（3）开机后，若仪器收到足够的回光量，则显示窗下方显示"＊"。若"＊"不显示，或显示暗淡，或忽隐忽现，则表示未收到回光，或回光不足，应重新瞄准棱镜。

（4）显示窗显示"＊"后，按测量键，发生短促音响，表示正在进行测量，显示测量记号"△"，并不断闪烁。测量结束时，又发生短促音响，显示测得斜距。

（5）初次测距显示后，继续进行距离测量和斜距数值显示，直至再次按测量键，即停止测量。

（6）如果要进行跟踪测距，则在按下电源开关键后，再按测距模式键，则每0.3 s显示一次斜距值（最小显示单位为厘米），再次按测距模式键，则停止跟踪测量。

（7）测距精度要求较高（例如相对精度为1/10 000以上）时，则测距的同时应测定气温和气压，以便进行气象改正。

4. 距离计算

测距仪器由于受本身和外界因素的影响，所测得的距离只是斜距的初步值，还需进行改正数计算，才能得到正确的水平距离。

1）常数改正

常数改正包括加常数改正和乘常数改正两项。加常数 C 是由于发光管的发射面、接收面与仪器中心不一致，反光镜的等效反射面与反光镜中心不一致，内光路产生相位延迟及电子元件的相位延迟使得测距仪测出的距离值与实际距离值不一致。此常数在仪器出厂时预置在仪器中。但是，由于仪器在搬运过程中的振动、电子元件的老化等，常数还会变化，因此还会有剩余加常数，这个常数要经过仪器检测求定，在测距中加以改正。

仪器乘常数 K 主要是指仪器实际的测尺频率与设计时的频率有了偏移，使测出的距离存在着随距离而变化的系统误差，其比例因子称为乘常数。此项差值也应通过检测求定，在测距中加以改正。

2）气象改正

当距离大于2 km或温度变化较大时，要求进行气象改正计算。由于各类仪器采用的波长及标准温度不尽相同，因此气象改正公式中个别系数也略有不同。REDmini2红外测距仪以 $t = 15\ ℃$、$p = 101.3\ kPa$ 为标准状态。在一般大气状态下，其改正公式为

$$\Delta D = \left(\frac{278.96 - 0.387\ 2p}{1 + 0.003\ 66t}\right)D_{斜} \tag{4-25}$$

式中　p ——大气压值，mmHg（1 mmHg = 133.322 4 Pa）；

　　　t ——摄氏温度，℃；

　　　$D_{斜}$ ——测量的斜距，km；

　　　ΔD ——距离改正值，mm。

3）平距计算

利用测定的斜距和天顶距用下式计算平距：

$$D = D_{斜}\sin z \tag{4-26}$$

式中　z ——天顶距（°）。

第四节　直线定向

确定直线的方向简称直线定向。为了确定地面点的平面位置,不但要已知直线的长度,并且要已知直线的方向。直线的方向也是确定地面点位置的基本要素之一,所以直线方向的测量也是基本的测量工作。确定直线方向首先要有一个共同的基本方向,此外,要有一定的方法来确定直线与基本方向之间的角度关系。

一、标准方向

(一)真子午线方向

过地球南北极的平面与地球表面的交线称为真子午线。通过地球表面某点的真子午线的切线方向,称为该点的真子午线方向。真子午线方向可用天文测量方法或陀螺经纬仪测定。

(二)磁子午线方向

磁子午线方向是在地球磁场作用下,磁针在某点自由静止时其轴线所指的方向。由于地磁两极与地球两极不重合,致使磁子午线与真子午线之间形成一个夹角 δ ,称为磁偏角。磁子午线北端偏于真子午线以东为东偏,δ 为正;以西为西偏,δ 为负。

磁子午线方向可用罗盘仪测定。

(三)坐标纵轴方向

由于地面上各点的真子午线和磁子午线方向都不是互相平行的,这就给计算工作带来不便,因此在普通测量中一般采用纵坐标轴方向作为标准方向。这样测区内地面各点的标准方向就都是互相平行的。在局部地区,也可采用假定的临时坐标纵轴方向,作为直线定向的标准方向。

真子午线与坐标纵轴间的夹角 γ 称为子午线收敛角。坐标纵轴北端在真子午线以东为东偏,γ 为正;以西为西偏,γ 为负。

如图 4-20 所示为三种标准方向间关系的一种情况,δ_m 为磁子午线对坐标纵轴的偏角。

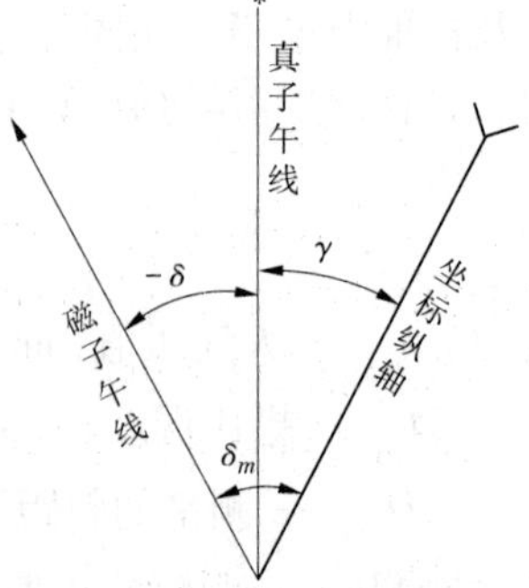

二、方位角

由标准方向的北端起,按顺时针方向量到某直线的水平角,称为该直线的方位角,角值范围为 $0° \sim 360°$。由于采用的标准方向不同,直线的方位角有如下三种。

(一)真方位角

从真子午线方向的北端起,按顺时针方向量至某直线间的水平角,称为该直线的真方位角,用 A 表示。

图 4-20　三种标准方向间的关系

(二)磁方位角

从磁子午线方向的北端起,按顺时针方向量至某直线间的水平角,称为该直线的磁方位角,用 A_m 表示。

(三)坐标方位角

从平行于坐标纵轴的方向线的北端起,按顺时针方向量至某直线的水平角,称为该直线的坐标方位角,以 α 表示,通常简称为方向角。

三种方位角之间的关系如图4-21所示。

三、正、反坐标方位角

一条直线有正、反两个方向,在直线起点量得的直线方向称直线的正方向,反之在直线终点量得该直线的方向称直线的反方向。

如图4-22所示,以 A 为起点、B 为终点的直线 AB 的坐标方位角 α_{AB},称为直线 AB 的坐标方位角。而直线 BA 的坐标方位角 α_{BA},称为直线 AB 的反坐标方位角。由图4-22可以看出,同一直线的正、反坐标方位角的关系为

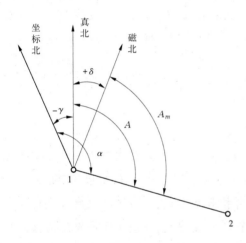

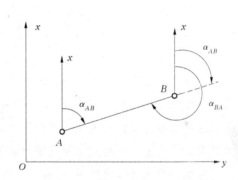

图4-21　三种方位角之间的关系　　　　图4-22　正、反坐标方位角

$$\alpha_{AB} = \alpha_{BA} \pm 180° \tag{4-27}$$

四、方位角的计算

在实际工作中并不需要测定每条直线的坐标方位角,而是通过与已知坐标方位角的直线联测后,推算出各直线的坐标方位角。如图4-23所示,已知直线 AB 边的坐标方位角 α_{AB},利用观测得到的转折角 β,推算直线 BC 坐标方位角 α_{BC}。

若 β 在推算路线 $A \to B \to C$ 前进方向的左侧,该转折角称为左角,由图4-23可以看出:

$$\alpha_{BC} = \alpha_{BA} + \beta_{左} \tag{4-28}$$

将式(4-27)代入式(4-28),则

$$\alpha_{BC} = \alpha_{AB} \pm 180° + \beta_{左} \tag{4-29}$$

若 β 在推算路线 $A \to B \to C$ 前进方向的右侧,该转折角称为右角,则

$$\alpha_{BC} = \alpha_{AB} \pm 180° - \beta_{右} \tag{4-30}$$

从而可归纳出推算坐标方位角的一般公式为

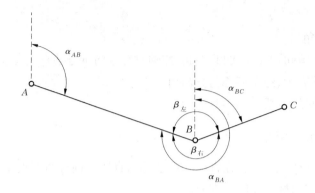

图 4-23 坐标方位角的推算

$$\alpha_{前} = \alpha_{后} \pm 180° + \beta_{左} \qquad （左角公式） \qquad (4-31)$$
$$\alpha_{前} = \alpha_{后} \pm 180° - \beta_{右} \qquad （右角公式） \qquad (4-32)$$

即前一边的坐标方位角等于后一边的坐标方位角加左角（减右角），再加或减 180°。计算中，如果 $\alpha_{前} > 360°$，应自动减去 360°；如果 $\alpha_{前} < 0°$，则自动加上 360°。

小　结

　　本章主要介绍了常用的距离测量方法，有钢尺量距、视距测量、电磁波测距等。钢尺量距适用于平坦地区的短距离量距，易受地形限制。视距测量是利用经纬仪或水准仪望远镜中的视距丝及视距标尺按几何光学原理测距，这种方法能克服地形障碍，适用于 200 m 以内低精度的近距离测量。电磁波测距是用仪器发射并接收电磁波，通过测量电磁波在待测距离上往返传播的时间计算出距离，这种方法测距精度高、测程远，一般用于高精度的远距离测量和近距离的细部测量。

　　当用钢尺进行精密量距时，距离丈量精度要求达到 1/10 000 ~ 1/40 000 时，在丈量前必须对所用钢尺进行检定，以便在丈量结果中加入尺长改正。另外，还需配备弹簧秤和温度计，以便对钢尺丈量的距离施加温度改正。若为倾斜距离，还需加倾斜改正。

　　在对钢尺量距进行误差分析时，要注意尺长误差、温度误差、拉力误差、钢尺倾斜和垂曲误差、定线误差、丈量误差的影响。视距测量主要用于地形测量的碎部测量中，分为视线水平时的视距测量、视线倾斜时的视距测量两种。在观测中需注意用视距丝读取尺间隔的误差、标尺倾斜误差、大气竖直折光的影响并选择合适的天气作业。

　　电磁波测距仪与传统测距工具和方法相比，具有高精度、高效率、测程长、作业快、工作强度低、几乎不受地形限制等优点。

　　确定直线与标准方向线之间的夹角关系的工作称为直线定向。标准方向线有三种：真子午线方向、磁子午线方向、坐标纵轴方向。同理，由于采用的标准方向不同，直线的方位角也有如下三种：真方位角、磁方位角和坐标方位角。

思考题与习题

1. 什么叫直线定线？直线定线的目的是什么？有哪些方法？如何进行？

2. 测量中的水平距离指的是什么？如何计算相对误差？

3. 简述用钢尺在平坦地面量距的步骤。

4. 哪些因素会对钢尺量距产生误差？应注意哪些事项？

5. 标准方向有哪几种？它们之间有什么关系？

6. 正反方位角关系如何？试绘图说明。

7. 如图 4-24 所示，已知 $\alpha_{AB} = 55°20'$，$\beta_B = 126°24'$，$\beta_C = 134°06'$，求其余各边的坐标方位角。

8. 四边形内角值如图 4-25 所示，已知 $\alpha_{12} = 149°20'$，求其余各边的坐标方位角。

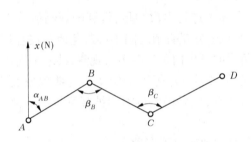

图 4-24　推导坐标方位角

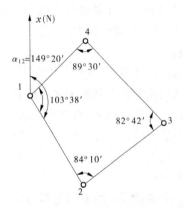

图 4-25　推导坐标方位角

第五章　测量误差的基本知识

第一节　测量误差概述

一、误差的来源

我们对某一个未知量进行观测,得到的观测数值称为观测值,该未知量的真实值称为该未知量的真值。某一未知量的观测值与其真值的差值称为误差或真误差。

设对某一未知量进行 n 次观测,其观测值为 $l_i(i=1,2,\cdots,n)$,该未知量真值为 X,则真误差 Δ_i 的数学表达式为

$$\Delta_i = l_i - X \quad (i = 1,2,\cdots,n) \tag{5-1}$$

从前面几章中,我们可以发现,对某一个未知量进行多次测量,得到的观测值也不尽相同。这就说明各个观测值之间或者是观测值与该未知量真值之间不可避免地存在着某种差异或者是误差。例如,对地面上某一平面三角形的三个内角进行多次观测,某一个内角的各次观测值不都相同,同时三个内角的观测值之和也不一定等于 $180°$ 等。这些现象表明,无论我们使用多么高精度的测量仪器、操作如何认真,最后仍然得不到被观测量的真值,即观测结果中存在误差。

产生测量误差的原因是多方面的,概括起来主要有以下三种。

(一)观测者

观测过程是由观测者执行的,在观测过程中,由于观测者感觉器官鉴别能力的局限性,观测者在安置仪器、瞄准目标、读数等方面都会产生误差。与此同时,观测者的工作态度、技术熟练程度及工作状态对测量成果的质量都有直接的影响。

(二)仪器

测量工作是通过测量仪器对数据进行采集的。尽管测量仪器在不断改进,但是受到科技水平的限制,每种仪器都具有一定的精度,因而观测值的精密度受到了一定的限制。例如在使用只刻有厘米分划的普通水准尺进行水准测量时,由于估读,难以保证厘米以下的位数的精确度,同时水准仪本身还含有一些误差,如水准管轴不平行于视准轴等。尽管仪器经过了检验与校正,但总会有些剩余误差,所以使用测量仪器进行测量,不可避免地要产生误差。

(三)外界环境

观测中所处的外界环境,如温度、光照、风力、湿度、风向、大气折光、地形等因素也会影响观测精度。如温度使钢尺产生伸缩,风力和日光影响仪器的稳定,大气遮光使望远镜的视线产生上下或左右的跳动。随着外界环境的变化,它们对观测结果的影响也随之变化,因此观测结果因外界环境改变而产生误差也是必然的。

观测者、仪器和外界环境是引起误差的主要因素,通常把这三个因素合起来称为观测条件。观测成果的质量与观测条件有着密切的联系。观测条件好一些,观测中产生误差的可

能性就相应地小一些,观测成果的质量就会高一些;反之,观测条件差一些,观测中产生误差的可能性就相应地大一些,观测成果的质量就会相对低一些。观测条件相同的各次观测,称为等精度观测;观测条件不相同的各次观测,称为非等精度观测。不管是等精度观测,还是非等精度观测,观测结果中都会含有误差,测量误差是不可避免的。在观测结果中,有时还会出现错误,我们把错误称为粗差。粗差在观测结果中是不允许出现的,为了杜绝粗差,除认真仔细作业外,还必须采取必要的检核措施。

二、误差的分类

根据误差的性质,误差可以分为系统误差和偶然误差。

(一)系统误差

在相同观测条件下,对某量进行一系列观测,如果误差出现的符号和大小均相同,或按一定的规律变化,这种误差称为系统误差。例如,用名义长度为 50 m,经鉴定实际长度为49.980 m 的钢尺量距,用这根钢尺每丈量一整尺的距离,测量值比实际值多 +2 mm,这种误差的符号不变,且与所丈量的距离成正比。又如,在水准测量中,当水准仪的水准管轴不平行于视准轴时,就会使水准仪在水准尺上的读数产生误差,这种误差的大小与水准仪到水准尺间的距离成正比。因此,系统误差具有一定的方向性和明显的积累性。

系统误差对观测结果的影响具有一定的数学或物理规律性。如果这种规律能够找到,可以通过一定的方法来削弱或抵消系统误差对观测结果的影响。一般常采用以下三种方法。

1. 加改正数

例如,用名义长度与实际长度不相同的钢尺量距以后对丈量结果加入尺长改正,可以消除尺长误差(尺长误差属于系统误差)。

2. 选择适当的观测方法

例如,为了减小水准仪视准轴与水准管轴不平行对测量的影响,可以将水准仪安置在距前、后视水准尺距离相等的地方;在角度测量中,可以采用盘左、盘右取平均的方法消除视准轴不垂直仪器横轴对角度测量误差的影响等。

3. 检校仪器

通过检校仪器,把系统误差降低到最低程度。如水准测量前,对水准仪进行检验和校正,以保证水准仪几何轴线关系的正确性。

(二)偶然误差

在相同的观测条件下,对某量进行一系列的观测,如果观测误差的符号和大小都不一致,表面上没有任何规律性,这种误差称为偶然误差,也称为随机误差。

偶然误差从表面上看没有任何规律性,但是随着对同一量观测次数的增加,大量的偶然误差就表现出一定的统计规律。观测次数越多,这种规律越明显。

例如,对三角形的三个内角进行测量,由于观测值含有偶然误差,三角形三个内角之和 α 不等于其真值180°。用 X 表示真值,则 α 与 X 的差值 Δ 称为真误差(即偶然误差),即

$$\Delta_i = \alpha_i - X \quad (i = 1, 2, \cdots, n) \tag{5-2}$$

现在相同的观测条件下观测了217个三角形,计算出217个三角形内角和观测值的真误差。按绝对值大小,分区间统计相应的误差个数,列入表5-1中。

表 5-1　偶然误差统计

误差区间	正误差个数	负误差个数	总计
0″~3″	30	29	59
3″~6″	21	20	41
6″~9″	15	18	33
9″~12″	14	16	30
12″~15″	12	10	22
15″~18″	8	8	16
18″~21″	5	6	11
21″~24″	2	2	4
24″~27″	1	0	1
27″以上	0	0	0
合计	108	109	217

从表 5-1 分析可以看出,误差具有以下分布规律:①小误差比大误差出现的概率高;②绝对值相等的正、负误差出现的概率大致相等;③最大误差不超出 ±27″。

通过长期对大量测量数据计算和统计分析,人们总结出偶然误差的四个特性:

(1)有限性。在一定观测条件下,偶然误差的绝对值有一定的限值,或者说超出限值的误差出现的概率几乎为 0;在表 5-1 中,误差超过 27″的个数为零。

(2)聚中性。绝对值较小的误差比绝对值较大的误差出现的概率大。

(3)对称性。绝对值相等的正、负误差出现的概率相同。

(4)抵消性。偶然误差的平均值,随着观测次数的无限增加而趋近于零,即

$$\lim_{n \to \infty} \frac{\Delta_1 + \Delta_2 + \cdots + \Delta_n}{n} = \lim_{n \to \infty} \frac{[\Delta]}{n} = 0 \qquad (5-3)$$

式中　$\Delta_1, \Delta_2, \cdots, \Delta_n$ —— 每个观测结果的真误差,$[\Delta] = \Delta_1 + \Delta_2 + \cdots + \Delta_n$。

在上述偶然误差的四个特性中:第一个特性说明偶然误差出现的范围;第二个特性说明偶然误差绝对值大小的规律;第三个特性说明偶然误差符号出现的规律;第四个特性是由第三个特性导出的,说明偶然误差具有抵消性。

由偶然误差的统计规律可知,当对某个观测量进行足够多次的观测时,各次观测的正、负误差可以相互抵消。因此,采用多次观测取平均值的方法,可以减少偶然误差对观测值的影响。

偶然误差是测量误差理论研究的主要对象。如不作特殊说明,下文所涉及的误差均指的是偶然误差。

第二节　衡量精度的指标

精度是指在一定的观测条件下,对某一个量进行观测,其误差分布的密集或离散的程

度。为了衡量观测结果精度的优劣,需要有一个评定精度的指标。其中最常用的有以下几种。

一、中误差

在相同观测条件下,对某一未知量进行 n 次等精度观测,观测结果为 $l_1,l_2,\cdots,l_n$。设每个观测结果的真误差(观测值与真值之差)为 $\Delta_1,\Delta_2,\cdots,\Delta_n$,则观测值的中误差 m 定义为

$$m = \pm \sqrt{\frac{\Delta_1^2 + \Delta_2^2 + \cdots + \Delta_n^2}{n}} = \pm \sqrt{\frac{[\Delta\Delta]}{n}} \tag{5-4}$$

式中　$[\Delta\Delta]$——各真误差的平方和,$[\Delta\Delta] = \Delta_1^2 + \Delta_2^2 + \cdots + \Delta_n^2$;

　　　　n——观测次数。

从式(5-4)可以看出,中误差是各个真误差平方和的平均数的平方根。中误差 m 不同于各个观测值的真误差 Δ_i,它反映的是一组观测精度的整体指标,真误差 Δ_i 反映的是每个观测值误差的个体指标。中误差是一组真误差的代表。真误差愈大,中误差也愈大,它反映了观测结果的密集与离散程度。

【例5-1】　设有1、2两组观测值,各组均为等精度观测,它们的真误差分别为

第一组: $+2''$, $-2''$, $-3''$, $-3''$, $0''$, $-3''$, $+3''$, $+2''$, $0''$, $-1''$;

第二组: $0''$, $0''$, $-6''$, $+3''$, $+5''$, $+1''$, $-7''$, $+2''$, $+3''$, $-1''$。

试比较哪组的测量精度高?

解:根据式(5-4)计算1、2两组观测值的中误差为

$$m_1 = \pm \sqrt{\frac{(+2)^2 + (-2)^2 + (-3)^2 + (-3)^2 + (0)^2 + (-3)^2 + (+3)^2 + (+2)^2 + (0)^2 + (-1)^2}{10}}$$

$$= \pm 2.2''$$

$$m_2 = \pm \sqrt{\frac{(0)^2 + (0)^2 + (-6)^2 + (+3)^2 + (+5)^2 + (+1)^2 + (-7)^2 + (+2)^2 + (+3)^2 + (-1)^2}{10}}$$

$$= \pm 3.7''$$

由计算结果可知,第二组观测值的中误差绝对值大于第一组观测值的中误差绝对值,因此第一组的观测精度高于第二组的观测精度,这是因为第二组观测值中有较大误差出现。中误差能明显地反映出测量结果中较大误差的影响,是被广泛采用的一种评定精度的指标。

二、相对误差

中误差和真误差都属于绝对误差。在实际测量过程中,有时绝对误差不能真实反映测量成果的精度。例如,分别丈量了 100 m 和 30 m 两段距离,它们的中误差都是 ± 3 cm,不能认为这两段距离的测量精度是一样的。因为虽说它们的中误差是一样的,但是它们的长度不一样,量距的误差与它们的长度有关。为此需要引入相对误差的概念。

相对中误差是中误差的绝对值与相应观测结果之比,并化为分子为1的分数,即

$$K = \frac{|m|}{D} = \frac{1}{D/|m|} = \frac{1}{K} \tag{5-5}$$

式中　D——量距的观测值。

上述丈量 100 m 的距离,中误差为 ± 3 cm,其相对中误差为

$$K_1 = \frac{|m_1|}{D_1} = \frac{0.03}{100} = \frac{1}{3\ 333}$$

上述丈量 30 m 的距离,中误差为 ±3 cm,其相对中误差为

$$K_2 = \frac{|m_2|}{D_2} = \frac{0.03}{30} = \frac{1}{1\ 000}$$

很显然,前者的精度高于后者。相对误差越小,观测结果越可靠。

用经纬仪进行角度测量时,只能用中误差而不能用相对中误差来衡量观测精度。因为角度误差与角度本身大小无关。

三、容许误差与极限误差

由偶然误差的第一个特性可知,在一定的观测条件下,偶然误差的绝对值不会超过一定的限值。这个限值就是容许误差或极限误差。此限值有多大呢?误差理论和大量的实践证明,在一系列的同精度观测误差中,真误差绝对值大于 1 倍中误差的概率约为 32%,大于 2 倍中误差的概率约为 5%,大于 3 倍中误差的概率约为 0.3%。也就是说,大于 3 倍中误差的真误差实际上是不可能出现的。因此,通常取 3 倍中误差作为观测值的容许误差。有时在测量中也取 2 倍中误差作为观测值的容许误差。

如果在测量中,观测值中出现了大于容许误差(极限误差)的观测值误差,则认为该观测值不可靠,应舍弃重测。

第三节　算术平均值及其中误差

一、算术平均值

在相同观测条件下,对某一个未知量进行了 n 次观测,其观测值分别为 $l_1, l_2, \cdots, l_n$,将这些观测值取平均得到平均值 $\bar{x}$,则

$$\bar{x} = \frac{l_1 + l_2 + \cdots + l_n}{n} = \frac{[l]}{n} \tag{5-6}$$

式中　$[l] = l_1 + l_2 + \cdots + l_n$。

设未知量的真值为 X,则观测值的真误差 Δ_i 为

$$\Delta_i = l_i - X \quad (i = 1, 2, \cdots, n) \tag{5-7}$$

将式(5-7)两边相加,得

$$[\Delta] = [l] - nX \tag{5-8}$$

将式(5-8)两边同除以 n,得

$$\frac{[\Delta]}{n} = \frac{[l]}{n} - X = \bar{x} - X \tag{5-9}$$

根据偶然误差的第四个特性知,偶然误差的平均值随着观测次数的无限增加而趋近于零,即

$$\lim_{n \to \infty} \frac{[\Delta]}{n} = \lim_{n \to \infty} \frac{[\Delta_1 + \Delta_2 + \cdots + \Delta_n]}{n} = 0 \tag{5-10}$$

由式(5-9)和式(5-10),可得

$$\lim_{n \to \infty} (\bar{x} - X) = \lim_{n \to \infty} \left(\frac{[l]}{n} - X \right) = \lim_{n \to \infty} \frac{[\Delta]}{n} = 0 \tag{5-11}$$

由式(5-11)可知,观测值的算术平均值 $\bar{x}$ 是最接近观测值真值的一个估计值。在实际工作中,观测次数总是有限的,算术平均值 $\bar{x}$ 不等于真值 X,只能趋近于真值 X,称算术平均 $\bar{x}$ 是真值 X 的最或然值,也称似真值。在实际测量过程中,常以算术平均 $\bar{x}$ 作为未知量的最或然值。

二、观测值改正数

在实际测量过程中,观测值的真值 X 往往是未知的,这时就不能够求出真误差,也不能根据真误差求中误差。但是可以用观测值改正数计算中误差。

算术平均值 $\bar{x}$ 与观测值的差值称为观测值改正数 v。

$$\left. \begin{aligned} v_1 &= \bar{x} - l_1 \\ v_2 &= \bar{x} - l_2 \\ &\vdots \\ v_n &= \bar{x} - l_n \end{aligned} \right\} \tag{5-12}$$

将式(5-12)两端相加,得

$$[v] = n\bar{x} - [l] \tag{5-13}$$

由式(5-6)知

$$\bar{x} = \frac{l_1 + l_2 + \cdots + l_n}{n} = \frac{[l]}{n}$$

所以,式(5-13)可改写为

$$[v] = n\frac{[l]}{n} - [l] = 0 \tag{5-14}$$

由式(5-14)可知,在等精度观测条件下,观测值改正数之和等于零。式(5-14)可用于检核观测值改正数的计算结果。

三、中误差的计算

下面通过观测值改正数 v 来计算观测值中误差。

将式(5-1)与式(5-12)相加,得

$$\Delta_i + v_i = \bar{x} - X \quad (i = 1, 2, \cdots, n) \tag{5-15}$$

令 $\delta = \bar{x} - X$,式(5-15)可变为

$$\Delta_i = \delta - v_i \quad (i = 1, 2, \cdots, n) \tag{5-16}$$

将式(5-16)两端取平方和,得

$$[\Delta^2] = [v^2] + n\delta^2 - 2\delta[v] \tag{5-17}$$

由式(5-14)知 $[v] = 0$,所以

$$[\Delta^2] = [v^2] + n\delta^2 \tag{5-18}$$

另外,因 $\delta = \bar{x} - X$,两端自乘,得

$$\delta^2 = (\bar{x} - X)^2 = \left(\frac{[l]}{n} - X\right)^2 = \frac{1}{n^2}[(l_1 - X) + (l_2 - X) + \cdots + (l_n - X)]^2$$

$$= \frac{1}{n^2}(\Delta_1 + \Delta_2 + \cdots + \Delta_n)^2 = \frac{1}{n^2}(\Delta_1^2 + \Delta_2^2 + \cdots + \Delta_n^2 + 2\Delta_1\Delta_2 + 2\Delta_1\Delta_3 + \cdots)$$

$$= \frac{[\Delta^2]}{n^2} + \frac{(2\Delta_1\Delta_2 + 2\Delta_1\Delta_3 + \cdots)}{n^2}$$

根据偶然误差第四个特性知,当 $n \to \infty$ 时,等式右边第二项趋近于零,所以有

$$\delta^2 = \frac{[\Delta^2]}{n^2} \tag{5-19}$$

将式(5-19)代入式(5-18),有

$$\frac{[\Delta^2]}{n} = \frac{[v^2]}{n} + \frac{[\Delta^2]}{n^2}$$

整理后,得

$$m = \pm\sqrt{\frac{[v^2]}{n-1}} \tag{5-20}$$

式(5-20)是在等精度观测条件下,用观测值改正数计算观测值中误差的公式,也称白塞尔公式。

第四节　误差传播定律

在测量工作中,有些未知量往往不能直接测得,而是根据一些直接观测量用一定的数学公式(函数)计算出来的。由于直接观测值中含有误差,导致其函数值也必然存在误差,这种关系称为误差传播。

一、和差函数

设有和差函数

$$Z = x_1 \pm x_2 \tag{5-21}$$

其中 x_1 和 x_2 为独立变量,中误差分别为 m_1 和 m_2,现求 Z 的中误差 m_Z。设 x_1、x_2 和 Z 的真误差分别为 Δ_1、Δ_2 和 Δ_Z,由式(5-21)可知

$$\Delta_Z = \Delta_1 \pm \Delta_2 \tag{5-22}$$

当对 x_1、x_2 均观测了 n 次,则

$$\Delta_{Zi} = \Delta_{1i} \pm \Delta_{2i} \quad (i = 1, 2, \cdots, n) \tag{5-23}$$

将式(5-23)平方,得

$$\Delta_{Zi}^2 = \Delta_{1i}^2 + \Delta_{2i}^2 \pm 2\Delta_{1i}\Delta_{2i} \quad (i = 1, 2, \cdots, n) \tag{5-24}$$

将式(5-24)两端求和后除以 n,得

$$\frac{[\Delta_Z^2]}{n} = \frac{[\Delta_1^2]}{n} + \frac{[\Delta_2^2]}{n} \pm 2\frac{[\Delta_1\Delta_2]}{n} \tag{5-25}$$

由于 Δ_1、Δ_2 均为偶然误差,其符号的正负出现的概率相同,所以其乘积 $\Delta_1\Delta_2$ 也具有偶然误差的特性。根据偶然误差第四个特性知,$[\Delta_1\Delta_2]$ 等于零,即

$$\lim_{n \to \infty} \frac{[\Delta_1 \Delta_2]}{n} = 0 \tag{5-26}$$

根据式(5-26)可将式(5-25)化简为

$$\frac{[\Delta_Z^2]}{n} = \frac{[\Delta_1^2]}{n} + \frac{[\Delta_2^2]}{n} \tag{5-27}$$

根据中误差的定义知

$$m_1^2 = \frac{[\Delta_1^2]}{n}, m_2^2 = \frac{[\Delta_2^2]}{n}, m_Z^2 = \frac{[\Delta_Z^2]}{n}$$

所以,式(5-27)可转化为

$$m_Z^2 = m_1^2 + m_2^2$$

即

$$m_Z = \pm \sqrt{m_1^2 + m_2^2} \tag{5-28}$$

由式(5-28)可知,两个观测值的代数和(差)的中误差平方,等于两观测值中误差的平方和。

若 Z 是一组观测值 x_1 , x_2 ,…, x_n 的代数和(差),即

$$Z = x_1 \pm x_2 \pm \cdots \pm x_n \tag{5-29}$$

设观测值 $x_1, x_2, \cdots, x_n$ 和 Z 的中误差分别为 $m_1, m_2, \cdots, m_n$ 和 m_Z,则

$$m_Z^2 = m_1^2 + m_2^2 + \cdots + m_n^2$$

即

$$m_Z = \pm \sqrt{m_1^2 + m_2^2 + \cdots + m_n^2} \tag{5-30}$$

由式(5-30)可知,n 个观测值的代数和(差)的中误差平方,等于 n 个观测值中误差的平方和。

【例5-2】 对一个三角形的三个内角观测了两个角,观测值分别为 $\alpha = 72°15'18''$ 和 $\beta = 60°17'26''$,已知 α 和 β 的中误差都为 $m_\alpha = m_\beta = \pm 12''$,求该三角形的第三个内角 γ 的中误差。

解:根据三角形内角和等于180°,有

$$\gamma = 180° - \alpha - \beta$$

在 γ 函数中,180°是常数, $m_\alpha = m_\beta = \pm 12''$,根据式(5-28)可得

$$m_\gamma = \pm \sqrt{m_\alpha^2 + m_\beta^2} = \pm \sqrt{12^2 + 12^2} = \pm 16.97''$$

【例5-3】 用 J_6 型经纬仪,一测回测量一个水平角,求该水平角的中误差。

解:J_6 中"6"的含义为"一测回方向观测的中误差"。设一测回方向观测中误差为 m ,则

$$m = \pm 6''$$

一个水平角有两个方向,设这两个方向的观测值为 $\alpha_1 \pm m_1$ 和 $\alpha_2 \pm m_2$,则一测回水平角为

$$\alpha = \alpha_1 - \alpha_2$$

$$m_1 = m_2 = m = \pm 6''$$

由式(5-28)可得

$$m_\alpha = \pm \sqrt{m_1^2 + m_2^2} = \pm \sqrt{6^2 + 6^2} = \pm 6\sqrt{2} \ ''$$

即用 J_6 型经纬仪测量水平角，一测回水平角的中误差为 $\pm 6\sqrt{2} \ ''$。

二、倍数函数

设有倍数函数

$$Z = kx \quad (k \ \text{为常数}) \tag{5-31}$$

其中 x 为观测值，中误差为 m_x，Z 为观测值的函数，求 Z 的中误差 m_Z。

设 x 和 Z 的真误差分别为 Δ_x 和 Δ_Z，由式(5-31)可知

$$\Delta_Z = k\Delta_x \tag{5-32}$$

若对 x 观测了 n 次，则

$$\Delta_{Zi} = k\Delta_{xi} \quad (i = 1,2,\cdots,n) \tag{5-33}$$

将式(5-33)平方后求和，得

$$[\Delta_Z^2] = k^2[\Delta_x^2] \tag{5-34}$$

将式(5-34)两边同时除以 n，得

$$\frac{[\Delta_Z^2]}{n} = k^2 \frac{[\Delta_x^2]}{n} \tag{5-35}$$

由中误差的定义可知

$$m_x^2 = \frac{[\Delta_x^2]}{n}, m_Z^2 = \frac{[\Delta_Z^2]}{n}$$

式(5-35)可写为

$$m_Z^2 = k^2 m_x^2 \tag{5-36}$$

即

$$m_Z = \pm k m_x \tag{5-37}$$

由式(5-37)可知，观测值与常数乘积的中误差，等于观测值中误差与常数的乘积。

【例 5-4】 在视距测量中，当视线水平时读取视距间隔为 $l = 230$ mm，其中误差为 ± 1 mm，求水平距离的中误差。

解：视线水平时，水平距离 $D = kl$，由式(5-37)可知

$$m_D = \pm k m_l = \pm 100 \times 0.001 = \pm 0.1 \text{(m)}$$

三、一般线性函数

设有一般线性函数：

$$Z = k_1 x_1 \pm k_2 x_2 \pm \cdots \pm k_n x_n \tag{5-38}$$

式中，$x_1,x_2,\cdots,x_n$ 为独立观测值，$k_1,k_2,\cdots,k_n$ 为常系数，Z 为观测值 $x_1,x_2,\cdots,x_n$ 的函数，设观测值 $x_1,x_2,\cdots,x_n$ 和 Z 的中误差分别为 $m_1,m_2,\cdots,m_n$ 和 m_Z。由式(5-30)和式(5-38)可知

$$m_Z^2 = k_1^2 m_1^2 + k_2^2 m_2^2 + \cdots + k_n^2 m_n^2$$

即

$$m_Z = \pm \sqrt{k_1^2 m_1^2 + k_2^2 m_2^2 + \cdots + k_n^2 m_n^2} \tag{5-39}$$

【例 5-5】 在测量中，对某一量进行了观测，然后取加权平均作为最后的结果，其计算

公式为 $D = \frac{1}{4}D_1 + \frac{2}{4}D_2 + \frac{1}{4}D_3$，其中，$m_{D_1} = m_{D_3} = \pm 1$ mm，$m_{D_2} = \pm \frac{1}{\sqrt{2}}$ mm，试计算 D 的中误差 m_D。

解：加权计算公式为 $D = \frac{1}{4}D_1 + \frac{2}{4}D_2 + \frac{1}{4}D_3$，根据式(5-39)可得

$$m_D^2 = \pm \sqrt{(\frac{1}{4})^2 m_{D_1}^2 + (\frac{2}{4})^2 m_{D_2}^2 + (\frac{1}{4})^2 m_{D_3}^2}$$

$$= \pm \sqrt{(\frac{1}{4})^2 \times 1^2 + (\frac{2}{4})^2 \times (\frac{1}{\sqrt{2}})^2 + (\frac{1}{4})^2 \times 1^2}$$

$$= \pm \sqrt{\frac{1}{4}} = \pm \frac{1}{2}(\text{mm})$$

四、一般函数

设 Z 是独立观测量 $x_1, x_2, \cdots, x_n$ 的函数

$$Z = f(x_1, x_2, \cdots, x_n) \tag{5-40}$$

其中，观测量 $x_1, x_2, \cdots, x_n$ 的中误差分别为 $m_1, m_2, \cdots, m_n$，求 Z 的中误差 m_Z。

设 $x_i (i = 1, 2, \cdots, n)$ 的独立观测值为 l_i，其相应的真误差为 Δ_i。根据式(5-1)可知

$$x_i = l_i - \Delta_i \quad (i = 1, 2, \cdots, n) \tag{5-41}$$

将式(5-41)代入式(5-40)，有

$$Z = f(l_1 - \Delta_1, l_2 - \Delta_2, \cdots, l_n - \Delta_n) \tag{5-42}$$

将式(5-42)用泰勒级数展开成线性函数的形式：

$$Z = f(l_1, l_2, \cdots, l_n) - (\frac{\partial f}{\partial x_1}\Delta_1 + \frac{\partial f}{\partial x_2}\Delta_2 + \cdots + \frac{\partial f}{\partial x_n}\Delta_n) \tag{5-43}$$

式(5-43)右边的第二项就是函数 Z 的真误差 Δ_Z 的表达式，即

$$\Delta_Z = \frac{\partial f}{\partial x_1}\Delta_1 + \frac{\partial f}{\partial x_2}\Delta_2 + \cdots + \frac{\partial f}{\partial x_n}\Delta_n \tag{5-44}$$

设各个独立观测量 $x_i (i = 1, 2, \cdots, n)$ 都观测了 k 次，则 Z 的真误差 Δ_Z 的平方和展开式为

$$\sum_{j=1}^{k}\Delta_Z^2 = (\frac{\partial f}{\partial x_1})^2 \sum_{j=1}^{k}\Delta_{1j}^2 + (\frac{\partial f}{\partial x_2})^2 \sum_{j=1}^{k}\Delta_2^2 + \cdots + (\frac{\partial f}{\partial x_n})^2 \sum_{j=1}^{k}\Delta_n^2 +$$

$$2\frac{\partial f}{\partial x_1} \cdot \frac{\partial f}{\partial x_2} \sum_{j=1}^{k}\Delta_{1j}\Delta_{2j} + 2\frac{\partial f}{\partial x_1} \cdot \frac{\partial f}{\partial x_3} \sum_{j=1}^{k}\Delta_{1j}\Delta_{3j} + \cdots \tag{5-45}$$

因 Δ_i、$\Delta_j (i \neq j)$ 均为独立观测值的偶然误差，其乘积 $\Delta_i\Delta_j$ 也必然具有偶然误差的特性，根据偶然误差第四个特性，有

$$\lim_{n \to \infty} \frac{\sum \Delta_i\Delta_j}{n} = 0 \quad (i \neq j) \tag{5-46}$$

当观测次数 k 足够多时，式(5-45)可简写为

$$\sum_{j=1}^{k}\Delta_Z^2 = (\frac{\partial f}{\partial x_1})^2 \sum_{j=1}^{k}\Delta_{1j}^2 + (\frac{\partial f}{\partial x_2})^2 \sum_{j=1}^{k}\Delta_2^2 + \cdots + (\frac{\partial f}{\partial x_n})^2 \sum_{j=1}^{k}\Delta_n^2 \tag{5-47}$$

根据式(5-4)，有

$$\sum_{j=1}^{k} \Delta_z^2 = km_z^2 \tag{5-48}$$

$$\sum_{j=1}^{k} \Delta_{ij}^2 = km_i^2 \quad (i = 1, 2, \cdots, n) \tag{5-49}$$

将式(5-48)、式(5-49)代入式(5-47),可得

$$m_z^2 = (\frac{\partial f}{\partial x_1})^2 m_1^2 + (\frac{\partial f}{\partial x_2})^2 m_2^2 + \cdots + (\frac{\partial f}{\partial x_n})^2 m_n^2$$

即

$$m_z = \pm \sqrt{(\frac{\partial f}{\partial x_1})^2 m_1^2 + (\frac{\partial f}{\partial x_2})^2 m_2^2 + \cdots + (\frac{\partial f}{\partial x_n})^2 m_n^2} \tag{5-50}$$

式(5-50)是一般函数的误差传播定律的表达式,可以根据式(5-50)推导出式(5-28)、式(5-30)、式(5-37)和式(5-39)。常见函数的误差传播公式见表5-2。

表 5-2 常见函数的误差传播公式

函数名称	函数表达式	中误差传播公式
和差函数	$Z = x_1 \pm x_2$ $Z = x_1 \pm x_2 \pm \cdots \pm x_n$	$m_z = \pm \sqrt{m_1^2 + m_2^2}$ $m_z = \pm \sqrt{m_1^2 + m_2^2 + \cdots + m_n^2}$
倍数函数	$Z = kx$ (k 为常数)	$m_z = \pm km_x$
线性函数	$Z = k_1 x_1 + k_2 x_2 + \cdots + k_n x_n$	$m_z = \pm \sqrt{k_1^2 m_1^2 + k_2^2 m_2^2 + \cdots + k_n^2 m_n^2}$
一般函数	$Z = f(x_1, x_2, \cdots, x_n)$	$m_z = \pm \sqrt{(\frac{\partial f}{\partial x_1})^2 m_1^2 + (\frac{\partial f}{\partial x_2})^2 m_2^2 + \cdots + (\frac{\partial f}{\partial x_n})^2 m_n^2}$

【例5-6】 坐标增量的计算公式为 $\Delta X = D\cos\alpha$,观测值 $D = 120$ m ± 10 mm, $\alpha = 95°15'18'' \pm 12''$,求坐标增量 ΔX 的中误差 $m_{\Delta X}$。

解:根据式(5-50),有

$$m_{\Delta X} = \pm \sqrt{(\frac{\partial f}{\partial D})^2 m_D^2 + (\frac{\partial f}{\partial \alpha})^2 m_\alpha^2} = \pm \sqrt{\cos^2\alpha m_D^2 + (-D\sin\alpha)^2 m_\alpha^2}$$

$$= \pm \sqrt{\cos^2 95°15'18'' \times (0.01)^2 + (-\sin 95°15'18'' \times 120) \times (\frac{12}{206\ 265})^2}$$

$$= \pm 0.007(\text{m})$$

小　结

本章主要讲述了测量误差的基本知识、衡量精度的指标、中误差的计算及中误差传播定律。

测量误差是不可避免的,产生误差的因素是多方面的,但主要有观测者、仪器和外界环境三个主要因素。按其性质来分,测量误差分为系统误差和偶然误差。系统误差具有累积性,一般可以采用在测量结果中加改正数、选择适当的观测方法和检校仪器来削弱或者消除系统误差。偶然误差从表面上看没有任何规律性,但是随着对同一量观测次数的增加,大量

的偶然误差就表现出一定的统计规律性。偶然误差具有有限性、聚中性、对称性和抵消性。

精度是指在一定的观测条件下,对某一个量进行观测,其误差分布的密集或离散的程度。常用中误差、相对误差和极限误差来衡量测量精度。在工程当中常采用 2 倍或者 3 倍中误差作为极限误差。

中误差是通过真误差求得的,通常情况下,由于观测值的真值不知道,不能求出真误差,也就不能通过真误差求中误差。这时,可以用观测值的改正数来求观测值中误差。

在实际测量工作中,有些量不能直接测得,需要借助其他的观测量按照一定的函数关系计算得到。由于直接观测量中含有误差,导致其函数也存在误差。本章主要讲述了和差函数、倍数函数、一般线性函数和一般函数的误差传播定律。和差函数、倍数函数和一般线性函数是一般函数的特例。

思考题与习题

1. 误差的来源有哪些?

2. 什么是系统误差? 如何削弱或者消除系统误差?

3. 什么是偶然误差? 它具有什么性质?

4. 什么是中误差? 如何计算中误差?

5. 在工程中,如何确定观测值的容许误差?

6. 用 J_2 型经纬仪对某一个水平角进行了 4 个测回的观测,该水平角的中误差是多少?

7. 在视距测量中,经纬仪与视距尺之间的水平距离为 $D = Kn\cos^2\alpha$,仪器高为 $i = 1.525$ m ± 0.01 mm,望远镜十字丝中丝读数为 $l = 2.627$ m ± 0.02 mm,视距丝在视距尺上读数之差为 $n = 0.674$ m $+ 0.004$ mm,用经纬仪测量竖直角为 $\alpha = 49°19'24'' + 12''$,该水平距离 D 的中误差 m_D 是多少?

第六章 全站仪及其应用

第一节 全站仪概述

全站仪是科技时代的产物,是智能化的测量产品。全站仪的使用,使测量人员从繁重的测量工作中解脱出来。全站仪,即全站型电子速测仪(Electronic Total Station),是一种集光、机、电于一体,能同时测量水平角、竖直角、距离(斜距、平距)、高差的测量仪器系统。因安置一次仪器就可完成该测站上全部测量工作,所以称之为全站仪。全站仪可高效、快捷、可靠地完成各种测量工作,目前广泛用于控制测量、数字测图和地上大型建筑和地下隧道施工等精密工程测量和变形监测领域。

一、全站仪的结构组成

全站仪集测角、测距和常用测量软件于一身,其整个系统主要包括:

(1)电子测角系统,相当于电子经纬仪,能够同时测量水平角和竖直角。

(2)电子测距系统,相当于测距仪,一般采用红外光源,测定测站点(安置仪器点)至目标点(需设置棱镜,目前工程当中也常用无棱镜全站仪)的距离。

(3)中央处理及其存储单元,是全站仪的大脑。将电子经纬仪和测距仪测量的数据,通过其内置的计算程序进行计算,并将计算结果存储到存储器中。

因此,全站仪也可认为是由电子经纬仪、测距仪和一些计算程序组成的。

全站仪由测角部分、测距部分、传感部分、数据处理部分、电源部分、中央处理部分、通信接口、显示屏、键盘等组成,如图6-1所示。全站仪同电子经纬仪和测距仪相比,增加了一些特殊部件,因而使得全站仪具有比其他经纬仪、测距仪更多的功能,使用也更方便。同时,这些特殊部件也构成了全站仪在结构方面独树一帜的特点。这些特殊的部件主要有以下几个方面。

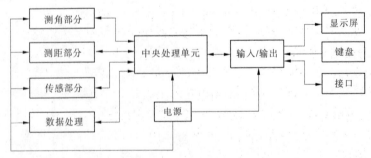

图6-1 全站仪组合框图

(一)同轴望远镜

全站仪的望远镜中,瞄准目标的视准轴、光电测距仪的光波发射轴、接收系统的光轴三轴同轴化,这样设计可以使仪器结构紧凑,操作方便,提高功效。同轴化的基本原理是:在望远物镜与调焦透镜间设置分光棱镜系统,通过该系统实现望远镜的多功能,既可瞄准目标,使之成像于十字丝分划板,进行角度测量;同时又能使光电测距部分的光敏二极管发射的测距光波经物镜向目标反光棱镜,经同一路径反射回来,由光敏二极管接收。根据相位差计算光的传播时间,从而计算实测距离。

同轴性使得望远镜一次瞄准即可实现同时测定水平角、竖直角和斜距等全部基本测量要素的测定功能。加之全站仪强大、便捷的数据处理功能,使全站仪使用极其方便。

(二)双轴自动补偿

全站仪设置有双轴倾斜补偿器。所谓双轴,是指视准轴在水平面上的投影(称为纵向轴,用 X 表示)和横轴在水平面上的投影(称为横向轴,用 Y 表示)。全站仪通过双轴自动补偿器来调整因纵向轴和横向轴倾斜对测量的影响。若全站仪纵向轴倾斜,会引起角度观测的误差,盘左、盘右观测值取平均的办法不能使之抵消。而全站仪特有的双轴自动补偿系统,可对纵向轴的倾斜进行监测,并在度盘读数中对因纵向轴倾斜造成的测角误差自动加以改正。

(三)键盘和显示屏

键盘是全站仪在测量时输入操作指令或数据的硬件,为便于正、倒镜操作,全站仪键盘和显示屏均双面设置。全站仪一般设置有较大的显示屏,可以显示 4 行或者 4 行以上的文字或字符,使全站仪可以同时显示角度、距离、高差等信息,同时在显示屏上还设有照明设备。

(四)存储器

全站仪存储器的作用是将已知数据、实时采集的测量数据和计算数据存储起来,再根据需要传送到其他设备如计算机等中,供进一步的处理或利用。目前,全站仪的存储器已有相当大的容量。全站仪的存储器有内存储器和存储卡两种。内存储器相当于计算机的内存,用于存储各种数据。为便于管理,内存储器中的数据以文件为单元进行存储。有些全站仪还配有存储卡,存储卡相当于计算机的磁盘,可以插入全站仪中。存储卡的容量大,体积小,携带方便,一台全站仪可以使用多张存储卡。

(五)通信接口

全站仪可以通过通信接口和通信电缆将存储器中存储的数据传输给计算机,或将计算机中的数据和信息经通信电缆传输给全站仪,实现双向信息传输。

二、全站仪的分类

(一)按外观结构分类

1.组合式全站仪

早期的全站仪,大都是组合结构,即由电子经纬仪通过数据线与测距仪组合而成,通过电缆或接口把它们组合起来,形成全站仪。一般可以测量倾斜距离、水平距离和高差等,现在在工程单位很少使用组合式全站仪。

2.整体式全站仪

整体式全站仪也称集成式,它是把测距、测角与电子计算单元及仪器的光学、机械系统设计成一个整体,不可分离。整体式全站仪不仅能测量倾斜距离、水平距离和高差,还能够直接测量三维坐标。

（二）按测程分类

1. 短程全站仪

短程全站仪测程小于 3 km,一般测距精度为 $\pm(5\ \mathrm{mm}+5\times10^{-6}D)$,主要用于普通工程测量和城市测量。

2. 中程全站仪

中程全站仪测程为 3 ~ 15 km,一般测距精度为 $\pm(5\ \mathrm{mm}+2\times10^{-6}D) \sim \pm(2\ \mathrm{mm}+2\times10^{-6}D)$,通常用于一般等级的控制测量。

3. 长程全站仪

长程全站仪测程大于 15 km,一般测距精度为 $\pm(5\ \mathrm{mm}+1\times10^{-6}D)$,通常用于国家三角网及特级导线的测量。

（三）按准确度分类

按照《全站型电子速测仪检定规程》(JJG 100—2003)的规定,全站仪的测角部分及电子经纬仪的准确度等级划分见表6-1。

表6-1 全站仪准确度等级分类

准确度等级	测角标准偏差(″)	测距标准偏差(mm)
Ⅰ	$\lvert m_\beta \rvert \leqslant 1$	$\lvert m_D \rvert \leqslant 5$
Ⅱ	$1 < \lvert m_\beta \rvert \leqslant 2$	$\lvert m_D \rvert \leqslant 5$
Ⅲ	$2 < \lvert m_\beta \rvert \leqslant 6$	$5 < \lvert m_D \rvert \leqslant 10$
Ⅳ	$6 < \lvert m_\beta \rvert \leqslant 10$	$\lvert m_D \rvert \leqslant 10$

注： m_β 为测角标准偏差, m_D 为 1 km 测距标准偏差。

第二节　全站仪的基本功能

不同厂家、不同型号的全站仪的操作步骤和功能不尽相同,下面以宾得 R – 300X 全站仪为例,说明全站仪的基本功能。

图6-2、图6-3为宾得 R – 300X 全站仪及其操作面板。

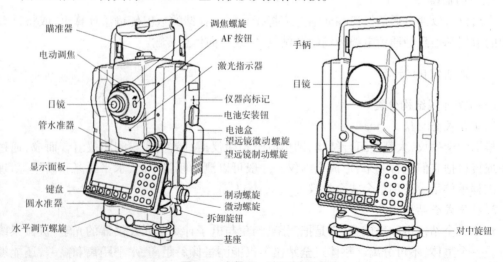

图6-2　宾得 R – 300X 全站仪

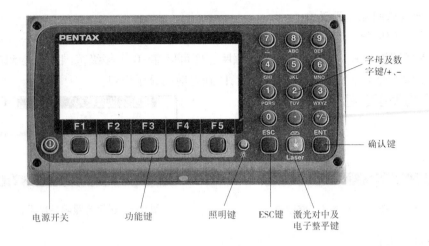

字母及数
字键/+、-

确认键

电源开关　　功能键　　照明键　　ESC键　激光对中及
　　　　　　　　　　　　　　　　　　　电子整平键

图6-3　宾得R-300X全站仪操作面板

一、R-300X全站仪的使用

(一)基本操作

1.对中和整平

R-300X全站仪一般采用激光对中。用激光键打开
"激光对中器",仪器通过三角架的连接螺旋中间的小孔
向地面发出一束激光,同时屏幕上显示如图6-4所示。
移动三角架架腿使激光对准地面标志点,松开中心连接
螺旋,在三角架架头上移动全站仪,使激光中心与地面重

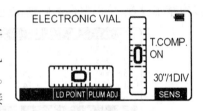

图6-4　电子水准管

合,拧紧中心连接螺旋。若地面标识及周围环境不理想使激光点亮度不够,可以调整激光的
亮度。

图6-4显示的是仪器处于水平位置的情况。当仪器不平时,图6-4所示的电子水准管
不显示"气泡"。此时,通过升降三角架的架腿使全站仪的圆水准气泡居中,然后转动全站
仪,使图6-4所示的横向水准管平行于一对脚螺旋,然后旋转这对脚螺旋使水平水准管中的
气泡居中,然后直接旋转第三个脚螺旋,使图6-4所示的竖直水准管气泡居中即可。

2.开关机

按电源键"POWER",显示初始画面,几秒钟后,出现电子气泡,把仪器调平后,按"ENT"
键进入测角测距屏幕。电源键"POWER"同样用于关闭电源。当仪器在10 min(默认值)左
右没有进行操作时仪器会自动关机,也可以修改自动关机的时间。当仪器在工作状态时电
源键"POWER"被软件控制,仅仅当正常关机时该键有效。开机时显示的水平角为关机前的
水平角。

(二)基本设置

1.显示窗对比度设置

在一定的环境条件下显示屏LCD可能会无法看清楚,如高温的环境等。同时按下照明
键和"F4"键进入显示屏LCD对比度调节窗口,如图6-5所示。按"F1"键和"F2"键调节液
晶显示窗的对比度。对比度可以在25个不同的等级范围内任意调节。

2. 显示窗照明亮度设置

同时按下照明键和"F5"键进入亮度调节窗口,如图 6-6 所示。按"F1"(←)键减小照明亮度,按"F2"键(→)增加照明亮度。照明亮度可以在 10 个等级范围内任意调节。调节完成后按确认"ENT"键退出照明亮度设置,回到先前的显示窗口。

图 6-5　液晶显示窗对比度设置

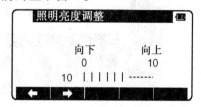

图 6-6　显示窗照明亮度设置

3. 初始化设置

对于 R-300X 系列全站仪来说,可以根据不同的外界环境和配件进行设置。初始化设置正好可以完成这项工作。同时按"F1~F5"键中的任何一个和"POWER"键可进入初始设置屏幕。例如,同时按"F1"键和"POWER"键可进入初始设置 1 屏幕,如图 6-7 所示;同时按下"F2"键和"POWER"键可进入初始设置 2 屏幕,如图 6-8 所示。在初始化设置中包含了许多项基本设置,可以根据实际情况进行设置。

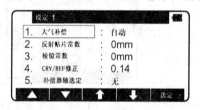

图 6-7　初始设置模式 1

图 6-8　初始设置模式 2

二、全站仪的基本功能

(一)角度测量

角度测量包括水平角测量和竖直角测量,角度测量是全站仪的基本功能之一。

1. 水平角测量

瞄准第一个目标,然后连续按"F3"(置零)键 2 次,将水平角设定为零,如图 6-9 所示;瞄准第二个目标,直接读出水平角,如图 6-10 所示。按"F3"(置零)键 2 次无法将竖直角设定为零。在测量过程中偶然按一下"F3"(置零)键并不会将水平角设定为零,除非再按一下。当蜂鸣器停止响声时才可以继续下一步操作。任何时候都可以将水平角设定为零,除非当前水平角处于锁定状态。

在水平角测量中,有时为了使目标的方向值为某一个固定值,需要使用水平角锁定功能或者是设定任意水平角功能。

1)水平角锁定

当处于模式 A 时欲保持水平角,首先按"F5"(模式)键转换到模式 B,如图 6-11 所示。再按"F3"(保持)键保持水平角。当仪器处于模式 B 时,直接按"F3"(保持)键保持水平角。当仪器处于模式 B 时,按"F3"(保持)键不能保持竖直角及距离。

图6-9　置零　　　　　　　　　　　　　　图6-10　水平角测量

2）设置任意水平角

确保仪器处于模式 B 状态（若仪器处于模式 A 状态，按"F5"（模式）键转换到模式 B），如图 6-11 所示，按"F2"（角度设定）键进入角度设定窗口，如图 6-12 所示。然后按"F4"键移动光标到"2.水平角输入"，再按"F5"（选定）键进入水平角角度设定窗口，如图 6-13 所示。按"F5"（清除）键清除显示的数值。按数值键输入 123.4520，将角度设为 123°45′20″。

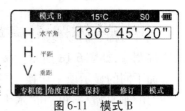

图6-11　模式B

图6-12　水平角度输入

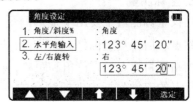

图6-13　设定水平角

2. 竖直角测量

仪器处于模式 A 状态，按"F4"（显示改变）键显示竖直角，如图 6-14 所示。

3. 坡度测量

坡度实质上就是竖直角的正切值。按"F5"（模式）键进入模式 B，如图 6-11 所示。按"F2"（设置角度）键进入角度设定窗口，如图 6-15 所示。按"F5"（选定）键改变显示内容为竖直角坡度百分比窗口，如图 6-16 所示。再按"F4"（显示改变）键显示坡度百分比的数值，如图 6-17 所示。

图6-14　竖直角测量

图6-15　角度设定

图6-16　坡度测量　　　　　　　　　　图6-17　显示坡度

（二）距离测量

距离测量包括倾斜距离测量、水平距离测量和高差测量。全站仪可以同时测量这三个距离。实际上全站仪仅仅是测量倾斜距离,然后根据全站仪测量的竖直角将倾斜距离改算成水平距离和高差。距离测量是全站仪的基本功能之一。

R - 300X 系列有两种距离测量模式:主测量和次测量。按"F1"(测距)键一次进入主测量模式,连续按两次进入次测量模式。

在"初始设定2"中,可以自由地选择决定主测量或次测量。出厂默认设定时,将单次测量设定于主测量中,将连续追踪测量设定于次测量中。

瞄准目标点的棱镜后,按"F1"(测距)键一次启动距离测量,如图6-18所示。按"F4"(显示改变)键在下面不同的显示项中切换:"水平角/平距/垂距","水平角/垂直角/斜距"和"水平角/垂直角/ 平距/斜距/垂距"。

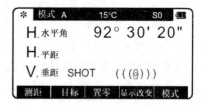

图6-18 距离测量

（三）坐标测量

全站仪坐标测量主要用于地形测量的数据采集。根据测站点和后视点坐标(实质是计算方位角),完成测站的定位和定向,然后按照极坐标法测定测站至目标点的方位角和距离,按三角高程测量法测定测站点与目标点的高差,据此计算目标点的三维坐标。坐标测量的主要步骤为:选定工作文件,测站点设置(建站),定向,坐标测量。

1.选定工作文件

确保仪器处于模式 B 状态(若仪器处于模式 A 状态,按"F5"(模式)键转换到模式 B),按"F1"(功能)键进入 Power TopoLite 的功能屏幕,如图6-19所示。按"F1"(文件)键进入文件管理界面,如图6-20所示。在此界面中可以查看以前已经存储在全站仪里面的文件、创建一个新的文件、选定已经存储在全站仪中的某一个文件作为当前文件、删除当前文件和删除全站仪中存储的所有文件。若选定一个文件为当前文件,关机后再次开机,除非重新选定一个当前文件,否则上次选定的文件一直为当前文件。

图6-19 Power TopoLite 界面

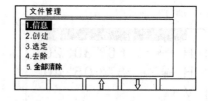

图6-20 文件管理

2.测站点设置

在一个已知点上安置仪器,该点即为测站点。如图6-19所示的界面中按"F2"(测量)键进入"测量方法选择"界面,如图6-21所示。选择"1.直角坐标数据"并按"ENT"键显示"仪器点设定"界面,如图6-22所示。在图6-22中,"PN"为测站点点名,"X"为测站点 X 坐标,"Y"为测站点 Y 坐标,"Z"为测站点高程,"IH"为仪器高度,这些信息都需要向全站仪里输入。输入完成以后,按"F5"(接受)键完成测站点设置。也可以在办公室就把控制点信息

（点名，X、Y、Z坐标值等）输入全站仪，然后存取起来。在仪器点设置时，如图6-22中，按"F2"（列表）键调出已经存储在全站仪里面的控制点信息，这些控制点的信息将自动显示在屏幕上。

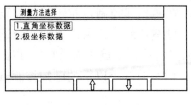

图6-21　测量方法选择

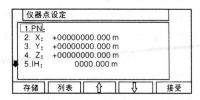

图6-22　仪器点设定

3. 定向

测站点设置完成以后，即进入定向阶段。测站点设置的最后一步（按"F5"（接受）键）完成后，将显示如图6-23所示界面。此时可按"F2"（输入）键、"F3"（置零）键、及"F4"（保持）键来输入后视水平角；或按"F5"（后视点）键输入控制点坐标。若按"F5"（后视点）键输入控制点坐标，将显示如图6-24所示的界面。在图6-24中，"PN"表示后视点点名，"X"、"Y"、"Z"分别表示后视点的X、Y、Z坐标。若全站仪中已经存储有后视点信息，按"F2"（列表）键调出已经存储在全站仪里面的后视点信息，则后视点点名，X、Y、Z坐标自动添加上。如仪器中没有存储后视点，需向全站仪中输入后视点信息。所有的输入完成以后，按"F5"（接受）键后显示如图6-25所示"照准基准点"界面。

图6-23　仪器点水平角设定

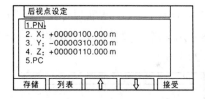

图6-24　后视点设定

出现图6-25所示界面后，转动全站仪，用望远镜瞄准后视点，制动仪器，按"F5"（确定）键后进入坐标测量，如图6-26所示。

图6-25　照准基准点

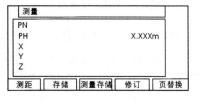

图6-26　坐标测量界面

4. 坐标测量

在图6-26中，"PN"表示需要测量坐标点（数据采集时的碎部点）的点名，一般在测量第一个碎部点坐标时需要输入，以后会自动增加。例如，第一个碎部点的点名为SB1，第一个碎部点测量完成以后，除非要修改第二个点点名，否则第二个碎部点的点名自动添加为SB2。"PH"表示测量时所用棱镜的高度，一般输入一次后，若棱镜高度不变，下次测量时不需要重新输入。点名和棱镜高度输入完成以后，照准目标点按"F1"（测距）键就能测出数据，然后按"F2"（存储）键将测量的数据存储到全站仪里面；或者直接按"F3"（测量存储）键来测量及存储坐标数据。直接按"F3"(测量存储)键,测量的数据不在屏幕上显示,直接存储到仪器中,这样能提高测量速度。

(四)自由设站测量

在实际测量过程中,当两相邻控制点不通视或者是在两相邻控制点相距较远需要在两控制点间增加控制点等情况时,可以使用全站仪的自由设站功能。自由设站即在合适的位置架设仪器,通过与已知点联测,得到设站点三维坐标,然后该设站点作为已知点,以此来进行其他的测量工作,如图 6-27 所示。自由设站至少需要两个或两个以上的已知控制点。以下以 4 个控制点为例来说明自由设站。

图 6-27　自由设站

在图 6-19 所示的界面中,按"F4"(自由设点)键可进入 IH(仪器高)输入界面,如图 6-28所示。输入仪器高后,照准第一个已知点,按"ENT"键进入"既知点坐标设定"界面,如图 6-29 所示。

图 6-28　输入仪器高

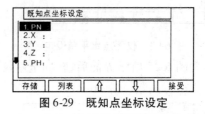

图 6-29　既知点坐标设定

输入 PN 、X 、Y 、Z 等信息后,按"ENT"键和 F5(接受)键显示坐标测量界面,如图 6-30所示。按"ENT"键显示"追加/计算,选定菜单"界面,如图 6-31 所示。

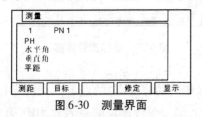

图 6-30　测量界面

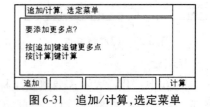

图 6-31　追加/计算,选定菜单

按"F1"(追加)键显示"既知点坐标设定"界面(见图 6-29),照准 2、3、4 点,同样方法输入 2、3、4 点的信息。第四点输入完毕后,照准 4 号点按"ENT"键进入"追加/计算,选定菜单"(见图 6-31)。按"F5"(计算)键显示"自由设点成果"界面,如图 6-32 所示。此时显示设站点坐标,在按"F5"(接受)键后,自由建站的站点坐标即被存储。按"F3"(显示修订)键显示建站的图形结构,如图6-33所示。在图6-32所示界面中,按"F4"(比较)键显示建站的平面、高程及角度偏差的信息。

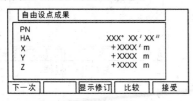

图6-32　自由设点成果

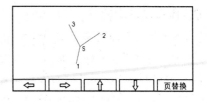

图6-33　图形结构

(五)放样

放样即使用测量仪器和工具,按照设计要求,把图纸上设计好的建筑物或构筑物的特征点的平面位置和高程标定到施工作业面上,作为施工的依据。

在图6-19所示的界面中,按"F5"(页替换)键后再按"F1"(放样)键显示"放样方法选定"界面,如图6-34所示。选择"1.放样",按"ENT"键显示"仪器点设定"界面,如图6-35所示。

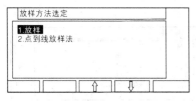

图6-34　放样方法选定

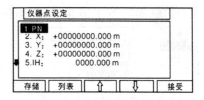

图6-35　仪器点设定

在图6-35所示界面中,输入PN、X、Y、Z、IH等信息后,按"F1"(存储)键保存数据,按"ENT"键显示"仪器点水平角设定"界面,如图6-36所示。也可在图6-36所示的界面中,按"F2"(列表)键,从已经存储在全站仪中的数据中选择。

在图6-36所示界面中,可以按"F2"(输入)键输入水平角、"F3"(置零)键、"F4"(保持)键或按"F5"(后视点)键显示后视点坐标。常用的是按"F5"键显示后视点坐标。按"F5"键,显示的界面如图6-37所示。

图6-36　仪器点水平角设定

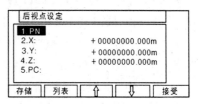

图6-37　后视点设定

在图6-37所示界面中,输入后视点PN(或从当前文件中选择)、X、Y、Z等信息(或从当前文件中选择),按"ENT"键显示"放样坐标设定"界面,如图6-38所示。

在图6-38所示界面中,输入放样点点名(或从当前文件中选择)、X、Y、Z等信息后,按"ENT"键或"F5"(接受)键显示"放样"界面,如图6-39所示。

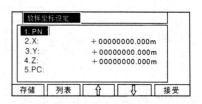

图6-38　放样坐标设定

图 6-39 中"DH angle"表示放样点和测站的连线与测站点和后视点连线之间的水平角。放样时,转动全站仪,直到"DH angle"后面的值为 00°00′00″,然后制动全站仪,仪器操作者通过全站仪望远镜指挥持棱镜者站在全站仪望远镜瞄准方向上,按"F1"(测距)键开始放样后,将在图 6-39 所示界面中显示棱镜所在位置

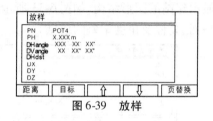

图 6-39　放样

与实际需要放样点的水平距离(DH dst)、坐标差值(DX、DY、DZ),仪器操作者可以根据这些数据指挥持棱镜者在望远镜瞄准方向前后移动,直到 DH dst、DX、DY 为零,放样结束。

(六)偏心测量

全站仪测量一般都需要由棱镜作为照准目标来进行测量(免棱镜全站仪除外),当棱镜不能安置在目标点,或者测站上看不到棱镜,而该点又必须测定时,则采用偏心测量。

进入"偏心测量"模式后再进入"偏心距"输入屏,如图 6-40 所示,按"ENT"键进入偏心输入窗口,依次输入 RO、VO、DO 和 TO 偏心值。在输入"TO"值后,按"ENT"键显示"测量"界面,偏心值就加到 X、Y、Z 里了,如图 6-41 所示。

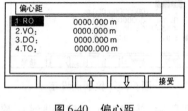

图 6-40　偏心距

图 6-41　偏心距测量结果

(七)对边测量

对边测量功能可测量基准点与目标点、目标点与目标点之间的平距、垂距、斜距、坡度百分比。

在图 6-19 所示的界面中,按"F5"(页替换)键后再按"F4"(对边测量)键显示"基准点"界面,如图 6-42 所示。按"F4"(修订)键输入参考点的棱镜高。

照准基准点,并按"F1"(测距)键,当距离测量完成后它会自动转到"目标点"界面,如图 6-43 所示;照准目标点 1 并按"F1"(测距)键,当距离测量完成后自动进入"对边测量结果 基准点 – 目标点"界面,如图 6-44 所示,基准点与目标点之间的距离就显示出来。在图 6-44 所示界面中,按"F3"(数据)键进入"目标点"测量界面,进行下一个目标点的测量。照准目标 2,按"F1"(测距)键,则基准点到目标点 2 的距离就显示出来了,结果和图 6-44 所示界面相同,再按"F5"(显示)键显示目标 1 与目标 2 间距离,如图 6-45 所示。

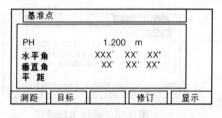

图 6-42　基准点设置

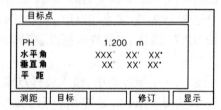

图 6-43　目标点

对边测量结果 基准点－目标点	
平 距	+X.XXX m
垂 距	+X.XXX m
斜 距	+X.XXX m
斜度%	+X.XXX %
测距	数据	显示

对边测量结果 目标点－目标点	
H.dst	+X.XXX m
V.dst	+X.XXX m
S.dst	+X.XXX m
%.grade	+X.XXX %
测距	数据	显示

图6-44 对边测量结果 基准点－目标点   图6-45 对边测量结果 目标点－目标点

（八）土方量测量

在工程建设过程中,常常会遇到土石方的测量和计算的问题。目前,常用的土方测量的计算方法有方格网法和断面法。方格网法常用于场地平整。断面法是用截面将拟计算的区域分截成多个“区域”,分别计算这些“区域”的体积,然后将各区域的体积累加,就可以求得总的体积,即土方量。

一个被分截后的区域有两个断面(头和尾各一个),分别计算这两个断面的面积,然后将这两个断面的面积取平均后乘以这两个断面的距离就是这个“区域”的体积。断面法计算土方量的关键是各个“区域”的两个断面面积。

全站仪可以直接测量断面点的三维坐标,然后将全站仪里存储的测量数据通过数据线传输到计算机里,根据这些数据就可以绘出断面图,根据断面图计算断面面积,以此计算土方量。

小　结

本章主要介绍了全站仪的基本组成、分类、基本功能及如何实现这些基本功能。

全站仪集电子经纬仪与测距仪的优点于一身,同时还具有自动计算等功能。全站仪的出现,使测量人员从繁重的测量工作中解脱出来。全站仪由测角部分、测距部分、传感部分、数据处理部分、电源部分、中央处理部分、通信接口及显示屏、键盘等组成。测角部分相当于电子经纬仪,测距部分相当于测距仪,中央处理部分是全站仪的大脑。

全站仪按外观结构可分为组合式全站仪和整体式全站仪,按测程可分为短程全站仪、中程全站仪和长程全站仪,同时还可以按准确度分为四个等级。

全站仪的基本功能包括角度测量、距离测量、坐标测量、自由设站测量、放样、偏心测量、对边测量等。土方量测量是全站仪的综合运用。

思考题与习题

1. 全站仪由哪几部分组成?

2. 全站仪按外观结构分类,可分为哪几类?

3. 全站仪按测程分类,可分为哪几类?

4. 全站仪按准确度分类,可分为哪几类?

5. 简述 R－300X 全站仪的对中步骤。

6. 如何调整 R－300X 全站仪的显示窗对比度和亮度?

7. 简述 R－300X 全站仪数据采集的步骤。

第七章　小地区控制测量

第一节　控制测量概述

测量工作要遵循"从整体到局部,由高级到低级,先控制后碎部"的原则。首先在全测区范围内选定若干个具有控制作用的点位,按一定的规律和要求组成网状几何图形,称之为控制网。控制网分为平面控制网和高程控制网。测定控制点的平面位置(x,y)的工作称为平面控制测量。测定控制点高程 H 的工作称为高程控制测量。平面控制测量和高程控制测量统称为控制测量。

一、平面控制测量

由于控制点间所构成的几何图形不同,平面控制测量分为三角测量和导线测量。如图 7-1 所示,将控制点 A、B、C、D、E、F、G、H 组成相互连接的三角形,测量出 $1 \sim 2$ 条边作为起算边(或称为基线)的长度,如图中 AB、GH 边,并测量所有三角形的内角,再根据已知边的坐标方位角、已知点的坐标,求出其余各点的坐标。也可以用导线测量方法建立,如图 7-2所示,将控制点 B、1、2、3、4 用折线连接起来,测量各边的边长和各转折角,由起算边 AB 的坐标方位角和 B 点的坐标,也可算出另外一些转折点的坐标。用三角测量和导线测量的方法测定的平面控制点分别称为三角点和导线点。

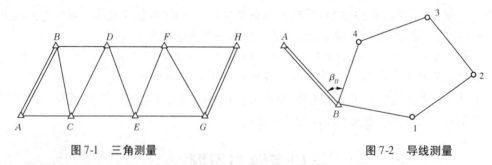

图 7-1　三角测量　　　　　　　　图 7-2　导线测量

在全国范围内统一建立的控制网称为国家控制网。国家平面控制网分为一、二、三、四等,主要通过精密三角测量的方法,按照先高级后低级、逐级加密的原则建立。它是全国各种比例尺测图的基本控制和各项工程基本建设的依据,并为研究地球的形状和大小、军事科学及地震预报等提供重要的研究资料。

近年来,随着科学技术的不断发展,GPS 全球定位系统已经得到了广泛的应用。目前,全国 GPS 大地网已经布设完成,这些先进的测量方法精度高、效率高、操作方便,具有很多优越性,现在正逐步普及应用于各项工程建设的工程测量工作当中,并获得较好的经济效益。

为城市及各种工程建设需要的平面控制网称为城市平面控制网。城市平面控制网应在国家控制点的基础上,根据测区的大小、城市规划和施工测量的要求,布设成不同的等级,以供测绘大比例尺地形图及施工测量使用。

按国家建设部1999年发布的《城市测量规范》(CJJ 8—99),城市平面控制网的主要技术要求见表7-1和表7-2。

表 7-1　光电测距导线的主要技术要求

等级	闭合环或附合导线长度 (km)	平均边长 (m)	测距中误差 (mm)	测角中误差 (″)	导线全长相对闭合差
三等	15	3 000	≤ ±18	≤ ±1.5	≤1/60 000
四等	10	1 600	≤ ±18	≤ ±2.5	≤1/40 000
一级	3.6	300	≤ ±15	≤ ±5	≤1/14 000
二级	2.4	200	≤ ±15	≤ ±8	≤1/10 000
三级	1.5	120	≤ ±15	≤ ±12	≤1/6 000

表 7-2　钢尺量距导线的主要技术要求

等级	附合导线长度 (km)	平均边长 (m)	往返丈量较差相对误差	测角中误差 (″)	导线全长相对闭合差
一级	2.5	250	≤1/20 000	≤ ±5	≤1/10 000
二级	1.8	180	≤1/15 000	≤ ±8	≤1/7 000
三级	1.2	120	≤1/10 000	≤ ±12	≤1/5 000

在已经有基本控制网的地区测绘大比例尺地形图,应该进一步的进行加密,布设图根控制网,以此测定测绘地形图所需直接使用的控制点,称为图根控制点,简称图根点。测定图根点的工作称为图根控制测量。图根控制测量一般采用图根导线来测定图根点的平面位置,用水准测量或三角高程测量方法测定图根点的高程。

二、小地区控制测量

在小地区(面积在 10 km² 以下)范围内建立的控制网称为小地区控制网。小地区控制测量应视测区的大小建立首级控制和图根控制。首级控制是加密图根点的依据,图根点是直接供测图使用的控制点。图根点的密度应根据测图比例尺和地形条件而定,采用常规成图方法,平坦开阔地区图根点的密度见表7-3。

表 7-3　平坦开阔地区图根点的密度

测图比例尺	1：500	1：1 000	1：2 000
图根点密度(点/km²)	150	50	15

地形复杂、隐蔽及城市建筑区应以满足测图需要并结合具体情况加大图根点密度。

三、高程控制测量

小地区高程控制测量包括三、四等水准测量、图根水准测量和三角高程测量。

本章将讨论小地区控制网建立的有关问题,下面分别介绍用导线测量建立小地区平面控制网的方法,用三、四等水准测量和三角高程测量建立小地区高程控制网的方法。

第二节　导线测量的外业工作

将相邻控制点用直线连接而构成的折线,称为导线。构成导线的控制点,称为导线点。导线测量就是依次测定各导线边的边长和各转折角,根据起算数据,推算各边的坐标方位角,从而求出各导线点的坐标。

用经纬仪测定各转折角,用钢尺测定其边长的导线,称为经纬仪导线;用光电测距仪测定边长的导线,称为光电测距导线。

导线测量是建立小地区平面控制网的主要方法,特别适用于地物分布比较复杂的城市建筑区、通视较困难的隐蔽地区、带状地区及地下工程等控制点的测量。

表7-4、表7-5为两种图根导线量距的技术要求。

表7-4　图根钢尺量距导线测量的技术要求

比例尺	附合导线长度 （m）	平均边长 （m）	导线相对 闭合差	测回数	方位角闭合差
1:500	500	75			
1:1 000	1 000	120	$\leq 1/2\,000$	1	$\leq \pm 60'' \sqrt{n}$
1:2 000	2 000	200			

注:n 为测站数。

表7-5　图根光电测距导线测量的技术要求

比例尺	附合导线 长度(m)	平均边长 （m）	导线相对 闭合差	测回数	方位角 闭合差	测距	
						仪器类型	方位与测回数
1:500	900	80					
1:1 000	1 800	150	$\leq 1/4\,000$	1	$\leq \pm 40'' \sqrt{n}$	II级	单程观测 1
1:2 000	3 000	250					

注:n 为测站数。

一、导线布设的形式

根据测区的地形及测区内控制点的分布情况,导线布设形式可分为下列三种。

（一）闭合导线

如图7-3所示,从已知高级控制点和已知方向出发,经过导线点1、2、3、4、5后,回到1点,组成一个闭合多边形,称为闭合导线。闭合导线的优点是图形本身有着严密的几何条件,具有检核作用。

（二）附合导线

如图7-4所示,从已知高级控制点 B 和已知方向 AB 出发,经过导线点1、2、3,最后附合到另一个高级控制点 C 和已知方向 CD 上构成一折线的导线,称为附合导线。附合导线的优点是具有检核观测成果的作用。

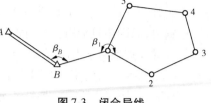

图7-3　闭合导线

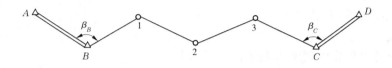

图7-4　附合导线

（三）支导线

如图7-5所示,从已知高级控制点 B 和已知方向 AB 出发,既不闭合到原已知点,也不附合到另一已知点的导线,称为支导线。由于支导线没有检核,因此边数一般不超过3条。

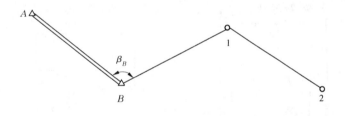

图7-5　支导线

上面三种导线形式,附合导线较严密,闭合导线次之,支导线只在个别情况下的短距离测量时使用。

二、导线测量的外业工作

导线测量的外业包括踏勘选点及建立标志、量距、测角等工作,现分述如下。

（一）踏勘选点及建立标志

在踏勘选点前,应调查收集已有的地形图和高一级控制点的成果资料,然后到现场踏勘,了解测区现状和寻找已知点。根据已知控制点的分布、测区地形条件和测图及工程要求等具体情况,在测区原有的地形图(或测区简图、示意图)上拟订导线的布设方案,最后到实地去踏勘,核对、修改、落实点位和建立标志。选点时应注意下列事项:

（1）相邻导线点间应通视良好,地面较平坦,便于测角和量距。

（2）导线点应选在土质坚实、便于保存标志和安置仪器的地方。

（3）导线点应选在视野开阔处,以便施测周围地形。

（4）导线各边的长度应尽可能大致相等,其平均边长应符合表7-4、表7-5的规定。

（5）导线点应有足够的密度,分布均匀合理,以便能够控制整个测区。具体要求见表7-3。

导线点的位置选定后,一般可用临时性标志将点固定,即在每个点位上钉下一个大木桩,桩顶钉一小铁钉,周围浇筑混凝土,如图7-6所示。

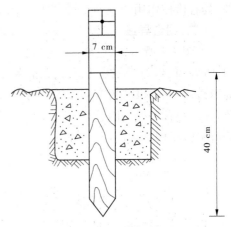

图7-6　导线点临时标志

　　如果导线点需要长期保存,应埋设混凝土桩或石桩,桩顶刻一"十"字,以"十"字的交点作为点位的标志,如图7-7所示。导线点建立完后,应该统一编号。为便于寻找,应量出导线点与附近固定而明显的地物点的距离,绘一草图,注明尺寸,称为点之记,如图7-8所示。

(二)量距

　　导线边长可以用光电测距仪测定,也可以用检定过的钢尺按精密量距的方法进行丈量,有关要求见表7-4、表7-5。对于图根导线应往返丈量一次。当尺长改正数小于尺长的1/10 000、量距时的平均尺温与检定时的温度之差小于±10 ℃、尺面倾斜小1.5%时,可不进行尺长、温度和倾斜改正,取其往返丈量的平均值作为结果,测量精度不得低于1/3 000。

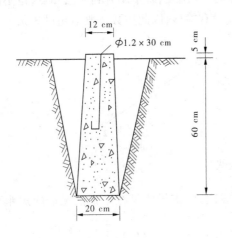

图7-7　导线点混凝土桩

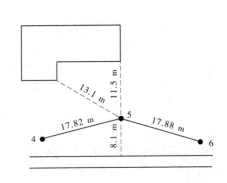

图7-8　点之记

(三)测角

　　导线的转折角有左角和右角之分,位于前进方向左侧的水平角,称为左角;反之,则为右角。对于附合导线,通常观测左角;对于闭合导线,应观测内角。图根导线测量水平角一般用DJ_6型光学经纬仪观测一测回,盘左、盘右测得角值互差要小±40″,取其平均值作为最后结果。

　　为了使测区的导线点坐标与国家或地区相统一,取得坐标方位角的起算数据,布设的导线应与高级控制点进行连测。连测方式有直接连接和间接连接两种。图7-2、图7-4、图7-5为直接连接,只需测量连接角β_B。如果导线距离高级控制点较远,可采用间接连接方法,如图7-3所示。若连接角β_B、β_1和连接边D_{B1}的测量出现错误,会使整个导线网的方向旋转和点位平移,所以联测时,角度和距离的精度均应比实测导线高一个等级。

第三节　导线测量的内业工作

导线测量内业的目的就是根据已知的起始数据和外业的观测成果计算出导线点的坐标。进行内业工作以前,要仔细检查所有外业成果有无遗漏、记错、算错,成果是否都符合精度要求,保证原始资料的准确性。然后绘制导线略图,在相应位置上注明已知数据及观测数据,以便进行导线的计算。

一、坐标计算

(一)坐标正算

由已知点坐标、已知边长和该边坐标方位角求未知点坐标,称为坐标正算。直线两端点的坐标之差,称为坐标增量。如图 7-9 所示,设 AB 直线的两个端点的坐标分别为 (x_A, y_A) 和 (x_B, y_B),则 A、B 间的纵、横坐标增量 Δx_{AB}、Δy_{AB} 分别为

$$\left. \begin{array}{l} \Delta x_{AB} = x_B - x_A \\ \Delta y_{AB} = y_B - y_A \end{array} \right\} \tag{7-1}$$

根据图 7-9 的几何关系可写出坐标增量的计算公式

$$\left. \begin{array}{l} \Delta x_{AB} = D_{AB} \cos\alpha_{AB} \\ \Delta y_{AB} = D_{AB} \sin\alpha_{AB} \end{array} \right\} \tag{7-2}$$

坐标增量有方向与正、负之分,其正、负号由 $\sin\alpha_{AB}$、$\cos\alpha_{AB}$ 的正、负号决定。根据点的坐标及算得的坐标增量,则 B 点的坐标为

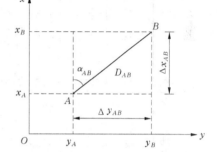

图 7-9　坐标正算和反算

$$\left. \begin{array}{l} x_B = x_A + \Delta x_{AB} \\ y_B = y_A + \Delta y_{AB} \end{array} \right\} \tag{7-3}$$

式(7-3)中 Δx_{AB}、Δy_{AB} 的正、负号由 α_{AB} 所在的象限(即直线的方向)确定。

(二)坐标反算

由两个已知点坐标求其坐标方位角和边长,称为坐标反算。导线测量中的已知边的方位角一般是根据坐标反算求得的。另外,在施工前也需要按坐标反算求出放样数据。

由图 7-9 可直接得到下面公式

$$\left. \begin{array}{l} \alpha_{AB} = \arctan \dfrac{\Delta y_{AB}}{\Delta x_{AB}} \\ D_{AB} = \sqrt{(\Delta x_{AB})^2 + (\Delta y_{AB})^2} \end{array} \right\} \tag{7-4}$$

二、闭合导线坐标计算

现以图根闭合导线为例讲述图根导线坐标的计算方法和步骤,如图 7-10 所示。

(1)将校核过的已知数据和观测数据填入导线计算表中,即将图 7-10 的已知数据填入表 7-6 中。

(2)角度闭合差的计算和调整。闭合导线组成一个闭合多边形并观测了多边形的各个

表7-6　闭合导线坐标计算

点号 (1)	转折角（右角）观测值 (° ′ ″) (2)	改正后值 (° ′ ″) (3)	方位角 (° ′ ″) (4)	边长 (m) (5)	增量计算值 (m) $\Delta x_{测}$ (6)	$\Delta y_{测}$ (7)	改正后增量 (m) $\Delta x_{改}$ (8)	$\Delta y_{改}$ (9)	坐标 (m) x (10)	y (11)	点号 (12)
1			65 30 00	178.77	+4　74.13	+5　+162.67	+74.17	+162.72	5 608.29	5 608.29	1
2	+10　87 25 24	87 25 34	158 04 26	136.85	+3　−126.95	+4　+51.10	−126.92	+51.14	5 682.46	5 771.01	2
3	+10　88 36 12	88 36 22	249 28 04	162.92	+3　−57.14	+4　−152.57	−57.11	−152.53	5 555.54	5 822.15	3
4	+11　98 39 36	98 39 47	330 48 17	125.82	+2　+109.84	+4　−61.37	+109.86	−61.33	5 498.43	5 669.62	4
1	+11　85 18 06	85 18 17	65 30 00						5 608.29	5 608.29	1
2											
Σ	359 59 18	360 00 00		604.36	$f_x = -0.12$	$f_y = -0.17$	0	0			

辅助计算

$f_\beta = -42''$

$f_{\beta容} = \pm 60''\sqrt{n} = \pm 120''$

$f_x = \sum \Delta x_{测} = -0.12$

$f_y = \sum \Delta y_{测} = -0.17$

$f_D = \sqrt{f_x^2 + f_y^2} = 0.21$

$K = \dfrac{f_D}{\sum D} = \dfrac{0.21}{604.36} \approx \dfrac{1}{2\,878} < \dfrac{1}{2\,000}$

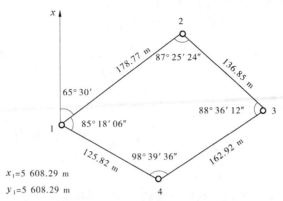

图 7-10　图根闭合导线

内角,应满足内角和理论值,即

$$\sum \beta_{理} = (n - 2) \times 180° \tag{7-5}$$

式中　n ——导线边数。

由于角度观测值中不可避免地含有误差,使得实测内角和 $\sum\beta_{测}$ 往往与理论数值 $\sum\beta_{理}$ 不等,其差值 f_β 称为角度闭合差,即

$$f_\beta = \sum \beta_{测} - \sum \beta_{理} \tag{7-6}$$

由图 7-10 可知

$$\sum \beta_{测} = \beta_1 + \beta_2 + \beta_3 + \beta_4$$

按表 7-4 中规定,图根导线测量的限差要求为 $f_{\beta容} = \pm 60'' \sqrt{n}$,其中 n 为转折角个数。

如果 f_β 不超过 $f_{\beta容}$,将闭合差按相反符号平均分配给各观测角,若有余数,应遵循短边相邻角多分的原则,然后求出改正后的角值。求出改正角值后,再计算改正角的总和,其值应与理论值相等,作为计算检核,即

$$f_\beta = \sum \beta_{测} - (n - 2) \times 180° = -42''$$

$$f_{\beta容} = \pm 60'' \sqrt{n} = \pm 120''$$

满足限差要求,可以对 f_β 进行调整。1、4 角为 +11″,2、3 角为 +10″,见表 7-6 的(2)栏。

(3)推算各边坐标方位角。根据第四章有关坐标方位角推算公式和已知坐标方位角及改正后的内角推算各边坐标方位角,见表 7-6 的(3)栏。

(4)坐标增量的计算及其闭合差的调整。欲求待定点的坐标,必须先求出坐标增量。坐标增量可由式(7-2)计算得到。

对于闭合导线,各边的纵、横坐标增量代数和的理论值应等于零,即

$$\left.\begin{aligned}\sum \Delta x_{理} &= 0\\\sum \Delta y_{理} &= 0\end{aligned}\right\} \tag{7-7}$$

但是,由于观测值中不可避免地含有误差,使得纵、横坐标代数和不等于零,而产生纵、横坐标增量闭合差 f_x、f_y,即

$$\left.\begin{aligned}f_x &= \sum \Delta x_{测}\\f_y &= \sum \Delta y_{测}\end{aligned}\right\} \tag{7-8}$$

如图 7-11 所示,由于 f_x、f_y 的存在,使得导线不能闭合,即 1、1′不能重合。其长度 1—1′称为导线全长闭合差 f_D,即

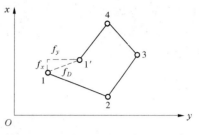

$$f_D = \sqrt{f_x^2 + f_y^2} \qquad (7\text{-}9)$$

f_D 与导线全长的比值,并将分子化为 1 的形式,称为导线全长相对闭合差,用 K 表示,即

$$K = \frac{f_D}{\sum D} = \frac{1}{\dfrac{\sum D}{f_D}} \qquad (7\text{-}10)$$

图 7-11　图根闭合导线坐标增量闭合差

式(7-10)中,K 值的分母越大,精度就越高。其容许值 $K_容$ 应满足表 7-4、表 7-5 的要求。若 $K > K_容$,则说明成果的精度不合格,应对内、外业成果进行仔细检查,必要时需重测;若 $K < K_容$,则说明成果的精度合格,可对 f_x、f_y 进行调整。调整的原则是将其反号按与边长成正比例地分配到各边的纵、横坐标增量中。坐标增量改正数用 $\Delta x_测$、$\Delta y_测$ 表示,第 i 边的改正数为

$$\left. \begin{aligned} \Delta x_{测i} &= -f_x \frac{D_i}{\sum D} \\ \Delta y_{测i} &= -f_y \frac{D_i}{\sum D_i} \end{aligned} \right\} \qquad (7\text{-}11)$$

坐标增量、改正数取位到 0.01 m,改正数之和应等于坐标增量闭合差的反号,即

$$\left. \begin{aligned} \sum \Delta x_{测i} &= -f_x \\ \sum \Delta y_{测i} &= -f_y \end{aligned} \right\} \qquad (7\text{-}12)$$

各边的坐标增量计算值与改正数相加,为改正后坐标增量,对于闭合导线,改正后的纵、横坐标增量代数和应等于零,即

$$\left. \begin{aligned} \sum \Delta x_改 &= 0 \\ \sum \Delta y_改 &= 0 \end{aligned} \right\} \qquad (7\text{-}13)$$

本例中,求 f_x、f_y 并对其调整

$$f_x = \sum \Delta x_测 = -0.12$$

$$f_y = \sum \Delta y_测 = -0.17$$

$$f_D = \sqrt{f_x^2 + f_y^2} = \sqrt{(-0.12)^2 + (-0.17)^2} = 0.21$$

$$K = \frac{f_D}{\sum D} = \frac{0.21}{604.36} \approx \frac{1}{2\ 878} \leqslant \frac{1}{2\ 000}(\text{合格})$$

$$\Delta x_{测12} = -\frac{-0.12}{604.36} \times 178.77 = +0.04$$

$$\Delta y_{测12} = -\frac{-0.17}{604.36} \times 178.77 = +0.05$$

$$\sum \Delta x_改 = 0,\ \sum \Delta y_改 = 0$$

见表 7-6 的辅助计算及(6)、(7)、(8)、(9)栏。

(5)计算各点坐标。由起点的已知坐标及改正后的坐标增量,用式(7-14)可依次推算出其余各点坐标。

$$\left.\begin{array}{l} x_{前} = x_{后} + \Delta x_{改} \\ y_{前} = y_{后} + \Delta y_{改} \end{array}\right\} \tag{7-14}$$

$$x_2 = x_1 + \Delta x_{改12} = 5\ 608.29 + 74.17 = 5\ 682.46$$
$$y_2 = y_1 + \Delta y_{改12} = 5\ 608.29 + 162.72 = 5\ 771.01$$
$$\vdots$$

依次类推,求出其他各点 x、y 坐标,见表 7-6 的(10)、(11)栏。

三、附合导线坐标计算

附合导线的坐标计算方法和闭合导线基本相同,但由于二者布设形式不同,使得角度闭合差和坐标增量闭合差的计算稍有不同,下面仅介绍这两项的计算方法。

(一)角度闭合差的计算

图 7-12 为一附合导线,A、B、C、D 为已知点,1、2、3、4 为布设的导线点,根据起始边 AB 的坐标方位角 α_{AB} 及观测的各转折角 $\beta_{左}$,由方位角计算公式可计算出终边 CD 的坐标方位角 α'_{CD},即

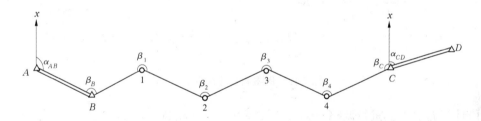

图 7-12　附合导线

$$\alpha_{B1} = \alpha_{AB} + 180° + \beta_B$$
$$\alpha_{12} = \alpha_{B1} + 180° + \beta_1$$
$$\alpha_{23} = \alpha_{12} + 180° + \beta_2$$
$$\alpha_{34} = \alpha_{23} + 180° + \beta_3$$
$$\alpha_{4C} = \alpha_{34} + 180° + \beta_4$$
$$\alpha_{CD} = \alpha_{4C} + 180° + \beta_C$$

将以上各式相加,得

$$\alpha'_{CD} = \alpha_{AB} + 6 \times 180° + \sum \beta_{左} \tag{7-15}$$

由上面计算过程,可写出一般公式

$$\alpha'_{终} = \alpha_{始} + n \times 180° \pm \sum \beta \tag{7-16}$$

式中,n 为转折角个数,转折角为左角时,$\sum \beta$ 取正号;转折角为右角时,$\sum \beta$ 取负号。

附合导线的角度闭合差 f_β 可用式(7-17)计算

$$f_\beta = \alpha'_{终} - \alpha_{终} \tag{7-17}$$

当 f_β 不超限时,如果观测的是左角,则将 f_β 反号平均分配给各观测角;如果观测的是右

角,应将 f_β 同号平均分配给各观测角。

(二)坐标增量闭合差的计算

附合导线的各边坐标增量代数和的理论值应该等于终点与始点的已知坐标值之差,如图 7-12 所示,有

$$\left.\begin{aligned}\sum \Delta x_{理} &= x_C - x_B\\\sum \Delta y_{理} &= y_C - y_B\end{aligned}\right\} \tag{7-18}$$

由式(7-2)可计算 $\Delta x_{测}$、$\Delta y_{测}$,则纵、横坐标增量闭合差 f_x、f_y 为

$$\left.\begin{aligned}f_x &= \sum \Delta x_{测} - (x_{终} - x_{始})\\f_y &= \sum \Delta y_{测} - (y_{终} - y_{始})\end{aligned}\right\} \tag{7-19}$$

附合导线的坐标增量闭合差的分配方法与闭合导线相同。

(三)附合导线坐标计算实例

下面介绍附合导线坐标计算实例,将图 7-13 的已知数据填入表 7-7,本例仅介绍与闭合导线计算的两点不同之处。

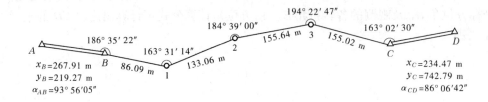

图 7-13 图根附合导线实例

(1)计算 f_β 并对其进行调整

$$f_\beta = \alpha'_{CD} - \alpha_{CD} = +16''$$

$$f_{\beta容} = \pm 60'' \sqrt{n} = \pm 60'' \sqrt{5} = \pm 2'14''$$

满足限差要求,可以对 f_β 进行调整。因为观测角为左角,所以 f_β 反号平均分配,即 1 点所在角为 $-4''$(短边相邻夹角),其余角为 $-3''$,见表 7-7 中的(2)栏。

(2)求 f_x、f_y 并对其进行调整

$$f_x = \sum \Delta x_{测} - (x_C - x_B) = +0.02$$

$$f_y = \sum \Delta y_{测} - (y_C - y_B) = +0.06$$

$$f_D = \sqrt{f_x^2 + f_y^2} = 0.06$$

$$K = \frac{f_D}{\sum D} = \frac{0.06}{529.81} \approx \frac{1}{8\ 830} < \frac{1}{2\ 000}$$

$$\Delta x_{测B1} = -\frac{+0.02}{529.81} \times 86.09 \approx 0$$

$$\Delta y_{测B1} = -\frac{+0.06}{529.81} \times 86.09 = -0.01$$

表 7-7 附合导线坐标计算

(1)点号	(2)转折角(左角)(° ′ ″) 观测值	(3)改正后值	(4)方位角(° ′ ″)	(5)边长(m)	(6)Δx测 增量计算值(m)	(7)Δy测	(8)Δx改 改正后增量(m)	(9)Δy改	(10)x 坐标(m)	(11)y	(12)点号
A			93 56 05								A
B	−3 186 35 22	186 35 19	100 31 24	86.09	−15.72	−1 +84.64	−15.72	+84.63	267.91	219.27	B
1	−4 163 31 14	163 31 10	84 02 34	133.06	+13.81	−1 +132.34	+13.81	+132.33	252.19	303.90	1
2	−3 184 39 00	184 38 57	88 41 31	155.64	−1 +3.55	−2 +155.60	+3.54	+155.58	266.00	436.23	2
3	−3 194 22 47	194 22 44	103 04 15	155.02	−1 −35.06	−2 +151.00	−35.07	+150.98	269.54	591.81	3
C	−3 163 02 30	163 02 27	86 06 42						234.47	742.79	C
D											D
Σ	892 10 53	892 10 37		529.81	−33.42	+523.58	−34.44	+523.52			

辅助计算

$f_\beta = \alpha'_{CD} - \alpha_{CD} = +16''$

$f_{\beta容} = \pm 60''\sqrt{n} = \pm 60''\sqrt{5} = \pm 2'14''$

$f_x = \sum \Delta x_测 - (x_C - x_B) = +0.02$

$f_y = \sum \Delta y_测 - (y_C - y_B) = +0.06$

$f_D = \sqrt{f_x^2 + f_y^2} = 0.06$

$K = \dfrac{f_D}{\sum D} = \dfrac{0.06}{529.81} \approx \dfrac{1}{8\,830} < \dfrac{1}{2\,000}$

$$\vdots$$
$$\sum \Delta x_{改} = x_C - x_B$$
$$\sum \Delta y_{改} = y_C - y_B$$

见表 7-7 的辅助计算及(6)、(7)、(8)、(9)栏。

第四节　高程控制测量

一、三、四等水准测量

三、四等水准测量除能应用于国家高程控制网的加密外,还能够应用于建立小区域首级高程控制网。三、四等水准测量的起算点高程应尽量从附近的一、二等水准点引测,若测区附近没有国家一、二等水准点,则在小区域范围内可采用闭合水准路线建立独立的首级高程控制网,假定起算点的高程。三、四等水准测量及等外水准测量的主要技术要求见表 7-8。

表 7-8　水准测量的主要技术要求

等级	路线长度 L（km）	水准仪	水准尺	观测次数		往返较差、闭合差	
				与已知点联测	附合成环线	平地（mm）	山地（mm）
三	≤45	DS$_1$	因瓦	往返各一次	往一次	$\pm 12\sqrt{L}$	$\pm 4\sqrt{n}$
		DS$_3$	双面		往返各一次		
四	≤16	DS$_1$	双面	往返各一次	往一次	$\pm 20\sqrt{L}$	$\pm 6\sqrt{n}$
等外	≤15	DS$_3$	单面	往返各一次	往一次	$\pm 40\sqrt{L}$	$\pm 12\sqrt{n}$

注：L 为路线长度,km;n 为测站数。

三、四等水准测量一般采用双面尺法观测,其在一个测站上的主要技术要求见表 7-9。

表 7-9　水准观测的主要技术要求

等级	水准仪型号	视线长度（m）	前后视较差（m）	前后视累积差（m）	视线离地面最低高度（m）	黑红面读数较差（m）	黑红面高差较差（mm）
三等	DS$_1$	100	3	6	0.3	1.0	1.5
	DS$_3$	75				2.0	3.0
四等	DS$_3$	100	5	10	0.2	3.0	5.0
等外	DS$_3$	100	大致相等	—	—	—	—

(一)三、四等水准测量的观测程序和记录方法

1. 三等水准测量每测站照准标尺分划顺序

(1)后视标尺黑面,精平,读取上、下、中丝读数,记为(1)、(2)、(3)。

(2)前视标尺黑面,精平,读取上、下、中丝读数,记为(4)、(5)、(6)。

(3)前视标尺红面,精平,读取中丝读数,记为(7)。

(4)后视标尺红面,精平,读取中丝读数,记为(8)。

三等水准测量测站观测顺序简称为:"后—前—前—后"(或黑—黑—红—红),其优点是可消除或减弱仪器和尺垫下沉误差的影响。

2.四等水准测量每测站照准标尺分划顺序

(1)后视标尺黑面,精平,读取上、下、中丝读数,记为(1)、(2)、(3)。

(2)后视标尺红面,精平,读取中丝读数,记为(4)。

(3)前视标尺黑面,精平,读取上、下、中丝读数,记为(5)、(6)、(7)。

(4)前视标尺红面,精平,读取中丝读数,记为(8)。

四等水准测量测站观测顺序简称为:"后—后—前—前"(或黑—红—黑—红)。

下面以三等水准测量一个测段为例介绍双面尺法观测的程序(四等水准测量也可以采用),其记录与计算参见表7-10。

(二)测站计算与校核

1.视距计算

后视距离:$(9) = [(1) - (2)] \times 100$;

前视距离:$(10) = [(4) - (5)] \times 100$;

前、后视距差:$(11) = (9) - (10)$;

前、后视距累积差:本站$(12) =$ 本站的$(11) +$ 前站的(12)。

2.同一水准尺黑、红面中丝读数校核

前尺:$(13) = (6) + K_1 - (7)$

后尺:$(14) = (3) + K_2 - (8)$

3.高差计算及校核

黑面高差:$(15) = (3) - (6)$

红面高差:$(16) = (8) - (7)$

校核计算:红、黑面高差之差$(17) = (15) - [(16) \pm 0.01]$ 或 $(17) = (14) - (13)$

高差中数:$(18) = \dfrac{[(15) + (16) \pm 0.100]}{2}$

在测站上,当后尺红面起点为4.687 m,前尺红面起点为4.787 m时,取 +0.100;反之,取 -0.100。

4.每页计算校核

1)高差部分

每页上,后视红、黑面读数总和与前视红、黑面读数总和之差,应等于红、黑面高差之和,还应等于该页平均高差总和的两倍。

(1)对于测站数为偶数的页:

$$\sum [(3) + (8)] - \sum [(6) + (7)] = \sum [(15) + (16)] = 2 \sum (18)$$

(2)对于测站数为奇数的页:

$$\sum [(3) + (8)] - \sum [(6) + (7)] = \sum [(15) + (16)] = 2 \sum (18) \pm 0.100$$

2)视距部分

末站视距累积差值:

$$末站(12) = \sum(9) - \sum(10)$$

$$总视距 = \sum(9) + \sum(10)$$

表 7-10　三、四等水准测量观测手簿

测站编号	测点编号	后尺	下丝	前尺	下丝	方向及尺号	标尺读数(m)		$K+黑$ $-红$ (mm)	高差中数 (m)	说明
			上丝		上丝		黑面	红面			
		后视距		前视距							
		视距差 d(m)		$\sum d$(m)							
		(1)		(4)		后	(3)	(8)	(14)		
		(2)		(5)		前	(6)	(7)	(13)		
		(9)		(10)		后－前	(15)	(16)	(17)		
		(11)		(12)						(18)	
1	BM1 – Z	1.691		1.137		后 01	1.523	6.309	+1		
		1.355		0.798		前 02	0.968	5.655	0		
		33.6		33.9		后－前	+0.555	+0.654	+1		
		-0.3		-0.3						+0.554 5	K_{01}
2	Z1 – Z2	1.937		2.113		后 02	1.676	6.364	-1		$=4.787$
		1.415		1.589		前 01	1.851	6.637	+1		
		52.2		52.4		后－前	-0.175	-0.273	-2		
		-0.2		-0.5						-0.174 0	K_{02}
3	Z2 – Z3	1.887		1.757		后 01	1.612	6.399	0		$=4.687$
		1.336		1.209		前 02	1.483	6.169	+1		
		55.1		54.8		后－前	+0.129	+0.230	-1		
		+0.3		-0.2						+0.129 5	
4	Z3 – BM2	2.208		1.965		后 02	1.878	6.565	0		
		1.547		1.303		前 01	1.634	6.422	-1		
		66.1		66.2		后－前	+0.244	+0.143	+1		
		-0.1		-0.3						+0.243 5	
每页校核	$\sum(9)=207.0$ $-)\sum(10)=207.3$ $=-0.3$ 总视距$=\sum(9)+\sum(10)=414.3$(m)					$\sum[(3)+(8)]=32.326$ $-)\sum[(6)+(7)]=30.819$ $=+1.507$ $\sum(18)=+0.753\ 5$ $2\sum(18)=+1.507$					

· 132 ·

（三）成果计算与校核

当每个测站计算无误后，并且各项数值都在相应的限差范围之内时，根据每个测站的平均高差，利用已知点的高程，推算出各水准点的高程，其计算与高差闭合差的调整方法详见前面内容。至此完成了三、四等水准测量的整个过程。

（四）等外水准测量

等外水准测量用于工程水准测量或测定图根控制点的高程，其精度低于四等水准测量，故称为等外水准测量（也叫五等水准测量），其施测方法参见前面内容。

二、三角高程测量

在山区或高层建筑物上，若用水准测量作高程控制，则困难大且速度慢，这时可考虑采用三角高程测量的方法测定两点间的高差和点的高程。

（一）三角高程测量的原理

三角高程测量是根据两点间的水平距离和竖直角计算两点的高差，然后求出所求点的高程。

如图 7-14 所示，在 A 点安置仪器，用望远镜中丝瞄准 B 点觇标的顶点，测得竖直角 α，并量取仪器高 i 和觇标高 v，若测出 A、B 两点间的水平距离 D，则可求得 A、B 两点间的高差，即

$$h_{AB} = D\tan\alpha + i - v \qquad (7\text{-}20)$$

B 点高程为

$$H_B = H_A + D\tan\alpha + i - v \qquad (7\text{-}21)$$

三角高程测量一般应采用对向观测法，即由 A 向 B 观测称为直觇，再由 B 向 A 观测称为反觇，直觇和反觇称为对向观测。采用对向观测的方法可以减弱地球曲率和大气折光的影响。对向观测所求得的高差较差不应大于 $0.1D$（m）（D 为水平距离，以 km 为单位），则取对向观测的高差中数为最后结果，即

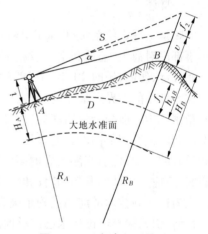

图 7-14　三角高程测量原理

$$h_{中} = \frac{1}{2}(h_{AB} + h_{BA}) \qquad (7\text{-}22)$$

式（7-22）适用于 A、B 两点距离较近（小于 300 m）的三角高程测量，此时水准面可近似看成平面，视线视为直线。当距离超过 300 m 时，就要考虑地球曲率及观测视线受大气折光的影响。

（二）三角高程测量的观测与计算

三角高程测量的观测与计算应按以下步骤进行。

（1）安置仪器于测站上，量出仪器高 i；觇标立于测点上，量出觇标高 v。

（2）用经纬仪或测距仪采用测回法观测竖直角 α，取其平均值为最后观测成果。

（3）采用对向观测，其方法同前两步。

（4）用式（7-20）和式（7-21）计算高差和高程。

《城市测量规范》（CJJ 8—99）规定，代替四等水准测量的电磁波测距三角高程导线观测

应符合下列规定：

(1)边长观测应采用不低于Ⅱ级精度的电磁波测距仪往返各测一测回，在测距的同时，还要测定气温和气压值，并对所测距离进行气象改正。

(2)竖直角观测应采用觇牌为照准目标，用 DJ_2 型经纬仪按中丝法观测三测回，竖直角测回差和指标差均≤7″。对向观测高差较差≤ $\pm 40\sqrt{D}$（mm）（ D 为以 km 为单位的水平距离），附合路线或环线闭合差同四等水准测量的要求。

(3)仪器高和觇牌高应在观测前后用经过检验的量杆各量测一次，精确读数至 1 mm，当较差不大于 2 mm 时，取中数作为最后的结果。

三角高程路线应组成闭合测量路线或附合测量路线，并尽可能起闭于高一等级的水准点上。

第五节　GPS 卫星定位测量

一、概述

GPS 是全球定位系统（Global Positioning System）的英文缩写，它是美国国防部主要为满足军事部门对海上、陆地和空中设施进行高精度导航和定位的要求而建立的，系统自 1973 年开始设计、研制，历时 20 年，于 1993 年全部建成。

GPS 是目前世界上最先进、最完善的卫星导航与定位系统，它不仅具有全球性、全天候、实时精密三维导航与定位的能力，而且具有良好的抗干扰性和保密性，因此引起世界各国军事部门和广大民用部门的普遍关注。由于 GPS 定位技术的高度自动化及其所达到的高精度和具有的潜力，也引起测绘界的高度重视，尤其是在近几年来 GPS 定位技术在应用基础的研究、新应用领域的开拓、软件和硬件的开发等方面都取得了迅速发展。广泛的科学试验活动也为这一新技术的应用展现了极为广阔的前景。

目前，GPS 精密定位技术已广泛地渗透到经济建设和科学技术的许多领域，特别是在大地测量及其相关学科领域，如地球动力学、海洋大地测量学、地球物理勘探、资源勘察、航空与卫星遥感、工程测量学等方面的广泛应用，充分地显示了这一卫星定位技术的高精度和高效益。

近年来，GPS 精密定位技术在我国得到广泛应用。在大地测量、工程测量与变形监测、资源勘察及地壳运动监测等许多方面都取得了良好效果和成功经验，充分地证明了 GPS 精密定位技术的优越性和巨大潜力。在 21 世纪，GPS 导航与定位技术将会获得进一步的发展，应用将更为广泛，效益会更为显著，将为我国的经济建设、国防建设的发展和科学技术的进步发挥更大的作用。

GPS 卫星定位技术与常规测量相比，具有以下优点：

(1)GPS 点之间不要求相互通视，对 GPS 网的几何图形也没有严格要求，从而使 GPS 点位的选择更为灵活，可以自由布设。

(2)定位精度高。目前，采用载波相位进行相对定位，精度可达 1×10^{-6}。

(3)观测速度快。目前，利用静态定位方法，完成一条基线的相对定位所需要的观测时间，根据要求的精度不同，一般为 1～3 h。如果采用快速静态相对定位技术，观测时间可缩短至数分钟。

（4）功能齐全。GPS 测量可同时测定测点的平面位置和高程。采用实时动态测量还可进行施工放样。

（5）操作简便。GPS 测量的自动化程度很高,作业员在观测中只需安置和开启、关闭仪器、量取天线高度、监视仪器的工作状态及采集环境的气象数据,而其他(如捕获、跟踪)观测卫星和记录观测数据等一系列测量工作均由仪器自动完成。

（6）全天候、全球性作业。由于 GPS 卫星有 24 颗且分布合理,在地球上任何地点、任何时刻均可连续同步观测到 4 颗以上卫星,因此在任何地点、任何时间均可进行 GPS 测量。GPS 测量一般不受天气状况的影响。

二、GPS 系统的组成

GPS 系统由三部分组成,即空间星座部分、地面监控部分和用户设备部分。

（一）空间星座部分

GPS 系统空间星座部分是指 GPS 的工作卫星星座。GPS 工作卫星星座由 24 颗卫星组成,其中,21 颗工作卫星,3 颗备用卫星,均匀分布在 6 个轨道面上,如图 7-15 所示。

卫星轨道面相对地球赤道面的倾角约为 55°,各个轨道平面之间交角为 60°,轨道平均高度 20 200 km,卫星的运行周期为 11 h 58 min,同一轨道上各卫星之间交角为 90°。GPS 卫星的上述时空配置,保证了在地球上的任何地点、任何时刻均至少可以同时观测到 4 颗卫星,因而满足精密导航和定位的需要。

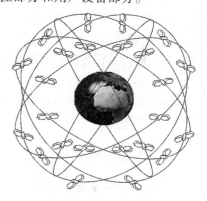

图 7-15　GPS 系统空间星座

GPS 卫星的主体呈圆柱形,直径约 1.5 m,质量约 774 kg(其中包括 310 kg 燃料),两侧各安装两块双叶太阳能电池板,能自动对太阳定向,以保证卫星正常工作用电。每颗 GPS 卫星上装有 4 台高精度原子钟,其中 2 台为铷钟,2 台为铯钟。原子钟为 GPS 定位提供高精度的时间标准。

GPS 卫星的基本功能是:

（1）执行地面监控站的控制指令,接收并储存由地面监控站发来的导航信息;

（2）向 GPS 用户发送导航电文,提供导航和定位信息;

（3）通过高精度原子钟(铷钟、铯钟)为用户提供精密的时间标准;

（4）根据地面监控站的指令,调整卫星的姿态和启动备用卫星,利用 GPS 卫星上设有的微处理机,进行一些必要的数据处理工作。

（二）地面监控部分

GPS 系统的地面监控部分目前由 5 个地面站组成,包括主控站、信息注入站和监测站。

主控站设在美国科罗拉多(Colorado)的联合空间执行中心 CSOC。主控站主要协调和管理所有地面监控系统的工作。

注入站现有 3 个,分别设在印度洋的迪戈加西亚(Diego Garcia)、南大西洋的阿松森岛(Ascension Island)和南太平洋的卡瓦加兰(Kwajalein)。注入站的主要设备包括一台直径为

3.6 m 的天线、一台 C 波段发射机和一台计算机。其主要任务是在主控站的控制指令下,将主控站推算和编制的卫星星历、钟差、导航电文和其他控制指令等注入到相应卫星的存储系统中,并监测注入信息的正确性。

监测站的主要任务是为主控站编算导航电文提供观测数据。监测站现有 5 个,主控站、注入站兼作监测站,另外一个设在夏威夷。每个监测站均设有 GPS 接收机,对每颗可见卫星连续进行观测并采集气象要素等数据。

整个 GPS 的地面监控部分,除主控站外均无人值守。各站间用现代化的通信网络联系起来,在原子钟和计算机的驱动和精确控制下,各项工作均已实现了高度的自动化和标准化。

(三)用户设备部分

全球定位系统的空间星座部分和地面监测部分是用户应用该系统进行定位的基础,而用户只有通过用户设备,才能实现应用 GPS 定位的目的。

GPS 的用户设备部分由 GPS 接收机硬件和相应的数据处理软件、微处理机及其终端设备组成。GPS 接收机硬件包括接收机主机、天线和电源,其他的主要功能是接收 GPS 卫星发射的信号,以获得必要的导航和定位信息及观测量,并经简单数据处理而实现实时导航和定位。GPS 软件是指各种后处理软件包,它通常由厂家提供,其主要作用是对观测数据进行加工,以便获得精密定位结果。

GPS 接收机的类型一般可分为导航型、测量型和授时型三类。测量单位使用的 GPS 接收机一般为测量型。

三、GPS 定位的坐标系统

(一)WGS – 84 大地坐标系

GPS 卫星定位测量所采用的坐标系是 WGS – 84(World Geodetic System 1984)大地坐标系。

一个坐标系统是由坐标原点的位置、坐标轴的指向和尺度所定义的。在 GPS 定位测量中,坐标轴的原点取地球的质心,所以地球坐标系亦称地心坐标系。坐标轴的指向则具有一定的选择性,但是为了使用上的方便,国际上都通过协议来确定全球性坐标系统坐标轴的指向。这种共同确认的坐标系,就称为协议坐标系。WGS – 84 大地坐标系是协议地球(心)坐标系,是美国国防部研制建立的大地坐标,自 1987 年 1 月 10 日开始使用。

如图 7-16 所示,WGS – 84 大地坐标系的原点取地球的质心 M,为国际协议原点,简称 CIO(Con – ventional International Origin);Z 轴指向 $BIH_{1984.0}$(BIH 为国际时间局的简称,地址在法国巴黎)定义的协议地极(CTP,Conventional Terrestrial Pole);X 轴指向 $BIH_{1984.0}$ 定义的零子午面与 CTP 相应的赤道的交点;Y 轴垂直于 ZXM 平面且与 Z、X 轴构成右手坐标系。

一个大地坐标系对应一个地球椭球。WGS – 84 大地坐标系采用的地球椭球,称为 WGS – 84 椭球。其椭球参数采用国际大地测量学与地球物理学联合会(IUGG)第 17 届大会的推荐值,其中最常用的两个参数为:长半轴 $a = (6\ 378\ 137 \pm 2)$ m,扁率 $f = \dfrac{1}{298.257\ 223\ 563}$。

(二)国家大地坐标系

我国目前采用的大地坐标系为 1980 年国家大地坐标系(简称 C_{80}),亦称西安坐标系。

在此之前采用 1954 年北京坐标系(简称 P_{54})。这两个大地坐标系均属于参心坐标系。所谓参心,是指参考椭球的中心。由于参考椭球中心一般与地球质心不一致,故参心坐标系又称非地心坐标系、局部坐标系。

由于 GPS 定位成果属于 WGS - 84 协议地心坐标系,而我国使用的是国家大地坐标系,因此 GPS 成果的坐标转换是必要的。

GPS 绝对定位(或称单点定位)的精度目前只能达到 5~30 m,这样低的坐标精度不适于解算 WGS - 84 坐标系与国家大地坐标系之间的转换参数,而且现

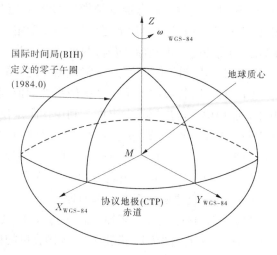

图 7-16　WGS - 84 大地坐标系

在普遍采用相对定位技术进行 GPS 定位测量,所以也不适用于坐标解算 GPS 成果的坐标转换问题。

目前解决坐标转换的方法有两种:

(1)进行 GPS 基线向量网的约束平差,或进行 GPS 基线向量网与地面网常规观测值的联合平差。

GPS 网通常是由同步图形之间互相连接而成的。在解算得到同步观测基线向量之后,就以 GPS 基线向量为观测值进行平差,这种网称为 GPS 基线向量网。

(2)建立全国性高精度 GPS 控制网。

这种方法是在全国范围内利用相对定位方法布设高精度的 GPS 大地控制网,在该网中有若干点具有精密的 WGS - 84 地心坐标,以这些地心坐标作为起算数据,建立绝对定位精度很高的 WGS - 84 坐标系 GPS 网。同时,该网中有许多点也是国家大地坐标系中的高级控制点,这样即可精确解算出 WGS - 84 地心坐标系与国家大地坐标系之间的转换参数。

如果我们在某一地区进行 GPS 相对定位测量,在网中至少选择一点为高精度 GPS 网点,以高精度 GPS 网点坐标作为起算数据对该地区网进行整体平差,即可获得各网点的 WGS - 84 地心坐标。然后利用 WGS - 84 坐标系与国家大地坐标系之间的转换参数,将该地区性 GPS 网的 WGS - 84 地心坐标转换至国家大地坐标系。

由于我国尚未建立全国性高精度 GPS 控制网,因而这种方法目前无法利用。

四、GPS 卫星信号

GPS 卫星所发送的信号包括载波信号、P 码、C/A 码和数据码(或称 D 码)等多种信号分量,而其中的 P 码、C/A 码统称为测距码。

五、GPS 卫星定位基本原理

如前所述,GPS 卫星定位原理是空间距离交会法。根据测距原理,其定位方法主要有伪距法定位、载波相位测量定位和 GPS 差分定位。对于待定点位,根据其运动状态可分为静

态定位和动态定位。静态定位是指用 GPS 测定相对于地球不运动的点位。GPS 接收机安置在该点上,接收数分钟乃至更长时间,以确定其三维坐标,又称为绝对定位。动态定位是确定运动物体的三维坐标。若将两台或两台以上 GPS 接收机分别安置在固定不变的待定点上,通过同步接收卫星信号,确定待测点之间的相对位置,称为相对定位。

GPS 接收机接收的卫星信号有伪距观测值、载波相位观测值及卫星广播星历。利用伪距和载波相位均可进行静态定位。利用伪距定位精度较低。高精度定位常采用载波相位观测值的各种线性组合,即差分,以减弱卫星轨道误差、卫星钟差、接收机钟差、电离层和对流层延迟等误差影响。这样获得的两点间的坐标差即基线向量,其测量精度可达到 $\pm(5\ \text{mm} + 1 \times 10^{-6}D)$,$D$ 为相邻点间距离,以 km 为单位。

（一）GPS 接收机的基本工作原理

尽管 GPS 接收机有许多种不同的类型,但其主要结构大体相同,可分为天线单元和接收单元两大部分。图 7-17 描述了 GPS 接收机的构成状况。

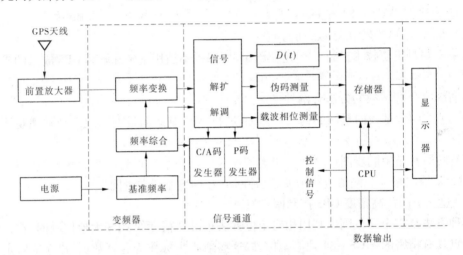

图 7-17　GPS 接收机的构成状况

1. 天线单元

GPS 接收机的天线单元由接收天线和前置放大器两部分组成。天线的基本作用是将来自卫星信号的微弱能量转化为相应的电流流量。而前置放大器则是将 GPS 信号电流予以放大,并进行交频,即将中心频率为 1 575.42 MHz(L_1 载波)与 1 227.60 MHz(L_2 载波)的高频信号变换为低一两个数量级的中频信号。通常 GPS 信号接收机接收天线应满足以下一些基本要求:

(1)天线与前置放大器应密封为一体,以保证在恶劣气象环境下能正常工作,并减少信号损失;

(2)天线的作用范围应为整个上半天球,并在天顶处不产生死角,以保证能接收到来自天空任何方向的卫星信号;

(3)天线应有适当的防护和屏蔽措施,以尽量减弱信号的多路径效应,防止来自各个方向的反射信号的干扰;

(4)天线的相位中心应保持高度稳定,并与其几何中心之间的偏差应尽量小。

2. 接收单元

GPS 接收机的接收单元主要由信号通道、存储、计算与显控及电源四个部分组成,分述如下。

1) 信号通道部分

接收机的信号通道是指 GPS 卫星发射的信号,经由天线进入接收机的路径。其主要作用是跟踪、处理和量测各卫星信号,以获得导航和定位所需要的数据和信息。

由于 GPS 接收机的天线可以接收到来自天线小平面以外的所有卫星信号,因此首先应把这些信号分离开,以便进行处理和量测。这种对不同卫星信号的分离,就是通过信号通道来实现的。

信号通道由硬件和相应的控制软件组成。每个通道在某一时刻只能接收一颗卫星的一种频率信号,当 GPS 接收机需要同步跟踪多个卫星信号时,有贯序通道、多路复用通道、多通道三种跟踪方式。

2) 存储部分

GPS 接收机内均设有存储器,用以存储所解译的 GPS 卫星星历、伪距观测量和载波相位观测量,以及测站各种信息数据等。目前,大多数接收机采用内装式半导体存储器,简称内存,内存的容量有 1~8 MB 字节不等,此外,还备有存储卡可供选用。在存储器内通常装有多种工作软件,如自测试软件、天空卫星预报软件、导航电文解码软件及 GPS 单点定位软件等。

为了防止数据溢出,可通过数据传输接口,及时将内存中所存储的 GPS 定位数据输入至微机中。

3) 计算与显控部分

计算与显控部分由微处理器和显控器构成。

微处理器及其相应软件是 GPS 接收机的控制与计算系统,GPS 接收机的一切工作都是在微处理器的指令控制下自动完成的。微处理器完成的主要计算和处理工作为:

(1) 接收机开机后,立即对各个通道进行自检,并显示自检结果,且测定、校正和存储各个通道的时延值。

(2) 根据各通道所跟踪环路所输出的数据码,解译出 GPS 卫星星历,连同所测 GPS 信号到达接收天线的传播时间,计算出测站的三维坐标,并按预置的位置数据更新率,不断更新测站点的坐标。

(3) 根据已测得的测站点位近似坐标和 GPS 卫星星历,计算所有在轨卫星的升降时间、方位及高度角。

(4) 记录用户输入的测站信息,如测站名、天线高、气象参数等。

显控器包括一个液晶显示屏和一个控制键盘,它们均安置在接收单元的面板上。显示屏向用户提供接收机工作状态信息。用户通过键盘操作以控制接收机的工作和显示所需要的数据和信息。

4) 电源

GPS 接收机一般采用蓄电池作为电源,有机内和外接两种直流电源。机内电源一般为镍镉或镍氢电池,外接电源可采用如汽车电瓶等。另外,机内还装有锂电池,在关机后为 RAM 存储器供电,以防止数据丢失,还为机内时钟提供电源。

（二）GPS 接收机的分类

GPS 接收机可按接收机的工作原理、信号通道的类型、接收的卫星信号频率、用途分类，现介绍如下。

1. 根据接收机的工作原理分类

根据接收机的工作原理，接收机可分为：码相关型接收机，平方型接收机，混合型接收机。

码相关型接收机采用码相关技术测定伪距观测量，这类接收机要求知道伪随机噪声码的结构，由于 P 码对非特许用户保密，所以这类接收机又分为 C/A 码接收机和 P 码接收机。C/A 码接收机供一般用户使用，P 码接收机专供特许用户应用。目前国内销售的导航型接收机都是 C/A 码接收机。

平方型接收机是利用载波信号的平方技术去掉调制信号获取载波信号的，并通过计算机内产生的载波信号与接收到的载波信号间的相位差测定伪距。这类接收机无需知道测距码的结构，所以又称为无码接收机。

混合型接收机是综合利用了相关技术和平方技术的优点，能同时获得码相位和精密的载波相位观测量及导航电文。目前测量工作中使用的接收机多属于这种类型。

2. 根据接收机信号通道的类型分类

前已述及，接收机的信号通道有贯序通道、多路复用通道和多通道三种类型，所以按通道的类型可分为贯序通道接收机、多路复用通道接收机和多通道接收机，测量用接收机一般是多通道接收机。

3. 根据接收的卫星信号频率分类

根据接收机接收的卫星信号频率可分为单频接收机和双频接收机两种类型。

单频接收机只能接收 L_1 载波信号。虽然可以利用导航电文提供的参数对观测量进行电离层影响的修正，但由于电离层修正模型目前尚不完善，影响了定位精度。因此，单频接收机主要用于基线较短的精密定位工作，以便采用双差模式有效地消除电离层的影响，基线长度以不小于 15 km 为宜。

双频接收机可以同时接收 L_1 和 L_2 载波信号，因而利用双频技术以消除电离层的影响，提高了定位精度。双频接收机可用于基线长度达数千千米的精密定位工作。

4. 根据接收机的用途分类

根据接收机的用途可分为导航型、测量型和授时型三种类型。

导航型接收机主要用于确定船舶、车辆、飞机等运动载体的实时位置和速度，以确保这些载体按预定的路线运行，或选择最佳的运行路线。这种接收机一般采用以测 C/A 码伪距为观测量的单点实时定位，精度低，但结构简单，使用简便。

测量型接收机适用于各种测量工作，这种接收机采用载波相位观测量进行相对定位，精度高。观测数据可测后处理，亦可实时处理（采用 RTK 技术），所以需配备有功能完善的数据处理软件。测量型接收机与导航型接收机相比，结构要复杂，价格也要贵。

授时型接收机主要用于天文台或地面监控站进行时频同步测定。

六、GPS 测量的作业模式

GPS 测量的作业模式是指利用 GPS 定位技术确定观测站之间相对位置所采用的作业方式，它与 GPS 接收设备的硬件和软件密切相关。不同的作业模式，其作业方法、观测时间及应用范围亦不同。

近年来,由于 GPS 测量数据处理软件系统的发展,目前已有多种作业模式可供选择。作业模式主要有静态定位、快速静态定位、准动态定位及动态定位等。

（一）静态定位模式

静态定位模式是将 GPS 接收机安置在基线端点上,观测中保持固定不动,以便能通过重复观测取得足够多的观测数据,以提高定位的精度。

这种作业模式一般是采用两套或两套以上 GPS 接收设备,分别安置在一条或数条基线的端点上,同步观测 4 颗以上卫星。可观测数个时段,每个时段长 1 ~ 3 h。静态定位一般采用载波相位观测量。

静态定位模式所观测的基线边应构成某种闭合图形,如图 7-18 所示。这样有利于观测成果的检核,增加网的强度,提高成果的可靠性及平差后的精度。

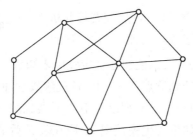

图 7-18　静态定位闭合图形

静态定位测量一般需要有几套接收设备进行同步观测,同步观测所构成的几何图形称为同步环路。若有三套接收设备,同步环路可构成三边形,如图 7-19(a)所示;若有四套接收设备,则可构成四边形或中点三边形,如图 7-19(b)、(c)所示。GPS 网即由若干个同步环路构成。

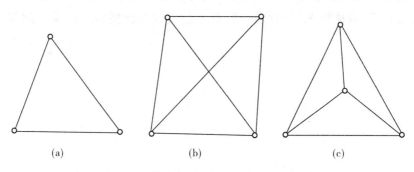

(a) (b) (c)

图 7-19　静态相对定位同步环路构成图形

静态定位测量是当前 GPS 测量中精度最高的作业模式,基线测量的精度可达 ±(5 mm +$1 \times 10^{-6}D$)(D 为基线长度)。因此,被广泛地应用于大地测量、精密工程测量及其他精密测量。

（二）快速静态定位模式

如图 7-20 所示,快速静态定位模式是在测区的中部选择一个基准站,并安置一台接收机,连续跟踪所有可见卫星;另一台接收机依次到各点流动设站,并且在每个流动站上静止观测数分钟,以快速解算法解算整周未知数。

这种作业模式要求在观测中必须至少跟踪 4 颗卫星,而且流动站距基准站一般不超过 15 km。

由于流动站的接收机在迁站过程中无须保持对所测卫星的连续跟踪,因而可以关闭电源以节约电能。

这种作业模式观测速度快,精度也较高,流动站相对基准站的基线中误差可达 $\pm[(5 \sim 10)\ \text{mm} + 1 \times 10^{-6}D]$,但由于直接观测边不构成闭合图形,所以缺少检核条件。

因此,快速静态定位一般用于工程控制测量及其加密、地籍测量和碎部测量等。

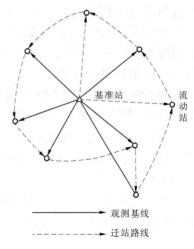

图 7-20　快速静态相对定位

(三)准动态定位模式

如图 7-21 所示,在测区选择一基准站,安置接收机连续跟踪所有可见卫星;另一台接收机为流动站的接收机,将其置于起始点 1 上,观测数分钟,以便快速确定整周未知数。在保持对所测卫星连续跟踪的情况下,流动的接收机依次迁到测点 2、3…上,各观测数秒钟。

该作业模式在作业时必须至少有 4 颗以上卫星可供观测。在观测过程中,流动的接收机对所测卫星信号不能失锁,如果发生失锁现象,应在失锁后的流动点上,将观测时间延长至数分钟。流动点与基准站距离不超过 15 km。

准动态定位适用于开阔地区的控制点加密、路线测量、工程定位及碎部测量等。

(四)动态定位模式

如图 7-22 所示,先建立一个基准站,并在其上安置接收机连续跟踪观测所有可见卫星。另一台接收机安装在运动的载体上,在出发点静止观测数分钟,以便快速解算整周未知数。然后从出发点开始,载体按测量路线运动,其上的接收机就按预定的采样间隔自动进行观测。

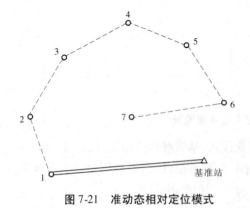

图 7-21　准动态相对定位模式　　　　图 7-22　动态相对定位模式

动态定位的观测速度快,并可实现载体的连续实时定位。运动点相对基准站的基线精度一般可达 $\pm[(10 \sim 20)\ \text{mm} + 1 \times 10^{-6}D]$,适用于测定运动目标的轨迹、路线中线测量、开阔地区的断面测量及航道测量等。

七、GPS 测量的实施

GPS 测量按其性质可分为外业和内业两部分。外业工作主要包括选点、野外观测工作及成果质量检核等,内业工作主要包括 GPS 测量的技术设计、测后数据处理及技术总结等。如果按照 GPS 测量实施的工作程序,则大体分为 GPS 网的设计、选点与建立标志、外业观测及成果检核与处理等几个阶段。

由于目前 GPS 测量普遍采用以载波相位观测量为依据的相对定位法,所以下面仅就这种高精度定位法所涉及的几个主要问题作简要说明。

(一)GPS 网精度标准的确定

对 GPS 网的精度要求主要取决于网的用途。精度指标通常以网中相邻点之间的距离误差表示,其形式为

$$\delta = \pm \sqrt{a_0^2 + (b_0 D)^2} \tag{7-23}$$

式中 δ —— 网中相邻点间的距离误差,mm;

a_0 —— 与 GPS 接收机有关的常量误差,mm;

b_0 —— 比例误差, $\times 10^{-6}$;

D —— 相邻点间的距离,km。

根据《全球定位系统 GPS 测量规范》(GB/T 18314—2001)的规定,GPS 相对定位的精度划分标准如表 7-11 所示。

表 7-11 GPS 相对定位的精度划分标准

测量分级	常量误差 a_0(mm)	比例误差 b_0($\times 10^{-6}$)	相邻点距离(km)
AA	≤3	≤0.01	1 000
A	≤5	≤0.1	300
B	≤8	≤1	70
C	≤10	≤5	10 ~ 15
D	≤10	≤10	5 ~ 10
E	≤10	≤20	0.25 ~ 5

表 7-11 所列的精度指标主要是对 GPS 网的平面位置而言的,考虑到垂直分量的精度一般较水平分量为低,所以根据实践经验,在 GPS 网中对垂直分量的精度要求可将表 7-11 中所列的比例误差部分增大 1 倍。

由于 GPS 网的精度指标定的高低会直接影响到网的布设方案、观测计划、观测数据的处理方法及作业的时间和经费,因此在实际工作中,要根据实际需要和可能慎重确定。

(二)GPS 网的图形设计

GPS 网的图形设计主要取决于网的用途,但是与经费、时间和人力的消耗,以及接收设备的类型、数量和后勤保障等条件也有很大关系。对此应充分加以考虑,以期在保证用途的条件下,尽可能减少消耗。

1. GPS 网的图形设计的一般原则

(1)GPS 网一般应布设成由独立观测边构成的闭合图形,如三角形、多边形或附合路

线,以增加检核条件,提高网的可靠性。

（2）网中相邻点间基线向量的精度应分布均匀。

（3）GPS网点应尽可能与原有地面控制网点相重合。重合点一般不应少于3个,不足3个时应进行联测,而且重合点在网中的分布要均匀。这是为了可靠地确定GPS网与地面网之间的坐标转换参数。

（4）GPS网点应考虑与水准点相重合,对于不能重合的点,可根据精度要求,用水准测量方法或三角高程测量方法进行联测,取得大地高程与正常高程的转换参数（高程异常）。

（5）为了便于GPS测量的实施和水准联测,GPS网点一般应设在视野开阔和交通便利的地方。

（6）GPS测量不要求GPS网点之间相互通视,但是为了便于以后用传统测量方法进行联测和扩展,可在GPS网点附近布设通视良好的方位点,以建立联测方向。方位点与其网点之间的距离,一般应不小于300 m。

2. 网的基本图形的选择

根据GPS测量的不同用途,GPS网的独立观测边应构成一定的几何图形。图形的基本形式如下。

1）三角形网

如图7-23所示,GPS网中的三角形边由独立观测边组成。根据常规平面测量已经知道,这种图形的几何结构强,具有良好的自检能力,能够有效地发现观测成果的误差,以保障网的可靠性。同时,经平差后网中相邻点间基线向量的精度分布均匀。

但是,这种网形的观测工作量大,当接收机数量较少时,将使观测工作的总时间大为延长。因此,通常只有当网的精度和可靠性要求较高时,才单独采用这种图形。

2）环形网

环形网是由若干含有多条独立观测边的闭合环组成的,如图7-24所示。这种网形与导线网相似,其图形的结构强度比三角形网差。而环形网的自检能力和可靠性与闭合环中所含基线边的数量有关。闭合环中的边数越多,自检能力和可靠性就越差。所以,根据环形网的不同精度要求,以限制闭合环中所含基线边的数量。

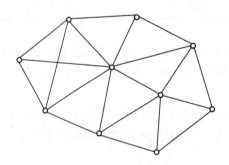
图 7-23　三角形网

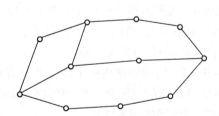
图 7-24　环形网

环形网观测工作量较三角形网小,也具有较好的自检能力和可靠性。但由于网中非直接观测的基线边（或称间接边）的精度要比直接观测的基线边低,所以网中相邻点间的基线精度分布不够均匀。

作为环形网的特例,在实际工作中还可按照网的用途和实际情况,采用附合线路。这种附合线路与附合导线相类似。采用这种图形,附合线路两端的已知基线向量必须具有较高的精度。此外,附合线路所有的基线边数也有一定的限制。

三角形网和环形网是控制测量和精密工程测量中普遍采用的两种基本图形。在实际中,根据情况也可采用两种图形的混合网形。

3)星形网

星形网的几何图形如图 7-25 所示。星形网的几何图形简单,但其直接观测边之间一般不构成闭合图形,所以检核能力差。

由于这种网形在观测中一般只需要两台 GPS 接收机,作业简单,因此在快速静态定位和准动态定位等快速作业模式中,大都采用这种网形。它被广泛用于工程测量、地籍测量和碎部测量等。

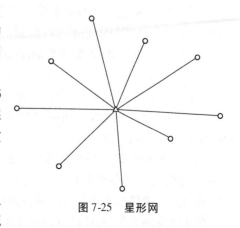

图 7-25　星形网

（三）选点与建立标志

由于 GPS 测量观测站之间不必相互通视,而且网的图形选择也比较灵活,所以选点工作远较传统的控制测量选点工作简便。但由于点位的选择对于保证观测工作的顺利进行具有重要意义,因此在选点工作开始之前应充分收集和了解有关测区的地理情况,以及原有测量标志点的分布及保存情况,以便确定适宜的观测站位置。

选点工作通常应遵守的原则如下:

（1）观测站（即接收天线安置点）应远离大功率的无线电发射台和高压输电线,以避免其周围磁场对 GPS 卫星信号的干扰。接收机天线与其距离一般不得小于 200 m。

（2）观测站附近不应有大面积的水域或对电磁波反射或吸收强烈的物体,以减弱多路径效应的影响。

（3）观测站应设在易于安置接收设备的地方,并且视场要开阔。在视场内周围障碍物的高度角,根据情况一般应小于 $10° \sim 15°$。

（4）观测站应选定在交通方便的地方,并且便于用其他测量手段联测和扩展。

（5）对于基线较长的 GPS 网,还应考虑观测站附近应具有良好的通信设施和电力供应,以供观测站之间的联络和设备用电。

为了固定点位,以便长期利用 GPS 测量成果和进行重复观测,GPS 网点选定后一般应设置只有中心标志的标石,以精确标志点位。点的标石和标志必须稳定、坚固,以利于长久保存和利用。还要绘制点之记,其主要内容应包括点位略图、点位的交通情况及选点情况等。

（四）GPS 测量的观测工作

GPS 测量的观测工作主要包括天线安置、观测作业、观测记录及观测数据的质量判定等。

1. 天线安置

天线的妥善安置是实现精密定位的重要条件之一。其安置工作一般应满足以下要求:

（1）静态相对定位时,天线安置应尽可能利用三脚架,并安置在标志中心的上方直接对中观测。在特殊情况下,方可进行偏心观测,但归心元素应精密测定。

（2）天线底板上的圆水准器气泡必须严格居中。

（3）天线的定向标志线应指向正北,并顾及当地磁偏角的影响,以减弱相位中心偏差的影响。定向的误差依定位的精度要求不同而异,一般不应超过 ±(3° ~ 5°)。

(4)雷雨天气安置天线时,应注意将其底盘接地,以防止雷击。

天线安置后,应在各观测时段的前后各量取天线高一次,量测的方法按仪器的操作说明进行。两次量测结果之差不应超过 3 mm,并取其平均值。

这里的天线高是指天线的相位中心至观测点标志中心顶端的铅垂距离。一般分为上、下两段,上段是从相位中心至天线底面的距离,此为常数,由厂家给出;下段是从天线底面至观测点标志中心顶端的距离,由观测者现场测定。天线高的量测值为上、下两段距离之和。

2. 观测作业

在观测工作开始之前,接收机一般须按规定经过预热和静置。

观测作业的主要内容是捕获 GPS 卫星信号,并对其进行跟踪、处理和量测,以获取所需的定位信息和观测数据。

使用 GPS 接收机进行作业的具体操作步骤和方法随接收机的类型和作业模式不同而异,而且随着接收设备硬件和软件的不断改善,操作方法也将有所变化,因此自动化水平将不断提高。具体操作步骤和方法可按随机操作手册进行。

在外业观测工作中,应注意以下事项:

(1)当确认外接电源电缆及天线等各项连接无误后,方可接通电源,启动接收机。

(2)开机后,接收机的有关指示和仪表数据显示正常时,方可进行自测试和输入有关测站与时段控制信息。

(3)接收机在开始记录数据后,用户应注意查看有关观测卫星数据、卫星号、相位测量残差、实时定位结果及其变化、存储介质记录等情况。

(4)在观测过程中,接收机不得关闭并重新启动,不准改变卫星高度角的限值,不准改变天线高。

(5)每一观测时段中,气象资料应在时段始末及中间各观测记录一次。当时段较长(如超过 60 min)时,应适当增加观测次数。

(6)观测站的全部预定作业项目经检查均已按规定完成,且记录与资料均完整无误后,方可迁站。

3. 观测记录

在外业观测过程中,所有的观测数据和资料均须完整记录。记录可通过以下两种途径完成。

1)自动记录

观测记录由接收设备自动形成,记录在存储介质(如数据存储卡)上,其主要内容包括:

(1)载波相位观测值及相应的观测历元;

(2)同一历元的测距码伪距观测值;

(3)GPS 卫星星历及卫星钟差参数;

(4)实时绝对定位结果;

(5)测站控制信息及接收机工作状态信息。

2)手工记录

手工记录是指在接收机启动前及观测过程中,由操作者随时填写的测量手簿。其记录格式和内容见表7-12。其中,"观测记事"栏应记载观测过程中发生的重要问题、问题出现的时间及其处理方式。为了保证记录的准确性,测量手簿必须在作业过程中随时填写,不得事后补记。上述观测记录都是 GPS 精密定位的依据,必须妥善保存。

表 7-12　手工记录表格

点号			点名		图幅编号	
观测者			记录者		观测日期	
接收设备			天气状况		近似位置	
接收机类型与编号			天气		纬度	
天线类型与编号			风向		经度	
存储介质类型与编号			风力		高程	
天线高（m）	测前			平均值		
	测后					
观测时间（UTC）	开始预热			站时段号		
	开始记录			日时段号		
	结束记录			观测记事		
	气象元素					
时间	气压(mbar)	干温(℃)	湿温(℃)			

八、GPS 测量的误差

在 GPS 测量中,影响观测量精度的主要误差可以分为以下三类。

(一)与 GPS 卫星有关的误差

1. 卫星钟差

由于卫星的位置是时间的函数,因此 GPS 的观测量均以精密测时为依据,而与卫星位置相对应的时间信息是通过卫星信号的编码信息传送给接收机的。在 GPS 定位中,无论是码相位观测还是载波相位观测,均要求卫星钟与接收机钟保持严格同步。实际上,尽管 GPS 卫星均设有高精度的原子钟(铷钟和铯钟),但它们与理想的 GPS 之间仍存在着难以避免的偏差或漂移。这种偏差的总量约在 1 ms 以内。

对于卫星钟的这种偏差,一般可由卫星的主控站通过对卫星钟运行状态的连续监测确定,并通过卫星的导航电文提供给接收机。经钟差改正后,各卫星钟之间的同步差即可保持在 20 ns 以内。

在相对定位中,卫星钟差可通过观测量求差(或差分)的方法消除。

2. 卫星轨道偏差

估计与处理卫星的轨道偏差较为困难,其主要原因是卫星在运动中要受到多种摄动力的复杂影响,而通过地面监测站又难以充分可靠地测定这些作用力,并掌握它们的作用规律。目前,卫星轨道信息是通过导航电文得到的。

卫星轨道误差是当前 GPS 测量的主要误差来源之一。测量的基线长度越长,此项误差的影响就越大。在 GPS 定位测量中,处理卫星轨道误差有以下三种方法。

1)忽略轨道误差

这种方法以从导航电文中所获得的卫星轨道信息为准,不再考虑卫星轨道实际存在的误差,所以广泛应用于精度较低的实时单点定位工作中。

2)采用轨道改进法处理观测数据

这种方法是在数据处理中,引入表征卫星轨道偏差的改正参数,并假设在短时间内这些参数为常量,将其与其他未知参数一并求解。

轨道改进法一般用于精度要求较高的定位工作,并且需要测后处理。

3)同步观测值求差

这一方法利用在两个或多个观测站上,对同一卫星的同步观测值求差,以减弱卫星轨道误差的影响。由于同一卫星的位置误差对不同观测站同步观测量的影响,尤其是当基线较短时,其效用更为明显。

这种方法对于精密相对定位具有极其重要的意义。

(二)与卫星信号传播有关的误差

与信号传播有关的误差主要包括大气折射误差和多路径效应。

1. 电离层折射的影响

GPS 卫星信号和其他电磁波信号一样,当其通过电离层时,将受到这一介质弥散特性的影响,使信号传播路径发生变化。当 GPS 卫星处于天顶方向时,电离层折射对信号传播路径的影响最小;而当卫星接近地平线时,则影响最大。

为了减弱电离层的影响,在 GPS 定位中通常采取以下措施。

1)利用双频观测

由于电离层的影响是信号频率的函数,所以利用不同频率的电磁波信号进行观测便能够确定其影响值,而对观测量加以修正。因此,具有双频的 GPS 接收机在精密定位测量中得到了广泛应用。不过应当明确指出,在太阳辐射强烈的正午或在太阳黑子活动的异常期,应尽量避免观测,尤其是精密定位测量。

2)利用电离层模型加以修正

对于单频 GPS 接收机,为了减弱电离层的影响,一般是采用导航电文所提供的电离层模型,或其他适合的电离层模型观测量加以修正的。但是这种模型至今仍在完善之中,目前模型改正的有效性约为 75%。

3)利用同步观测值求差

这一方法是利用两台或多台接收机,对同一组卫星的同步观测值求差,以减弱电离层折射的影响,尤其是当观测站间的距离较近(<20 km)时,由于卫星信号到达各观测站的路径相近,所经过的介质状况相似。因此,通过各观测站对相同卫星的同步观测值求差,便可显著地减弱电离层折射影响,其残差将不会超过 10^{-6}。对于单频 GPS 接收机而言,这种方法

的重要意义尤为明显。

2. 对流层折射的影响

对流层折射对观测值的影响可分为干分量和湿分量两部分。

干分量主要与大气的温度和压力有关,而湿分量主要与信号传播路径上的大气湿度有关。对于干分量的影响,可通过地面的大气资料计算;而湿分量目前尚无法准确测定。对于较短的基线(< 50 km),湿分量的影响较小。

关于对流层折射的影响,一般有以下几种处理方法:

(1)定位精度要求不高时,可不考虑其影响。

(2)采用对流层模型进行改正。

(3)引入描述对流层影响的附加待定参数,在数据处理中一并求解。

(4)采用观测量求差的方法。与电离层的影响相类似,当观测站间相距较近(< 20 km)时,由于信号通过对流层的路径相近,对流层的物理特性相似,所以对同一卫星的同步观测值求差,可以明显地减弱对流层折射的影响。

3. 多路径效应影响

多路径效应亦称多路径误差,是指接收机天线除直接收到卫星发射的信号外,还可能收到经天线周围地物一次或多次反射的卫星信号。如图 7-26 所示,两种信号叠加,将会引起测量参考点(相位中心)位置的变化,从而使观测量产生误差,而且这种误差随天线周围反射面的性质而异,难以控制。根据试验资料的分析表明,在一般反射环境下,多路径效应对测码伪距的影响可达米级,对测相伪距的影响可达厘米级。而在高反射环境下,不仅其影响将显著增大,而且常会导致接收的卫星信号失锁和使载波相位观测量产生周跳。因此,在精密 GPS 导航和测量中,多路径效应的影响是不可忽视的。

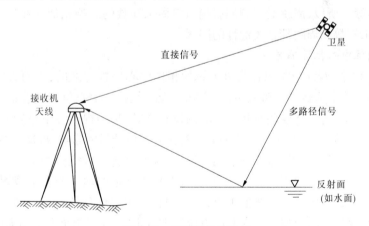

图 7-26 多路径效应示意

目前,减弱多路径效应影响的措施有:

(1)安置接收机天线的环境应避开较强的反射面,如水面、平坦光滑的地面及平整的建筑物表面等。

(2)选择造型适宜且屏蔽良好的天线,如采用扼流圈天线等。

(3)适当延长观测时间,削弱多路径效应的周期性影响。

(4)改善 GPS 接收机的电路设计,以减弱多路径效应的影响。

(三)与接收设备有关的误差

与 GPS 接收设备有关的误差主要包括观测误差、接收机钟差、天线相位中心位置偏差和载波相位观测的整周未知数。

1.观测误差

观测误差包括观测的分辨误差及接收机天线相对测站点的安置误差等。

根据经验,一般认为观测的分辨误差约为信号波长的 1%,故知载波相位的分辨误差比码相位小。由于此项误差属于偶然误差,适当地增加观测量,将会明显地减弱其影响。

接收机天线相对于观测站中心的安置误差主要是天线的置平与对中误差及量取天线高的误差。在精密定位工作中,必须认真、仔细操作,以尽量减小这种误差的影响。

2.接收机钟差

尽管 GPS 接收机设有高精度的石英钟,其日频率稳定可以达到 10^{-11},但对载波相位的观测影响仍是不能忽视的。

处理接收机钟差较为有效的方法是将各观测时刻的接收机钟差间看做是相关的,由此建立一个钟差模型,并表示为一个时间多项式的形式,然后在观测量的平差计算中统一求解,得到多项式的系数,因而也就得到接收机的钟差改正。

在精密相对定位中,通过利用观测值求差的方法,能有效地减弱接收机钟差的影响。

3.载波相位观测的整周未知数

载波相位观测是当前普遍采用的最精密的观测方法,由于接收机只能测定载波相位非整周的小数部分,而无法直接测定载波相位整周数,因而存在周期不定性问题。

此外,在观测过程中,存在卫星信号失锁而发生周跳的现象。从卫星信号失锁到信号被重新锁定,对载波相位非整周的小数部分并无影响,仍与失锁前保持一致,但整周数都发生中断而不再连续。所以,周跳对观测的影响与整周未知数影响相似。在精密定位的数据处理中,整周未知数和周跳都是关键性的问题。

4.天线相位中心位置偏差

在 GPS 定位中,观测值是以接收机天线的相位中心位置为准的,因而天线的相位中心与其几何中心理论上应保持一致。可是,实际上天线的相位中心位置随着信号输入的强度和方向不同而有所变化,即观测时相位中心的瞬时位置(称为视相位中心)与理论上的相位中心位置将有所不同。天线相位中心的偏差对相对定位结果的影响,根据天线性能的优劣,可达数毫米至数厘米。所以,对于精密相对定位,这种影响是不容忽视的。

在实际工作中,如果使用同一类型的天线,在相距不远的两个或多个观测站上,同步观测同一组卫星,那么便可通过观测值求差,以削弱相位中心偏移的影响。必须提及的是,安置各观测站的天线时,均应按天线附有的方位标进行定向,使之根据罗盘指向磁北极。

小　结

本章主要讲述了平面控制测量和 GPS 卫星定位的原理与方法,重点讲述了导线测量的内业工作、导线测量的外业工作、高程控制测量、GPS 定位原理、实时 GPS 控制测量方法等内容。

测量工作必须遵循"从整体到局部,由高级到低级,先控制后碎部"的原则。首先在全测区范围内选定若干个具有控制作用的点位,按一定的规律和要求组成网状几何图形,称之为控制网。控制网分为平面控制网和高程控制网。测定控制点的平面位置(x,y)的工作称为平面控制测量。

在已经有基本控制网的地区测绘大比例尺地形图时,应该进行进一步的加密,布设图根控制网,以此测定测绘地形图所需直接使用的控制点,称为图根控制点,简称图根点。测定图根点的工作称为图根控制测量。

在小地区(面积在 10 km^2 以下)范围内建立的控制网称为小地区控制网。小地区控制测量应视测区的大小建立"首级控制"和"图根控制"。首级控制是加密图根点的依据。图根点是直接供测图使用的控制点。

将相邻控制点用直线连接而构成的折线称为导线。构成导线的控制点称为导线点。导线测量就是依次测定各导线边的边长和各转折角;根据起算数据,推算各边的坐标方位角,从而求出各导线点的坐标。

导线测量的外业包括踏勘选点及建立标志、量距、测角等工作。导线测量的内业的目的就是根据已知的起始数据和外业的观测成果计算出导线点的坐标。

当导线点和小三角点的密度不能满足测图或放样的要求时,需加密控制点。

GPS 是全球定位系统(Global Positioning System)的英文缩写,它是美国国防部主要为满足军事部门对海上、陆地和空中设施进行高精度导航和定位的要求而建立的,系统自 1973 午开始设计、研制,历时 20 年,于 1993 年全部建成。

GPS 系统由三部分组成,即空间星座部分、地面监控部分和用户设备部分。WGS – 84 坐标系是协议地球(心)坐标系,是美国国防部研制建立的大地坐标系。自 1987 年 1 月 10 日开始使用。GPS 卫星所发送的信号包括载波信号、P 码、C/A 码和数据码(或称 D 码)等多种信号分量,而其中的 P 码、C/A 码统称为测距码。

GPS 卫星定位原理是空间距离交会法。根据测距原理,其定位方法主要有伪距法定位、载波相位测量定位和 GPS 差分定位。GPS 测量的作业模式是指利用 GPS 定位技术确定观测站之间相对位置所采用的作业方式,目前已有多种作业模式可供选择。作业模式主要有静态定位、快速静态定位、准动态定位及动态定位等。

进入 21 世纪 90 年代以来,全球定位系统在应用领域的研究取得了迅速进展,GPS 技术逐渐渗透到经济建设和科学技术的许多领域。测绘行业先是用于大地测量,最近工程测量也广泛应用。目前,实时 GPS 动态测量的研究已获成功,即 RTK 定位技术。该技术既保留了 GPS 测量的高精度,又具有实时性,故将具有 RTK 性能的 GPS 形象地称为 GPS 全站仪。

思考题与习题

1. 导线的布设形式有哪几种? 选择导线点应注意哪些问题?

2. 何谓导线的坐标正算和反算? 试写出相关公式。

3. 在导线测量内业计算时,怎样衡量导线测量的精度?

4. 设有闭合导线 1—2—3—4—5—1,其已知数据和观测数据列于表 7-13 中(表中已知数据用双线标明),试计算各导线点坐标。

表 7-13

点号	观测角 (° ′ ″)	坐标方位角 (° ′ ″)	距离 D (m)	坐标值(m)		备注
				x	y	
1				1 000.00	1 000.00	1
		98 25 36	199.36			
2	128 39 34					2
			150.23			
3	85 12 33					3
			183.45			
4	124 18 54					4
			105.42			
5	125 15 46					5
			185.26			
1	76 34 13					1

5. 在某建筑区域内施测一附合导线,已知数据是:$x_A = 347.310$ m,$y_A = 347.310$ m,$x_B = 700.000$ m,$y_B = 700.000$ m,$x_C = 655.369$ m,$y_C = 1\ 256.061$ m,$x_D = 422.497$ m,$y_D = 1\ 718.139$ m,$\beta_B = 120°31′18″$,$\beta_1 = 212°15′12″$,$\beta_2 = 145°10′06″$,$\beta_C = 170°18′24″$,$D_{B1} = 297.26$ m,$D_{12} = 187.81$ m,$D_{2C} = 93.40$ m。观测的是右角,画出其略图,并在图上标出相关数据,列表计算 1、2 点坐标。

6. GPS 全球定位系统由哪些部分组成?各部分的作用是什么?

7. 阐述 GPS 卫星定位的原理及优点。

8. GPS 野外控制测量应做哪几项检验?其限差要求是什么?

9. GPS 内业数据处理应做哪几项工作?

第八章　地形图测绘

地球表面的形态归纳起来可分为地物和地貌两大类。地物是指地球表面上轮廓明显，具有固定性的物体。地物又分为人工地物（如道路、房屋等）和自然地物（如江河、湖泊等）。地貌是指地球表面高低起伏的形态（如高山、丘陵、平原等）。地物和地貌统称为地形。将地面上的各种地物、地貌沿铅垂线方向投影到水平面上，再按照一定的比例缩小绘制成图，在图上仅表示地物的平面位置的称为平面图；在图上除表示地物的平面位置外，还通过特殊符号表示地貌的称为地形图。若顾及地球曲率影响，采用专门的方法将观测成果编绘而成的图称为地图。此外，随着空间技术及信息技术的发展，又出现了影像地图和数字地图等，这些新成果的出现，不仅极大地丰富了地形图的内容，改变了原有的测量方式，同时也为 GIS（地理信息系统）的完善并最终向"数字地球"的过渡提供了数据支持。

地形图的应用极其广泛，各种经济建设和国防建设都需用地形图来进行规划和设计。这是因为地形图是对地球表面实际情况的客观反映，在地形图上处理和研究问题有时要比在实地更方便、迅速和直观；在地形图上可直接判断和确定出各地面点之间的距离、高差和直线的方向，从而使我们能够站在全局的高度来认识实际地形情况，提出科学的设计、规划方案。

第一节　地形图的基本知识

一、比例尺

（一）地形图比例尺和比例尺的种类

地形图上任一线段的长度 d 与地面上相应线段的实际水平距离 D 之比称为地形图的比例尺。按表示方法的不同，比例尺又分为数字比例尺和图式比例尺等形式。

1. 数字比例尺

数字比例尺即在地形图上直接用数字表示的比例尺，一般用分子为 1 的分数形式表示。设图上某一线段的长度为 d，地面上相应线段的水平长度为 D，则该地形图比例尺为

$$\frac{d}{D} = \frac{1}{D/d} = \frac{1}{M} \tag{8-1}$$

式中 M 为比例尺分母。当图上 10 mm 代表地面上 20 m 的水平长度时，该图的比例尺即为 1:2 000。由此可见，比例尺分母实际上就是实地水平长度缩绘到图上的缩小比例。

比例尺的大小以比例尺的比值衡量。比值越大（分母 M 越小），比例尺越大。为了满足经济建设和国防建设的需要，测绘和编制了各种不同比例尺的地形图，通常称 1:100

万、1:50 万、1:20 万为小比例尺地形图,1:100 000、1:50 000、1:25 000 为中比例尺地形图,1:10 000、1:5 000、1:2 000、1:1 000、1:500 为大比例尺地形图。工程建设中通常采用大比例尺地形图。

2. 图式比例尺

为了用图方便,以及减小由于图纸伸缩而引起的误差,在绘制地形图的同时,常在图纸上绘制图式比例尺。图式比例尺常绘制在地形图的下方,根据量测精度分为直线比例尺和复式比例尺,最常见的图式比例尺为直线比例尺。

图 8-1 为 1:500 的直线比例尺,取 2 cm 为基本单位,从直线比例尺上可直接读得基本单位的 1/10,估读到 1/100。

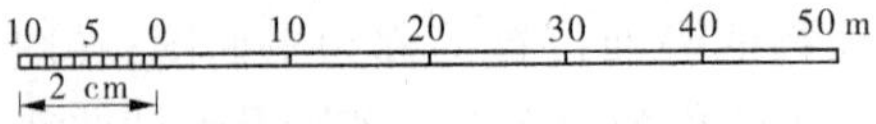

图 8-1　直线比例尺

（二）比例尺精度

人的肉眼能分辨的图上最小长度为 0.1 mm,因此在图上量度或实地测图描绘时,一般只能达到图上 0.1 mm 的精度。我们把图上 0.1 mm 所代表的实际水平长度称为比例尺精度。

比例尺精度的概念对测绘地形图和使用地形图都有重要的意义。在测绘地形图时,要根据测图比例尺确定合理的测图精度。例如,在测绘 1:500 比例尺地形图时,实地量距只需取到 5 cm,因为即使量得再细,在图上也无法表示出来。在进行规划设计时,要根据用图的精度确定合适的测图比例尺。例如,在工程建设中,要求在图上能反映地面上 10 cm 的水平距离精度,则采用的比例尺不应小于 0.1 mm/0.1 m = 1/1 000。

表 8-1 为不同比例尺的比例尺精度,可见比例尺越大,其比例尺精度就越高,表示的地物和地貌越详细,但是一幅图所能包含的实地面积也越小,而且测绘工作量及测图成本会有所增加。因此,采用何种比例尺测图,应从规划、施工实际需要的精度出发,不应盲目追求更大比例尺的地形图。但随着数字地形测图技术的普及,地形图通常一测多用,此时应以建设工程用图的最高精度来确定比例尺的精度。

表 8-1　不同比例尺的比例尺精度

比例尺	1:500	1:1 000	1:2 000	1:5 000
比例尺精度（m）	0.05	0.10	0.20	0.50

二、地物地貌表示方法

在地形图上,对地物、地貌符号的样式、规格、颜色、使用及地图注记和图廓整饰等都有统一规定,称为地形图图式。

地形图图式是表示地物和地貌的符号和方法的统一规定。一个国家的地形图图式是统一的,它属于国家标准。我国当前使用的大比例尺地形图图式是由国家测绘总局组织制定,国家质量监督检验检疫总局发布,2007 年 12 月 1 日开始实施的《国家基本比例尺地图图式第一部分 1:500　1:1 000　1:2 000 地形图图式》(GB/T 20257.1—2007),地形图图式在测图技术发展过程中正在不断完善。

地形图图式中的符号有三类:地物符号、地貌符号和注记符号。

(一)地物符号

地物的类别、形状和大小及其在地形图上的位置用地物符号表示。根据地物大小及描绘方法的不同,地物符号又可分为比例符号、非比例符号、半比例符号和地物注记。

1. 比例符号

有些地物的轮廓较大,其形状和大小可以按测图比例尺缩绘在图纸上,再配以特定的符号予以说明,这种符号称为比例符号。如房屋、较宽的道路、稻田、花园、运动场、湖泊、森林等。如表 8-2 中,从编号 1 到 26 号都是比例符号(除编号 14b 和 15 外)。比例符号不仅能反映出地物的平面位置,而且能反映出地物的形状与大小。

2. 非比例符号

有些地物,如三角点、导线点、水准点、独立树、路灯、检修井等,其轮廓较小,无法将其形状和大小按照地形图的比例尺绘到图上,而该地物又很重要,必须表示出来,则不管地物的实际尺寸,而用规定的符号表示,这类符号称为非比例符号。如表 8-2 中,从编号 28 到 44 都是非比例符号。非比例符号不仅其形状和大小不按比例绘制,而且符号的中心位置与该地物实地的中心位置的关系,也随各种地物不同而异,在测绘及用图时应注意:

(1)圆形、正方形、三角形等几何图形的符号,如三角点、导线点、钻孔等,该几何图形的中心即代表地物中心的位置。

(2)宽底符号,如里程碑、岗亭等,该符号底线的中点为地物中心的位置。

(3)底部为直角形的符号,如独立树、加油站,该符号底部直角顶点为地物中心的位置。

(4)不规则的几何图形,又没有宽底和直角顶点的符号,如山洞、窑洞等,该符号下方两端点连线的中点为地物中心的位置。

3. 半比例符号

对于一些线状延伸地物,如小路、通信线、管道、垣栅等,其长度可按比例缩绘,而宽度无法按比例表示的符号称为线形符号。如表 8-2 中,从编号 47 到 56 都是半比例符号,另外,编号 14b 和 15 也是半比例符号。线形符号的中心线就是实际地物的中心线。

4. 地物注记

用文字、数字或特定的符号对地物加以补充和说明,称为地物注记。如城镇、工厂、铁路、公路的名称,河流的流速、深度,道路的去向及果树森林的类别等。又如房屋的结构、层数(编号 1、6、7),地名(编号 24),路名(编号 58),单位名,计曲线的高程(编号 60),碎部点高程(编号 57a)、独立性地物的高程(编号 57b)及河流的水深、流速等。

在地形图上,对于某个具体地物,究竟是采用比例符号还是非比例符号,主要由测图比例尺决定。测图比例尺越大,用比例符号描绘的地物就越多;测图比例尺越小,则用非比例符号表示的地物就越多。

(二)地貌符号

在地形图上表示地貌的方法很多,而在测量工作中通常用等高线表示地貌,因为用等高线表示地貌,不仅能表示地面的起伏形态,而且还能科学地表示出地面的坡度和地面点的高程。

表 8-2　1:500、1:1 000、1:2 000 地形图图式(选)

编号	符号名称	1:500　1:1 000　1:2 000	编号	符号名称	1:500　1:1 000　1:2 000
1	一般房屋 混—房屋结构 3—房屋层数	混3　　1.6	12	高速公路 a—收费站 0—技术等级代码	a　　0　　0.4
2	简单房屋		13	等级公路 2—技术等级代码 (G325)—国道路线 编码	0.2 2(G325)　0.4
3	建筑中的房屋	建	14	乡村路 a.依比例尺的 b.不依比例尺的	a　4.0　1.0　0.2 b　8.0　2.0　0.3
4	破坏房屋	破	15	小路	1.0　4.0　0.3
5	棚房	45°　1.6	16	内部道路	1.0 1.0
6	架空房屋	1.0 砼4　砼4　砼4	17	阶梯路	1.0
7	廊房	混3　1.0　　1.0	18	打谷场、球场	球
8	台阶	0.6 1.0　1.0	19	旱地	1.0　　2.0　10.0 10.0
9	无看台的露天体育场	体育场	20	花圃	1.6 1.6　10.0 10.0
10	游泳池	泳	21	有林地	1.6 松6
11	过街天桥				

编号	符号名称	1:500　　1:1 000　　1:2 000	编号	符号名称	1:500　　1:1 000　　1:2 000
22	人工草地	∧ 2.0　3.0　∧ 10.0　∧ ∧ 10.0	35	路灯	2.0　1.6 ⊙ 4.0　1.0
23	稻田	0.2　↓3.0　1.0　↓10.0　↓10.0	36	独立树　a.阔叶	1.6　a　2.0 ⊙ 3.0　1.0
24	常年湖	青湖		b.针叶	1.6　b　♠ 3.0　1.0
25	池塘	塘　∣　塘		c.果树	1.6 ⊙ 3.0　c　1.0
26	常年河　a.水涯线　b.高水界　c.流向　d.潮流向　◄— 涨潮　—► 落潮	a　b　0.15　3.0　1.0　c　0.5　d　7.0		d.棕榈、椰子、槟榔	2.0　d　♦ 3.0　1.0
			37	独立树　棕榈、椰子、槟榔	2.0　♦ 3.0　1.0
27	喷水池	1.0 ⊕ 3.6	38	上水检修井	⊖ 2.0
28	GPS控制点	△ B 14 / 495.267　3.0	39	下水(污水)、雨水检修井	⊕ 2.0
29	三角点　凤凰山—点名　394.468—高程	△ 凤凰山 / 394.468　3.0	40	下水暗井	⊘ 2.0
30	导线点　116—等级，点号　84.46—高程	2.0 ▢ 116 / 84.46	41	煤气、天然气检修井	⊘ 2.0
31	埋石图根点　16—点号　84.46—高程	1.6 ◇ 16 / 84.46　2.6	42	热力检修井	⊟ 2.0
32	不埋石图根点　25—点号　62.74—高程	1.6 ○ 25 / 62.74	43	电信检修井　a.电信人孔　b.电信手孔	a ⊘ 2.0　2.0　b ▣ 2.0
33	水准点　北京有　5—等级、点名、点号　32.804—高程	2.0 ⊗ II京石5 / 32.804	44	电力检修井	⊘ 2.0
			45	地面下的管道	4.0　— — 污 — —　1.0
			46	围墙　a.依比例尺的　b.不依比例尺的	a ——— 10.0 ———　b ▪—— 10.0 ——▪ 0.3　0.6
34	加油站	1.6 ● 3.6　1.0	47	挡土墙	1.0　↓↓↓↓↓↓↓ 0.3　6.0
			48	栅栏、栏杆	┼—○— 10.0 —○— 1.0 —○—┼
			49	篱笆	——+—— 10.0 ——+—— 1.0 ——+——

编号	符号名称	1:500　1:1 000　1:2 000	编号	符号名称	1:500　1:1 000　1:2 000
50	活树篱笆	6.0　　1.0 ○○●●●●●●●●●○○○ 0.6	58	名称说明注记	**友谊路** 中等线体 4.0(18k) **团结路** 中等线体 3.5(15k) 胜利路 中等线体 2.75(12k)
51	铁丝网	10.0　　1.0 —×——×——×—	59	等高线 a.首曲线 b.计曲线 c.间曲线	a ～～～ 0.15 b ～～ 0.3 1.0 c －－－ 6.0 0.15
52	通信线地面上的	4.0 —○———○—			
53	电线架	←→○←→	60	等高线注记	—25—
54	配电线地面上的	4.0 ←○→			
55	陡坎 a.加固的 b.未加固的	2.0 a ⊥⊥⊥⊥⊥⊥⊥⊥⊥⊥ b ‖‖‖‖‖‖‖‖‖	61	示坡线	0.8
56	散树、行树 a.散树 b.行树	a ○1.6 10.0　1.0 b ○○○○○			
57	一般高程点及注记 a.一般高程点 b.独立性地物的高程	a b 0.5 •163.2 ▲75.4	62	梯田坎	56.4 1.2

在表 8-2 中等高线又分为首曲线、计曲线和间曲线。在计曲线上注记等高线的高程（编号 60）；在谷地、鞍部、山头及斜坡最高、最低的一条等高线上还需用示坡线表示斜坡降落方向（编号 61）；当梯田坎比较缓和且范围较大时，也可以用等高线表示（编号 62）。在此主要介绍用等高线表示地貌的方法。

1. 等高线的概念

等高线就是由地面上高程相同的相邻点所连接而成的闭合曲线。如图 8-2 所示，设有一座位于平静湖水中的小山，山顶与湖水的交线就是等高线，而且是闭合曲线，交线上各点高程必然相等（如为 53 m）；当水位下降 1 m 后，水面与小山又截得一条交线，这就是高程为 52 m 的等高线。依此类推，水位每降落 1 m，水面就与小山交出一条等高线，从而得到一组高差为 1 m 的等高线。设想把这组实地上的等高线铅直地投影到水平面图上去，并按规定的比例尺缩绘到图纸上，就得到一张用等高线表示该小山的地貌图。显然，等高线的形状是由高低表面形状来决定的，用等高线来表示地貌是一种很形象的方法。

2. 等高距和等高线平距

地形图上相邻等高线之间的高差，称为等高距，常用 h 表示。在同一幅图上，等高距是相同的。相邻等高线之间的水平距离称为等高线平距，常用 d 表示。因为同一张地形图内，等高距是相同的，所以等高线平距 d 的大小直接与地面的坡度有关。如图 8-3 所示，地面上 CD 段的坡度大于 BC 段，其等高线平距 cd 就比 bc 小；相反，地面上 CD 段的坡

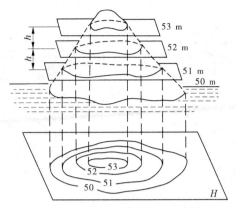

图 8-2　等高线的概念

度小于 *AB* 段,其等高线平距就比 *AB* 段大。也就是说,等高线平距愈小,地面坡度愈陡,图上等高线就显得愈密集;反之,则比较稀疏。当地面的坡度均匀时,等高线平距就相等。因此,根据等高线的疏密,可以判断地面坡度的缓与陡。

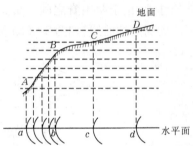

图 8-3　等高线平距与地面坡度的关系

从上述可以知道,等高距越小,显示地貌就越详尽;等高距越大,其所显示的地貌就越简略。但是事物总是一分为二的,等高距越小,图上的等高线越密,将会影响图面的清晰、醒目。因此,等高距的大小应根据测图比例尺与测区地形情况进行选择。

3.用等高线表示的几种典型地貌

自然地面上地貌的形态是多样的,对它进行仔细分析后就会发现:无论地貌怎样复杂,它们不外乎是几种典型地貌的综合。了解和熟悉用等高线表示的典型地貌的特征,将有助于识读、应用和测绘地形图。典型地貌有:山头和洼地、山脊和山谷、鞍部、陡崖和悬崖等。

1)山头和洼地

图 8-4(a)为山头的等高线,图 8-4(b)为洼地的等高线。山头和洼地的等高线都是一组闭合曲线。在地形图上区分山地或洼地的准则是:凡内圈等高线的高程注记大于外圈者为山头,小于外圈者为洼地;如果等高线上没有高程注记,则用示坡线表示。

示坡线就是一条垂直于等高线而指示坡度降落方向的短线。图 8-4(a)中示坡线从内圈指向外圈,说明中间高,四周低,为山丘。图 8-4(b)中示坡线从外圈指向内圈,说明中间低,四周高,为洼地。

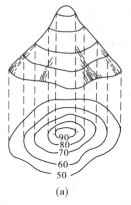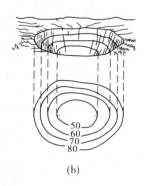

(a)   (b)

图8-4　山头和洼地

2）山脊和山谷

山脊是顺着一个方向延伸的高地。山脊上最高点的连线称为山脊线。山脊的等高线表现为一组凸向低处的曲线,如图8-5(a)所示。

山谷是沿着一个方向延伸的洼地,位于两山脊之间。贯穿山谷最低点的连线称为山谷线。山谷等高线表现为一组凸向高处的曲线,如图8-5(b)所示。

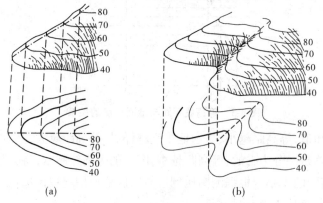

(a)   (b)

图8-5　山脊和山谷

3）鞍部

鞍部是相邻两山头之间呈马鞍形的低凹部位,如图8-6所示。鞍部(S点处)是两个山脊与两个山谷会合的地方,鞍部等高线的特点是在一圈大的闭合曲线内,套有两组小的闭合曲线。

4）陡崖和悬崖

陡崖是坡度在70°~90°的陡峭崖壁,有石质和土质之分。若用等高线表示将非常密集或重合为一条线,因此采用陡崖符号来表示,如图8-7(a)所示。

悬崖是上部突出、下部凹进的陡崖。上部的等高线投影在水平面时,与下部的等高线相交,下部凹进的等高线用虚线表示,如图8-7(b)所示。

还有某些特殊地貌,如冲沟、滑坡、梯田、雨裂等,其表示方法参见地形图图式。

了解和掌握了典型地貌等高线,就不难读懂综合地貌的等高线图。图8-8为某地区综合地貌及等高线,读者可自行对照阅读。

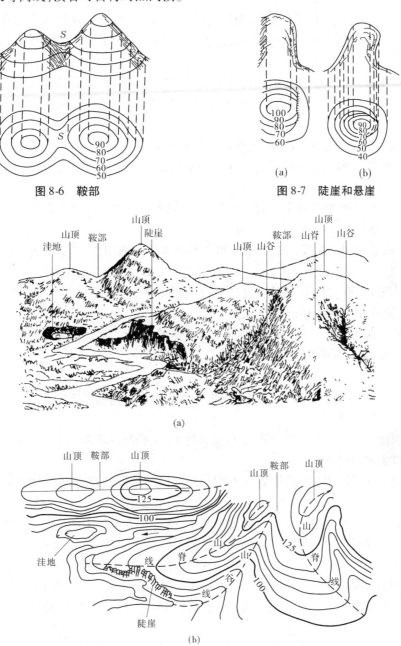

图 8-6 鞍部

图 8-7 陡崖和悬崖

(a)

(b)

图 8-8 某地区综合地貌及等高线

4.等高线的分类

为了更好地表示地貌特征,便于识图、用图,地形图上采用以下4种等高线。

1)首曲线

按地形图的基本等高距测绘的等高线称首曲线,又称基本等高线。首曲线一般用
0.15 mm 细实线描绘。

2）计曲线

为读图时量算高程方便,每隔四根首曲线加粗描绘一根等高线称为计曲线,又称为加粗等高线。一般用 0.3 mm 宽的粗实线绘制。

3）间曲线

为了显示首曲线表示不出的地貌特征,按 $h/2$ 基本等高距描绘的等高线称为间曲线,又称为半距等高线,图上一般用 0.15 mm 长虚线描绘,描绘时可以不闭合。

4）助曲线

间曲线无法显示地貌特征时,还可以按 $h/4$ 基本等高距描绘的等高线,叫做辅助等高线,简称助曲线,地形图上一般用 0.15 mm 短虚线描绘,描绘时可以不闭合。

5. 等高线的特性

根据等高线的原理和典型地貌的等高线,可以得到等高线的以下特性:

(1)同一条等高线上各点的高程相等。

(2)等高线为闭合曲线,不能中断,如果不在本幅图内闭合,则必在相邻的其他图幅内闭合。

(3)等高线只有在悬崖、绝壁处才能重合或相交。

(4)等高线与山脊线、山谷线正交。

(5)同一幅地形图上的等高距相同,因此等高线平距大表示地面坡度小,等高线平距小表示地面坡度大,平距相同则坡度相同。

第二节　大比例尺地形图测绘方法

遵循测量工作"从整体到局部,由高级到低级,先控制后碎部"的原则,在测量工作结束后就可以绘制地形图。

地形测量的目的主要是获取各种不同比例尺的地形图。目前,1:5 000～1:5万比例尺地形图多用航测法,小于1:5万比例尺的地形图是根据较大比例尺地形图及各种资料缩编而成的。通常所说的大比例尺测图多指1:500～1:5 000比例尺测图。大比例尺地形图测绘是以控制点为测站,利用测量仪器和工具,测绘出其周围的地物、地貌特征点,并采用正射投影的方法,依地形图图式规定的符号,按一定的比例尺绘在图纸上的过程。这里地物、地貌的特征点统称为碎部点。所以,地形图测绘又称为碎部测量。大比例尺地形图测绘是各种基本测量工作和各种基本测量仪器的综合应用,是平面和高程的综合性测量。

大比例尺测图的特点是:测区范围小,比例尺大,精度要求较高。

一、测图前的准备工作

为了使测图工作得以顺利进行,测图前必须做好充分的准备工作,如熟悉有关的规范、图式和技术设计资料,抄录并仔细校对控制点资料,拟订作业计划,调查控制点点位及地形状况等,使测图工作有计划、有步骤地进行。此外,还有测量仪器、工具和图根点在图纸上的展绘等。

（一）图纸的准备

目前，地形测图广泛使用聚酯薄膜图纸，它是一种无色的透明薄膜，厚度为 0.07 ~ 0.1 mm，具有透明性好、伸缩性好、不怕潮湿等优点，使用、保管都很方便。如果表面不清洁，还可以用水清洗。但聚酯薄膜有易燃、易折、易老化等特点，使用保管时应注意防火、防折。当缺乏聚酯薄膜图纸时，可选用优质的图纸进行测绘。

（二）图纸粘于图板

若是临时性的测图，可将绘图纸直接用图夹或透明胶固定在图板上进行测绘；若是需要长期保存的图纸，为了减少图纸伸缩，应将图纸裱糊在锌板、铅板或胶合板上。

（三）绘制坐标格网

绘制坐标格网可用直角坐标展点仪和格网尺等专用工具，缺少这类工具时，也可用比较精确的直尺按对角线法进行，如图 8-9 所示，具体方法如下。

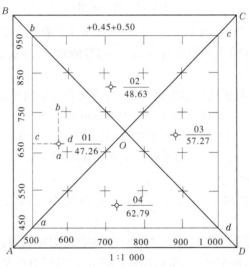

图 8-9　绘制坐标格网

用削尖的 4H 或 5H 铅笔在图纸上轻轻地绘出图纸上的对角线，以交点为中心，以适当的相同长度在对角线上截取四点，将各点连接得 abcd，如图 8-9 所示，在 ad 和 bc 线上，从 a 点和 b 点开始，每隔 10 cm 截取一点；再在 ab 和 dc 线上，从 a 点和 d 点开始，每隔 10 cm 截取一点，连接相应各点便擦去剩余部分即得坐标格网。坐标格网绘制好后，应进行检查。检查时用直尺检查各方格顶点（对角线方向）是否在同一直线上；每一方格的边长 10 cm，误差不应超过 0.2 mm；对角线长度 14.14 cm，误差不应超过 0.3 mm；方格网线的粗度与刺孔直径不应超过 0.1 mm。若超过规定范围，应重新绘制。

（四）展绘图根点

坐标格网绘制好后，根据图幅所在测区、位置和测图比例尺，将坐标值注记在格网线上，如图 8-10 所示。

展点时，先根据已知点的坐标值确定该点所在的方格，例如 A 点的坐标值为 $x_A = 3\,405.64$ m、$y_A = 2\,624.29$ m，根据格网坐标值可知 A 点位于 pnml 方格内。从 l、p 两点按比例尺沿 lm、pn 方向量取 5.64 m 得 a、b 两点，再从 p、n 两点沿 pl、nm 方向量取 24.29 m

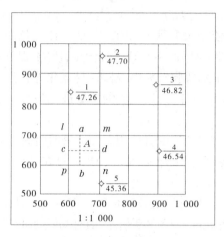

图 8-10 展绘图根点

得 c、d 两点，用直线连接 ab、cd 两直线，其交点即为 A 点在图上的位置。同法逐一展绘其他图根点。按图式规定绘上图根点符号，在点的右侧画一短线，分子注上点号，分母注上高程。

图根点展绘后，要对展绘的结果进行检查，即用直尺量出各边的距离并与相应边的已知距离相比较，其误差不得超过图上距离 ±0.3 mm。

上述所介绍的内容适用于手工绘制地形图，若是采用计算机辅助成图，上述步骤可以省略，待碎部测量结束后，从计算机直接输到规定的图纸上。

（五）图根点的加密

为了保证各种比例尺测图的相应精度，对图根点要求有足够的密度，其规定见表 7-3。

若测区内已有的控制点不能满足表 7-3 的规定或实际测图的需要，则需要进一步加密图根点，或增加临地测站点。加密的图根点可在原图根点的基础上用支导线或测角交会法等方法进行，临时性的测站点可在解析图根点的基础上用图解法现场增设。所有加密点的高程可用普通水准测量的方法测定。

二、碎部测量

地形图测绘实质上是测绘出碎部点，再通过碎部点连绘出地物和勾绘出地貌等高线，因此又叫地形测量，实质是碎部测量。地形图的测会方法很多，有经纬仪测绘、平板仪测绘、小平板仪（和经纬仪联合）测绘。现在仅介绍经纬仪测绘地形图的方法。

（一）选择碎部点

1. 选择地物点

对于在图上能按比例绘出形状和大小的地物，主要测出地物的轮廓线上的转折点，即碎部点应选在地物轮廓线的方向变化处，如房屋的角点、道路中线或边线、河岸线、地类边界线的转折点等。由于地物的形状极不规则，一般规定地物凹凸在地形图上小于 0.4 mm 的转折点可以按直线表示。由于测图比例尺不同，图上 0.4 mm 相应的实地距离也不相同。如测 1:500 比例尺地形图时，地物轮廓线离开直线部分 0.2 m 的转折点就必须测出，而测 1:2 000 比例尺地形图时,对于实地凸凹大于 0.8 m 的转折点必须测出。

2. 选择地貌特征点

对于地貌,碎部点应选在最能反映地貌特征点的山脊线和山谷线等地形线上,如山顶、山脊、鞍部、山脚、谷底、谷口、沟底、沟口、洼地、河川湖池岸旁等处坡度和方向变化处。

地貌点(又称地形点)在图上选取的密度直接影响成图的质量和工效。地形点太稀,控制不严密,不能反映地貌的真实情况;地形点过密,高程注记太多,不但工作量大,还会造成图面的混乱。测图时应根据比例尺、地貌复杂程度和测图的目的,合理掌握地形点在图上的选取密度。在地面平坦或坡度无明显变化的地方,为了真实地反映实地情况,应按表 8-3、表 8-4 的规定选择足够的碎部点。

表 8-3　立尺点间距

比例尺	1:500	1:1 000	1:2 000	1:5 000
立尺间间距(m)	15	30	50	100

表 8-4　最大视距

比例尺	1:500	1:1 000	1:2 000	1:5 000
主要地形点最大视距(m)	60	100	180	300
次要地形点最大视距(m)	100	150	250	350

(二)经纬仪测绘地形图

经纬仪测绘法就是将经纬仪安置于控制点上,测出起始方向和碎部点方向之间的水平夹角,再用视距测量方法测出碎部点与测站之间的平距和高差。根据所测水平角和平距,按极坐标法用量角器和比例尺把碎部点展绘在图纸上,并在点的右侧注记其高程。最后对照实地情况,按照地形图图式规定的符号勾绘地形图。

具体施测步骤如下。

1. 安置经纬仪

将经纬仪安置于测站 A 上,如图 8-11 所示,并量出仪器高。

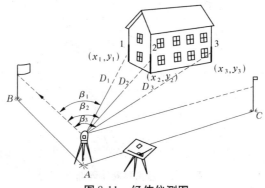

图 8-11　经伟仪测图

2. 进行测站定向

选择已知控制点 B 为定向点,并使经纬仪照准该点,水平度盘读数调为 $0°0'0''$,AB 方向作为起始方向,并在图上绘出。

3.选定碎部点

司尺员应根据实地情况及本站实测范围,与观测员、绘图员共同商定跑尺路线,然后依次将标尺立在地物、地貌的特征点上。

4.观测碎部点

观测员用经纬仪照准标尺,读视距读数、中丝读数、竖盘读数、水平盘读数β,并计算碎部点的水平距D和高程H。

5.碎部点的展绘

如图8-12所示,用小针将特制的量角器(也称地形分角规)的圆心插在图上测站控制点A上,使B方向在量角器上的读数为β,则量角器上的0°方向就是待测碎部点方向,在此方向上,依测图比例在图上按测得的平距D定出碎部点的位置,并以此点作为该点高程的小数点,注上高程数字。注字要求字头朝北,字体端正。若是地物特征碎部点,随即连绘。

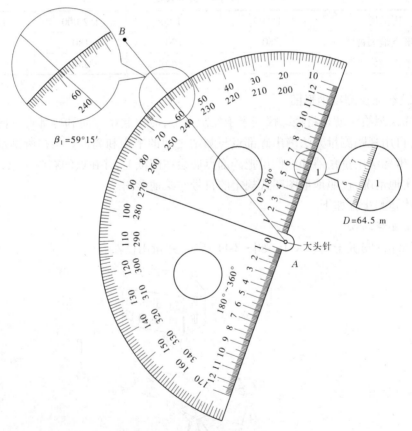

图8-12 量角器展绘碎部点

6.按上述方法测绘完本测站所需测的碎部点

为了相邻图幅的拼接,每幅图应测出图廓外5 mm。对于自由图边(测区的边界线),

在测绘过程中应加强检查,确保无误。

(三)碎部测量中的注意事项

(1)应正确地选择地物、地貌点,对地物点一般只测其平面位置,当地物点可作地貌点时,除测定平面位置外,还应测定其高程。

(2)应根据地貌的复杂程度、测图比例尺和等高距的大小及用图目的等,综合考虑碎部点的密度。其基本原则是,在确保准确显示地物、地貌的前提下,立尺点应尺量少些,但其在图上的最大间距不宜超过表 8-3 的规定。为保证碎部点的测量精度,碎部测量的最大视距长度不宜超过表 8-4 的规定。

(3)一个测站在开始测绘之前,测量员和司尺员对测站周围地形点的特点、测绘范围、跑尺路线和分工等问题应有统一认识,以便在测绘过程中配合默契,做到既不重测,又不漏绘,保证成图质量。

(4)司尺员在跑尺过程中,除按预定的分工路线跑尺外,还应发挥司尺员的主动性和灵活性,以方便测绘为根本目的,对隐蔽和复杂地区的地形,要画出草图、注明尺寸、查明有关名称和测量陡坎、冲沟比高等,及时交给绘图员作为绘图依据之一。

(5)加强检查、发现错误、及时纠正,只有当确认无误后才能迁站。

三、地形图的拼接、检查、整饰

(一)地形图的拼接

当测区面积较大时,通常采用分幅测图。地形测图时,接图边可增设公共测站点,利用公共测站点测图可保证图边测图的精度,利于相邻图幅的拼接。为了图幅拼接的需要,对于房屋等块状地物,应测完其主要角点;对于电杆、道路等线状地物,应多测一些距离,以确定其走向。

拼接时,用 3~5 cm 的透明纸带蒙在接图边上,把靠近图边的图廓线、格网线和图内 1~1.5 cm 的地物、等高线等描绘到透明纸带(又称接图边)上,然后把透明纸带蒙在相邻图边的接图边上先使图廓线、格网线分别严格对齐,如图 8-13 所示,当图廓线两侧的同一地物、同一高程的等高线之间的偏差不超过表 8-5 中规定的点的中误差的 3 倍时,可将其平均位置绘在纸带上,并以此作为相邻两图幅拼接修改的依据;对于限差超限的部分,应到实地检查,并进行补测修正。拼接修改的地物、地貌,应保持它们的合理走向,如房屋角是否仍为直角,电线杆的走向是否与实地走向相符等。

图 8-5 地物点、地形点平面和高程中误差

地区分类	点位中误差 (图上 mm)	邻近地物点间 距中误差 (图上 mm)	等高线高程中误差(等高距)			
			平地	丘陵地	山地	高山地
城市建筑区和平地、丘陵地	≤0.5	≤0.4	≤1/3	≤1/2	≤2/3	≤1
山地、高山地	≤0.75	≤0.6				

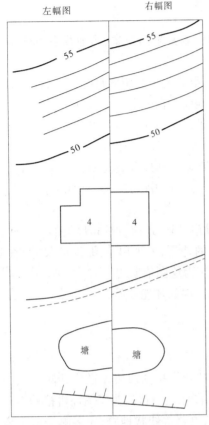

左幅图　　右幅图

图 8-13　地形图的拼接

在多图幅地区的测图中,描绘测图边的分工规定是:任何一幅图,只负责绘制本图幅东、南两接图边,并分别与相邻的东、南两图幅的西、北图边相拼接检查。同样,本图幅也将收接由西、北两邻幅图的东、南接图边,并分别与本图幅的西、北图边作拼接检查。

用聚酯薄膜测图时,因其本身是透明的,可直接重叠作拼接检查,不需再描绘接图边。

（二）地形图的检查

为了确保地形图的质量,除施测过程中加强检查外,当地形图测完后,测量小组应再作一次全面检查,即自检。然后根据具体条件,由上级组织互检或专门检查。图的检查工作可分为室内检查和室外检查两种,室外检查又分为巡视检查和仪器检查两种。

1. 室内检查

室内检查包括:图根点的数量是否符合规定;手簿记录计算是否有错;图上的地物、地貌是否清晰易读;各种符号注记是否正确;等高线与地貌特征点的高程是否相符,有无矛盾可疑之处;图边拼接有无问题等。如果发现有错误或疑点,应到野外进行实地检查后修改。

2. 室外检查

1) 巡视检查

根据室内所发现的问题到野外作巡视检查,手持图纸沿拟定的路线与实地进行对照,主要检查地物、地貌有无遗漏,用等高线表示的地貌是否符合实际情况,地物符号、注记是否正确。若发现问题,应及时改正。

2) 仪器检查

对于巡视检查不能解决问题的,应再作设站检查,采用与测图时同样的方法在原有的图根点上设站,重新测定周围部分碎部点的平面位置和高程,再与原图相比较,看原测图是否有错误或误差超限,并进行必要的修改。

（三）地形图的整饰

经过拼接、检查均符合要求后,即可进行图的整饰工作。整饰时,必须学会正确使用地形图图式,图式的比例尺和测图比例尺应一致,地物、地貌的几何形状、大小、线条粗细,注记的字体、字号和朝向,均应按地形图图式的有关规定进行。

整饰的顺序是先图内后图外,先地物后地貌,先注记后符号。图内包括图廓、坐标格网、控制点、地物、地貌、注记和符号等内容,图外包括图名、图号、比例尺、平面坐标和高程系统、测绘方法、测绘单位和测绘日期等内容。图上注记的原则是除公路、河流和等高线注记随着各自的方向变化外,其余各种注记字向必须朝北,等高线高程注记字头指向上坡方向。

经过整饰后,图面要求内容齐全,线条清晰,取舍合理,注记正确。

第三节　全站仪数字化测图

利用全站仪能同时测定距离、角度、高差,提供待测点的三维坐标,将仪器野外采集数据结合计算机、绘图仪及相应软件,就可以实现自动化测图。

一、全站仪测图模式

结合不同的电子设备,全站仪数字化测图主要有以下三种模式。

(一)全站仪结合电子平板模式

该模式是以便携式电脑作为电子平板,通过通信线直接与全站仪通信、记录数据成图。因此,它具有图形直观、准确性强、操作简单等优点,即使在地形复杂地区,也可现场测绘成图,避免野外绘制草图。目前,这种模式的开发与研究相对比较完善,由于便携式电脑性能和测绘人员综合素质不断提高,因此它符合今后的发展趋势。

(二)直接利用全站仪内存模式

该模式使用全站仪内存或自带记忆卡,把野外测得的数据,通过一定的编码方式直接记录,同时野外现场绘制复杂地形草图,供室内成图时参考对照。因此,它操作过程简单,无需附带其他电子设备;对野外观测数据直接存储,纠错能力强,可进行内业纠错处理。随着全站仪存储能力的不断增强,此方法进行小面积地形测量时,具有一定的灵活性。

(三)全站仪加电子手簿或高性能掌上电脑模式

该模式通过通信线将全站仪与电子手簿或便携式电脑相连,把测量数据记录在电子手簿或便携式电脑上,同时可以进行一些简单的属性操作,并绘制现场草图。它携带方便,便携式电脑采用图形界面交互系统,可以对测量数据进行简单的编辑减少内业工作量,随着掌上电脑处理能力的不断增强,科技人员正进行针对于全站仪的便携式电脑二次开发工作,此方法会在实践中进一步完善。

二、全站仪数字化测图过程

全站仪数字化测图主要分为准备工作、数据获取、数据输入、数据处理、数据输出等五个阶段。在准备工作阶段,包括资料准备、控制测量、测图准备等,与传统地形测图一样,在此不再赘述,现以实际生产中普遍采用的全站仪加电子手簿测图模式为例,从数据采集到成图输出介绍全站仪数字化测图的基本过程。

(一)野外碎部点采集

一般用解算法进行碎部点测量采集,用电子手簿记录三维坐标(x,y,H)及其绘图信息。既要记录测站参数、距离、水平角和竖直角的碎部点位置信息,还要记录编码、点号、连接点和连接线型四种信息,在采集碎部点时要及时绘制观测草图。

（二）数据传输

用数据通信线连接电子手簿和计算机,把野外观测数据传输到计算机中,每次观测的数据要及时传输,避免数据丢失。

（三）数据处理

数据处理包括数据转换和数据计算。数据处理是对野外采集的数据进行预处理,检查可能出现的各种错误;把野外采集到的数据编码、测量数据转化成绘图系统所需的编码格式。数据计算是针对地貌关系的,当测量数据输入计算机后,生成平面图形,建立图形文件,绘制等高线。

（四）图形处理与成图输出

编辑、整理经数据处理后所生成的图形数据文件,对照外业草图,修改整饰新生成的地形图,补测、重测存在漏测或测错的地方。然后加注高程、注记等,进行图幅整饰,最后成图输出。

三、数据编码

野外数据采集仅测定碎部点的位置,并不能满足计算机自动成图的需要,必须将所测地物点的连接关系和地物类别(或地物属性)等绘图信息记录下来,并按一定的编码格式记录数据。

编码按照《1∶500、1∶1 000、1∶2 000 地形图要素分类与代码》(GB/T 14804—93)进行,地形信息的编码由四部分组成:大类码、小类码、一级代码、二级代码,分别用1位十进制数字顺序排列。大类码是测量控制点,又分平面控制点、高程控制点、GPS点和其他控制点四个小类码,编码分别为11、12、13 和14。小类码又分若干一级代码,一级代码又分若干二级代码。如小三角点是第 3 个一级代码,5 秒小三角点是第 1 个二级代码,则小三角点的编码是113,5 秒小三角点的编码是1131。

野外观测除要记录测站参数、距离、水平角和竖直角等观测量外,还要记录地物点连接关系信息编码。现以一条小路为例(见图 8-14),说明野外记录的方法,记录格式见表8-6,表中连接点是与观测点相连接的点号,连接线型是测点与连接点之间的连线形式,有直线、曲线、圆弧和独立点四种形式,分别用1、2、3 和空为代码,小路的编码为443,点号同时也代表测量碎部点的顺序,表中略去了观测值。

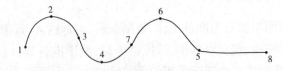

图 8-14　小路的数字化测土记录

目前开发的测图软件一般是根据自身特点的需要、作业习惯、仪器设备和数据处理方法制订自己的编码规则。利用全站仪进行野外测设时,编码一般由地物代码和连接关系的简单符号组成。如代码 F0、F1、F2…分别表示特种房、普通房、简单房……(F 字为"房"的第一拼音字母,以下类同),H1、H2…表示第一条河流、第二条河流的点位……

图 8-6　小路的数字化测图编码

单元	点号	编号	连接点	连接线型
第一单元	1	443	1	
	2	443		2
	3	443		
	4	443		
	5	443	5	
第二单元	6	443		-2
	7	443	-4	
第三单元	8	443	5	1

第四节　地形图应用的基本内容

一、点位坐标的确定

如图 8-15 所示，欲求图上 A 点的坐标，则过 A 点作坐标格网线的平行线 ef 和 gh，然后依比例尺分别量取 $ag = 73.36$ m，$ae = 36.50$ m，再加上 A 点所在格网西南角坐标，即得 A 点坐标。

$$x_A = x_a + ag = 600 + 73.36 = 673.36 (\mathrm{m})$$
$$y_A = y_a + ae = 400 + 36.50 = 436.50 (\mathrm{m})$$

为了检核，再量取 gb 和 ed，并且 $ag + gb$ 与 $ae + ed$ 应等于方格网的边长。为了减少图纸的伸缩误差，在实际工作中，则应按式(8-2)进行校核。

$$\left.\begin{array}{l} x_A = x_a + \dfrac{10}{ab}ag \\ y_A = y_a + \dfrac{10}{ad}ae \end{array}\right\} \tag{8-2}$$

二、点位高程的确定

在地形图上，地面点的高程是用等高线和高程注记表示的。如果点的高程正好位于等高线上，则该点的高程就是等高线的高程，如图 8-16 中的 A 点位于高程为 92 m 的等高线上，故 A 点的高程为 92 m。

如果地面点位于两等高线之间，如图 8-16 中的 B 点，要求其高程，首先过 B 点作一条垂直于相邻两等高线的垂线 mn，分别量取 mB、mn 的图上长度，设 $mB = 1.5$ mm，$mn = 6.0$ mm，已知等高距 $h = 1.0$ m，则 B 点的高程为

$$H_B = H_m + \frac{mB}{mn}h = 94 + \frac{1.5}{6} \times 1.0 = 94.25 (\mathrm{m})$$

如果精度要求不高，可用目估确定点的高程。

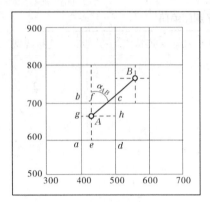

图 8-15　求地面上任一点的坐标

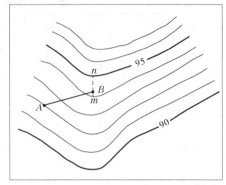

图 8-16　在地形图上根据等高线确定点的高程

三、直线水平距离和方位角的确定

求两点间的距离和方位角的方法有两种：一种是用两脚规卡或分度器在两点上直接量取两点间的距离和方位角；另一种是用解析法，在图纸上解析出 A、B 两点的坐标 (x_A, y_A)、(x_B, y_B)，按下列公式计算

$$\left.\begin{array}{l} S_{AB} = \sqrt{(x_B - x_A)^2 + (y_B - y_A)^2} \\ \alpha = \arctan \dfrac{y_B - y_A}{x_B - x_A} \end{array}\right\} \tag{8-3}$$

使用式(8-3)计算方位角时，应考虑坐标增量的正、负号，然后根据 AB 所在的象限求取方位角的大小。

四、坡度的计算

设两点间的水平距离为 D，高差为 h，则两点连线的坡度为

$$i = \frac{h}{D} = \tan\alpha \tag{8-4}$$

式中　α——直线的倾斜角；

i——坡度，一般用百分数或千分数表示，

"＋"表示上坡，"－"表示下坡。

如图 8-17 所示，A、B 两点的高程已求出，$H_A = 92$ m，$H_B = 94.25$ m，两点间的水平距离 D_{AB} 为 150 m，则直线 AB 的坡度为

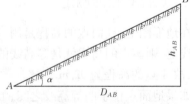

图 8-17　确定直线的坡度

$$i = \frac{H_B - H_A}{D_{AB}} = \frac{94.25 - 92}{150} = 1.5\%$$

第五节 地形图在工程建设中的应用

一、按限制坡度选择最短路径

按限制坡度在地形图上选定最短线路是公路、渠道、管线等设计的重要内容,因为按限制坡度选定最短线路,可以减少工程量,降低建设成本。在山区或丘陵地区进行各种道路和管道的工程设计时,坡度都要求有一定的限制。比如,公路坡度大于某一值时,动力车辆将行驶困难;渠道坡度过小时,将影响渠道内水的流速。因此,在设计线路时,可按限制的坡度在地形图上选线,选出符合坡度要求的最短路线。按照技术规定要选择一条合理的线路,应考虑许多因素。这里只说明根据地形图等高线,按规定的坡度选定其最短线路的方法。

如图 8-18 所示,设需在图上选出由 A 点至 B 点(在该线路上的任何地方,其倾斜角都不超过 $3°$)的最短线路。首先,按公式 $D = \dfrac{h}{i}$ 计算出相邻两等高线间相应的水平距离,或用两脚规在坡度尺上量取坡度不超过 $3°$ 时的两相邻等高线的平距;然后,将两脚规的一脚尖立在图中的 A 点上,而另一脚尖则与相邻等高线交于 m 点;接着,将两脚规的一脚尖立在 m 点上,另一脚尖又与相邻等高线相交于 n 点。如此继续逐段进行直到 B 点。这样,由 Am、mn、no、op 等线段连接成的 AB 线路,就是所选定的、其倾斜角不超过 $3°$ 的最短线路。由图 8-18 可以看出:由 r 点至 B 点这段距离的任何地方都小于 $3°$,所以应按最短距离来确定。在选线时,各段线段应用曲线连接,这样不会出现急转弯。

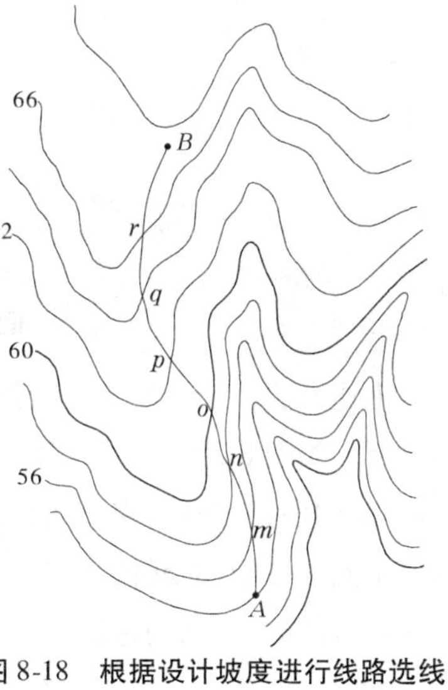

图 8-18 根据设计坡度进行线路选线

二、断面图的绘制

在道路、管线等工程设计中,为了综合比较设计线路的长度和坡度,以及进行挖、填土方量的概算,需要较详细地了解设计沿线路方向的地面坡度变化情况,以便合理地选定线路的坡度。为此,可利用地形图上的等高线来绘制设计线路纵断面图,以此反映该线路地面的起伏变化。在输电线路、渠道、铁路、公路等线路工程勘测设计中,经常使用断面图,特别是在数字化成图的时代,根据地形图绘制断面图已成为工程设计不可缺少的一项工作。例如"京九铁路"的选线、设计等工作就是在数字图上完成的。

过某一线路的铅垂面与地面的交线,在铅垂面上按比例缩小后的表示地面起伏的图形称为断面图,工程上称为剖面图。

那么,如何根据地形图绘制断面图呢? 以图8-19(a)为例,简要介绍如下:

(1)首先确定断面图的水平比例尺和高程比例尺。一般断面图上的水平比例尺与地形图的比例尺一致,而高程比例尺往往比水平比例尺大5~10倍,以便明显地反映地面起伏变化情况。

(2)比例尺确定后,可在纸上绘出直角坐标轴线,如图8-19(b)所示,横轴表示水平坐标线,纵轴表示高程坐标线,并在高程坐标线上依高程比例尺标出各等高线的高程。

(3)如图8-19(a)所示方向线 AB 被等高线所截,得线段 $A1,12,23,\cdots,9B$ 的长度,在横轴上截取相应的点并作垂线,使垂线之长等于各点相应的高程值,垂线的端点即是断面点,连接各相邻断面点,即得 AB 线路的纵断面图。

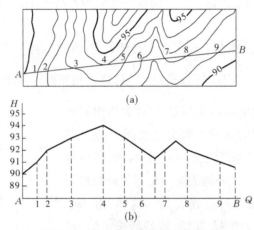

图 8-19　根据地形图绘制断面图

上述方法不但适用于直线形线路断面图的绘制,同样也适用于非直线形线路断面图的绘制。如图8-20(a)所示,要绘制从 A 到 F 的道路断面图,则可选择道路上有代表性的特征点,如桥梁、路标、交叉路口、里程碑等,将道路分成若干直线段 AB、$BC\cdots$,并依其在断面图底线(PQ)上截得 a_1、$b_1\cdots$各点。然后按各端点的高程得断面点 a'、$b'\cdots$,以平滑曲线连接各断面点,即为该道路的断面图,并在下方用箭头标明各点处道路转弯的方向,如图8-20(b)所示。

三、确定地面两点间是否通视

在图上进行控制测量方案设计中,要判断地面两点间是否通视,可在地形图上根据地面两点连线上各点高程进行分析判断,其方法如下:

设将地形图上 A、B 两点连一直线,找出连线上 AB 间的最高点 C,若 C 点高程小于 A、B 两点高程或与其中较低一点同高,则可通视,如图8-21 和图8-22 所示;若 C 点高程大于 A、B 两点高程或与其中较高一点同高,则不通视,如图8-23 和图8-24 所示;若 C 点高程介于 A、B 两点高程之间,则采用断面图法或计算法判断。

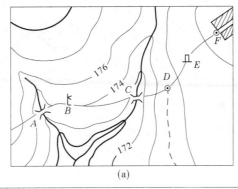

(a)

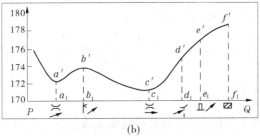

(b)

图 8-20 非直线形线路断面图的绘制

断面图法:先作出 AB 方向断面图(方法同上),连接断面图上 A、B 两点为一直线,若该直线高出断面图上 C 点,则 A、B 两点间通视,否则不通视。如图 8-25 所示为不通视的情况。若想通视,则需提高 A 点高度。

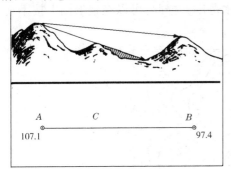

图 8-21 C 点高程小于 A、B 两点高程

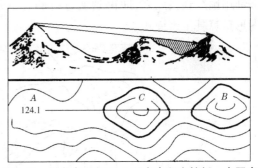

图 8-22 C 点高程与 A、B 两点高程中较低一点同高

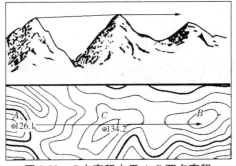

图 8-23 C 点高程大于 A、B 两点高程

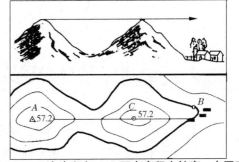

图 8-24 C 点高程与 A、B 两点高程中较高一点同高

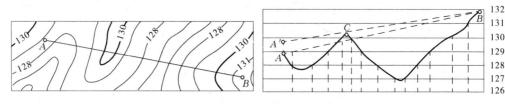

图 8-25　C 点高程介于 A、B 两点高程之间

计算方法:首先求出高差 h_{AB}、h_{CB} 和距离 S_{AB}、S_{CB}。

$$\left.\begin{array}{l} h_{AB} = H_A - H_B \\ h_{CB} = H_C - H_B \end{array}\right\}$$

式中,C 点的高程由图上内插求得,距离 S_{AB}、S_{CB} 由图上量取。

如果 $\dfrac{h_{AB}}{S_{AB}} \geq \dfrac{h_{CB}}{S_{CB}}$,则 A、B 两点通视;如果 $\dfrac{h_{AB}}{S_{AB}} < \dfrac{h_{CB}}{S_{CB}}$,则 A、B 两点不通视。

四、汇水面积的计算

当铁路、道路跨越河流或山谷时,需要建造桥梁或涵洞。在设计桥梁或涵洞的孔径大小时,需要知道将来通过桥梁或涵洞的水流量,而水流量是根据汇水面积来计算的。汇水面积是指降雨时有多大面积的雨水汇集起来,并通过该桥涵排泄出去。为了计算汇水面积,需要先在地形图上确定汇水范围。汇水范围的边界线是由一系列的分水线连接而成的。根据山脊线是分水线的特点,如图 8-26 所示,将山顶 B、C、D、⋯、H 等沿着山脊线通过鞍部用虚线连接起来,即得到通过桥涵 A 的汇水范围。据此,可以在地形图上按不规则图形量算其汇水面积。

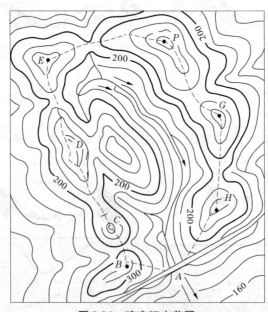

图 8-26　确定汇水范围

五、在地形图上对土石方量的计算

在工业与民用建筑工程中,通常要对拟建地区的自然地貌加以改造,整理为水平或倾斜的场地,使改造后的地貌适于布置和修建建筑物,便于排泄地面水,满足交通运输和敷设地下管线的需要,这些工作称为平整场地。在平整场地前,首先确定平整方案,估算开挖量,然后才进行土地平整的工作。应满足挖方与填方基本平衡,同时要概算出挖或填土石方的工程量,并测设出挖、填土石方的分界线。场地平整的计算方法很多,其中设计等高线法是应用最广泛的一种。

下面介绍在地形图上用方格网法进行设计的方法和步骤及有关土石方量的计算。

(一)将自然地面平整为水平面并计算土石方量

如图 8-27 所示,要在此图上进行土地平整设计,首先在图上对准备平整的地块范围内,绘上正方形方格网,每个方格的边长取决于地形的复杂程度和估算土方量的精度要求,一般可采用相当于实地 10 m、20 m、30 m 的边长,图 8-27 中方格边长为 20 m。然后根据等高线求出各方格四个顶点的高程,并将其标注在各点的右上方,再依这些高程进行设计。

设计时,除要求将地面平整成水平面外,一般应使填、挖土方量大致平衡,以求省时、省工。设计可按下述步骤进行。

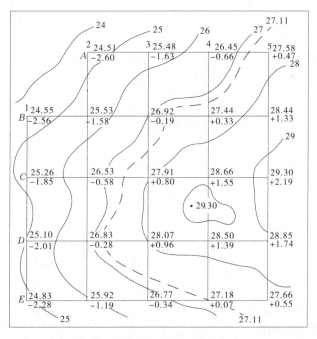

图 8-27 将自然地面平整为水平面

1. 确定设计高程

先求每一方格四顶点高程的平均值,作为每一方格的平均高程,再将各方格的平均高程总和除以方格数,即为平整后地面的设计高程 H_0。

显然,各方格四个顶点的高程在计算设计高程 H_0 的过程中,其参与计算的次数是有所不同的。例如,图中 $A2$、$A5$、$B1$、$E1$、$E5$ 点(叫做角点)的高程 $H_角$ 仅各用一次;而 $A3$、$A4$、$B5$、$\cdots$、$E4$ 点(叫做边点)的高程 $H_边$ 各用两次;$B2$ 点(叫做拐点)的高程 $H_拐$ 用三次;其他 $B3$、$B4$、$\cdots$、$D4$ 点(叫做中间点)的高程 $H_中$ 则用四次。所以,设计高程 H_0 的计算公式为

$$H_0 = \frac{\frac{1}{4}\sum H_角 + \frac{2}{4}\sum H_边 + \frac{3}{4}\sum H_拐 + \frac{4}{4}\sum H_中}{n} \tag{8-5}$$

式中　n——方格数。

按图 8-27 中的数据,根据式(8-5)可得

$$H_0 = \frac{\frac{1}{4}\times 129.13 + \frac{2}{4}\times 268.75 + \frac{3}{4}\times 25.53 + \frac{4}{4}\times 220.86}{15} = 27.11(\text{m})$$

然后,在图上插绘高程为 27.11 m 的设计高程曲线,如图 8-27 中的虚线。该曲线就是实地的填、挖分界线。

2. 计算填、挖高度

求得设计高程 H_0 后,便可按式(8-6)计算格网点的填、挖高度 h,即

$$h = H_i - H_0 \tag{8-6}$$

若 h 为"+",表示挖土深度;若 h 为"−",表示填土高度。每个格网点的填、挖高度已标注在图上,如图 8-27 所示。

3. 计算填、挖土方量

设每个方格的实地面积为 S,则先按格网点的填、挖高度 h 计算土方量,即

角点:　　　　　　　　$h \times \frac{1}{4}S$

边点:　　　　　　　　$h \times \frac{2}{4}S$

拐点:　　　　　　　　$h \times \frac{3}{4}S$

中间点:　　　　　　　$h \times \frac{4}{4}S$

设总的土方量为 V,则

$$V = \frac{1}{4}S\left(\sum h_角 + 2\sum h_边 + 3\sum h_拐 + 4\sum h_中\right) \tag{8-7}$$

然后,根据式(8-7)计算填方总量(m^3)和挖方总量(m^3)。图 8-28 中计算的填方总量为 −3 174.0 m^3,挖方总量为 +3 180.0 m^3。填、挖方量基本相等。

4. 实地标注填、挖高度

设计完成后,将图上各方格网点用木桩标志在相应的地面上,并在木桩上标注填、挖高度,即可开工平整场地。

(二)平整为一定坡度的倾斜场地并计算土石方量

为了将自然地面平整为一定坡度 i 的倾斜场地,并保证挖、填方量基本平衡,可按下述方法确定挖、填分界线和求得挖、填方量:

(1)根据场地自然地面的主坡倾斜方向绘制方格网(见图 8-28),即使纵横格网线分别与主坡倾斜方向平行和垂直。这样,横格线即为斜坡面的水平线(其中一条应通过场地中心),纵格线即为设计坡度的方向线。

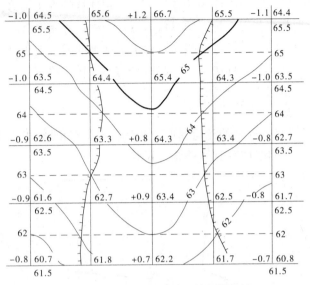

图 8-28　平整为一定坡度 i 的倾斜场地

(2)根据等高线按内插法求出各方格角顶的地面高程,标注在相应角顶的右上方;然后按式(8-5)计算场地重心(即中心)的设计高程 $H_重$。经计算得 $H_重$ 为 63.5 m,标注在中心水平线下面的两端。

(3)计算坡顶线和坡底线的设计高程,即

$$
\left.
\begin{aligned}
H_顶 &= H_重 + \frac{iD}{2} \\
H_底 &= H_重 - \frac{iD}{2}
\end{aligned}
\right\}
\tag{8-8}
$$

式中　D——顶线至底线之间的距离;

　　　　i——倾斜面的设计坡度。

(4)确定填、挖分界线。当坡顶线和坡底线的设计高程计算出结果后,由设计坡度和顶、底线的设计高程按内插法确定与地面等高线高程相同的匀坡坡面水平线的位置,用虚线绘出这些坡面水平线(如图 8-28 中的虚线),它们与地面相应等高线的交点即为挖、填分界点,将其依次连接即为挖、填分界线(如图 8-28 中的类似陡坎符号的线)。

(5)计算各格网桩的填、挖量。根据顶、底线的设计高程按内插法计算出各方格角顶的设计高程,标注在相应角顶的右下方;将原来求出的角顶地面高程减去它的设计高程,即得挖、填深度(或高度),标注在相应角顶的左上方。

(6)计算填、挖土方量。计算方法与上述方法相同,从略。

六、面积量测

在工程建设中,往往要测定地形图上某一区域的图形面积,如汇水面积计算、土地面积计算及总地面积计算等,都有面积计算问题。面积计算的方法很多,对于规则的图形面积,将规则多边形划分成若干个规则的三角形、矩形、梯形等图形,在地形图上量取相应的线段长度后分别进行计算,最后进行叠加。对于不规则的图形面积,可采用近似计算的方法,主要有分割法、格网法、坐标法、求积仪法(电子求积仪、数字化仪等)等几大类,这里仅介绍几何图形法、格网法、坐标法。

(一)几何图形法

几何图形法就是将不规则的几何图形分解为若干个三角形、矩形或梯形等,如图8-29所示。然后在再进行面积计算,具体计算公式有

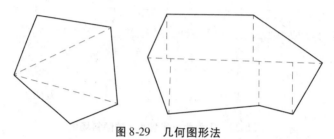

图8-29 几何图形法

三角形:$S = \dfrac{1}{2}dh$ (S 为三角形面积,d 为三角形底边边长,h 为高)

矩形:$S = ab$ (S 为矩形面积,a、b 为矩形的边长)

梯形:$S = \dfrac{a + b}{2}h$ (S 为梯形面积,a、b 为梯形的上、下底边长,h 为高)。

总面积就是各分块面积之和。

(二)格网法

格网法就是利用事先绘制好的平行线、方格网或排列整齐的正方形网点的透明膜片,将其蒙在要量测的图纸上,从而求出不规则图形的面积。

(1)平行线法。将绘有间隔 $h = 1$ mm 或 2 mm 平行线的透明膜片蒙在被量测的图形上,则整个图形被分割成若干个等高梯形,如图8-30所示。然后用卡规或直尺量各梯形中线长度,将其累加起来再乘以梯形高 h,即可求得不规则图形的面积。设不规则图形的面积为 P,则

$$P = (ab + cd + ef + \cdots + mn)h \tag{8-9}$$

(2)透明方格网法。将绘有边长 1 mm 或 2 mm 正方形格网的透明膜片蒙在被量测的图形上,如图8-31所示,然后数出图形占据的整格数目 n,将不完整方格数累计折成一整格数 n_1,按式(8-10)计算出该图形的面积 P,即

$$P = (n + n_1)aM^2 \tag{8-10}$$

式中 a——透明方格纸小方格的面积;

M——比例尺的分母。

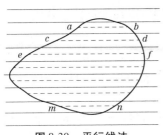

图 8-30　平行线法

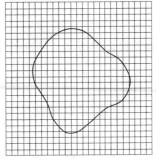

图 8-31　透明方格网法求面积

（三）坐标法

坐标法是利用多边形顶点坐标计算其面积的方法。首先从地形图上用解析的方法求出各顶点的坐标,然后利用这些坐标计算其面积的大小。如图 8-32 所示,任意四边形顶点 A、B、C、D 的坐标分别为 (x_A, y_A)、(x_B, y_B)、(x_C, y_C)、(x_D, y_D),由此可知四边形 $ABCD$ 的面积 P 等于梯形 $DAA'D'$ 的面积加上梯形 $CDD'C'$ 的面积再减去梯形 $B'BCC'$ 与梯形 $B'BAA'$ 的面积。

对于任意多边形,设多边形各顶点(注:多边形顶点编号按顺时针进行编号)的坐标为 (x_i, y_i),设多边形的面积为 P,则有

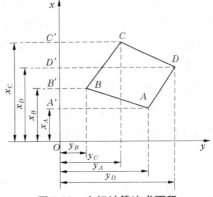

图 8-32　坐标计算法求面积

$$P = \frac{1}{2}\sum_{1}^{n} y_i(x_{i-1} - x_{i+1}) \tag{8-11}$$

或

$$P = \frac{1}{2}\sum_{1}^{n} x_i(y_{i-1} - y_{i+1}) \tag{8-12}$$

由于计算面积属闭合图形,所以第 $n+1$ 点即为第一点。式(8-11)、式(8-12)可以进行检核计算。

七、建筑设计中的地形图应用

虽然现代技术设备能够推移大量的土石方,甚至能将建设用地完全推平。但是剧烈改变地形的自然形态,仅在特殊场合下才可能是合理的,因为这种做法需要花费大量的资金,更主要的是破坏了周围的环境状态,如地下水、土层、植物生态和地区的景观环境。

在进行建筑设计时,应该充分考虑地形特点,进行合理的竖向规划。例如,当地面坡度为 2.5% ~5% 时,应尽可能沿等高线方向布置较长的建筑物,这样,房屋的基础工程较节约,道路和联系阶梯也容易布置。

地形对建筑物布置的间接影响是自然通风和日照效果方面的影响。由地形和温差形成的地形风往往对建筑通风起着主要作用,常见的有山阴风、顺坡风、山谷风、越山风和山垭风等,在布置建筑物时,需结合地形并参照当地气象资料加以研究。

在建筑设计中,既要珍惜良田好土,尽量利用薄地、荒地和空地,又要满足投资省、工程量少和使用合理等要求。

建筑设计中所需要的这些地形信息,大部分都可以在地形图中找到。

八、数字地形图的应用

数字地形图是以磁盘为载体、用数字形式记录的地形信息,是信息时代的高科技产品。

通过地面数字测图、数字摄影测量和卫星遥感测量等方法,可以得到各种数字地形图。它已广泛地应用于国民经济建设的各个方面。

有了数字地形图,在 AutoCAD 软件环境下,可以绘制、输出各种比例尺的地形图和专题图,也可以很容易地获取各种地形信息;可以量测各个点位的坐标,点与点之间的距离,也可以量测直线的方位角、点位的高程、两点间的坡度和在图上设计坡度线等。

有了数字地形图,利用 AutoCAD 的三维图形处理功能,可以建立数字地面模型(DTM),即相当于得到了地面的立体形态。利用该模型,可以绘制各种比例尺的等高线地形图、地形立体透视图、地形断面图,确定汇水范围和计算面积,确定场地平整的填挖边界和计算土方量。在公路和铁路设计中,可以绘制地形的三维轴视图和纵、横断面图,进行自动选线设计。

数字地面模型是地理信息系统(GIS)的基础资料,可用于土地利用现状分析、土地规划管理和灾情分析等。

随着科学技术的高速发展和社会信息化程度的不断提高,特别是随着数字城市建设步伐的进一步加快,数字地形图将会发挥越来越大的作用。

小 结

本章在概略介绍地形图含义及主要内容的基础上,着重讲明了地形图的比例尺、图号、地物符号和地貌符号、等高线、等高距、等高线平距及等高线特性等概念,然后详细介绍了地形图的应用。地形图的基本应用有根据地形图确定点的坐标、高程,确定直线长度、坡度和坐标方位角,绘制某方向断面图,选定已知坡度线路等;地形图在工程建设中的应用有利用地形图绘制断面图、平整土地、计算面积等。

每项工程建设均离不开地形图,所以识图必须熟悉下列一些问题:地形图的分幅、编号与图廓,地形图的坐标系,高程系统,地形图的比例尺和方位,地形图图式,等高线等。地形图上任一线段的长度 d 与地面上相应线段的实际水平距离 D 之比称为地形图的比例尺。按表示方法的不同,比例尺又分为数字比例尺、图式比例尺等形式。地形图图式是测绘、出版地形图的基本依据之一,是识读和使用地形图的重要工具。它的内容概括了地物、地貌在地形图上表示的符号和方法,在地形图上表示各种地物的形状、大小和它们的位置的符号称为地物符号。它分为比例符号、非比例符号、半比例符号和地物注记四种,地貌的形态按其起伏变化可分为平坦地、丘陵地、山地和高山地四种类型。

在地形图上表示地貌的方法很多,而在测量上最常用的方法是等高线法,复杂地貌也可辅以其他符号表示,如峭壁、冲沟等。等高线分为首曲线、计曲线、间曲线和助曲线。等高线具有等高性、闭合性、非交性、对称性、密陡稀缓性等特性。

在地形图的基本应用中,着重介绍了在地形图上如何确定某点的高程和坐标,确定某点的高程时,可用内插法或目估内插法来确定;确定某点的坐标时,必须考虑图纸伸缩的影响;确定两点间的直线距离或某直线的坐标方位角可用图解法或解析法;确定图上某直线的坡度时,则需先求出该直线两端点的高差,再求出该直线的水平距离 D,高差与其水平距离之比就是某直线的坡度。

关于地形图在工程建设中的应用,着重介绍了按设计线路绘制纵断面图的方法,这种方法主要是利用地形图上的等高线来绘制设计线路纵断面图,以此反映该线路地面的起伏变化。

在地形图上按限制坡度选择最短路线的方法,是根据工程的需要,对在山区或丘陵地区各种道路和管道的坡度进行一定的限制,以保证安全行车和过水。

地图形的面积量算主要是计算工程的土石方工程量,其方法主要有几何图形法、坐标法、透明方格网法和平行线法四种,其中前两种主要用于规则多边形面积的量算,后两种主要用于不规则曲线面积的量算。

在工业与民用建筑工程中,通常要对拟建地区的自然地貌加以改造,整理为水平或倾斜的场地,使改造后的地貌适于布置和修建建筑物,便于排泄地面水,满足交通运输和敷设地下管线的需要,为了使场地的土石方工程合理,应满足挖方与填方基本平衡的原则,同时要概算出挖、或填土石方工程量,并测设出挖、填土石方的分界线。其中设计成水平场地是使用最广泛的一种方法,有时为了工程的需要,也可设计成一定坡度的倾斜地面。

思考题与习题

1. 何谓比例尺的精度?它对用图和测图有什么指导作用?

2. 比例符号、非比例符号和半比例符号各在什么情况下应用?

3. 何谓等高线?何谓等高线距、等高线平距?等高线平距与地面坡度的关系如何计算?

4. 等高线有哪些特性?

5. 简述阅读地形图的步骤和方法。

6. 简述利用地形图确定某点的高程和坐标的方法。

7. 简述利用地形图确定两点间的直线距离的方法。

8. 简述利用地形图确定某直线的坐标方位角的方法。

9. 简述利用地形图计算面积的方法。

10. 如何计算场地的设计高程?

第九章　建筑施工测量的基本方法

第一节　施工测量概述

一、施工测量的目的和内容

各种工程在施工阶段所进行的测量工作称为施工测量。施工测量的目的是将设计图纸上的建筑物和构筑物,按其设计的平面位置和高程,通过测量方法和手段,用线条、桩点等可见标志,在现场标定出来,作为施工的依据。这种由图纸到现场的测量工作称为测设,也称为放样。

施工测量的内容除测设外,还包括:为了保证放样精度和统一坐标系而事先在施工场地上进行的施工控制测量,为了检查每道工序施工后建筑物和构筑物的尺寸是否符合设计要求而进行的检查验收测量,为了确定竣工后建筑物和构筑物的真实位置和高程而进行的竣工测量,为了监视重要建筑物和构筑物在施工和使用过程中位置和高程的变化情况而进行的变形测量。

距离、水平角、高程是确定地面点位的三个基本要素。建筑物和构筑物的测设工作就是根据已有的施工控制点,按工程设计要求,将设计建筑物、构筑物的特征点测设于实地上。因此,测设的基本工作包括水平距离测设、水平角测设和高程测设等。

二、施工测量的特点

施工测量是直接为工程施工服务的,具有测量精度要求高、与施工进度关系密切的特点。

对于不同种类的建筑物和构筑物来说,工业建筑的测量精度要求高于民用建筑的,高层建筑的测量精度要求高于多层建筑的,桥梁工程的测量精度要求高于道路工程的。对于工业建筑来说,钢结构的工业建筑测量精度要求高于钢筋混凝土结构的,装配式工业建筑的测量精度要求高于非装配式工业建筑的。对于同类建筑物和构筑物来说,测设整个建筑物和构筑物的主轴线时,其测量精度要求可相对低一些,而测设建筑物和构筑物的内部轴线和进行构件安装测量时,其精度要求则相对高一些。对建筑物和构筑物进行变形观测时,为了发现平面位置和高程的微小变化,测量精度要求更高。

在施工过程中,一般每道工序施工前要先进行位置放样和高程测量,为了不影响施工的正常进行,应按照施工进度及时完成相应的测量工作。在施工现场,随着施工的不断进展,由于各工序交叉作业多,运输频繁,经常有大量土方填挖和各种材料堆放,使测量工作的场地条件受到限制,视线被遮挡,测量桩点被破坏等,影响测量工作的正常进行。所以,各种测量标志必须稳固地埋设在不易被破坏和碰动的位置,而且应该经常检查,及时恢复损坏的测量标志,满足现场施工测量的需要。

三、施工测量的原则

施工测量和地形测量一样,也应遵循程序上"由整体到局部",步骤上"先控制后细部",精度上"由高级至低级"的基本原则,即必须先进行总体的施工控制测量,再以此为依据进行建筑物主轴线和细部的施工放样。

施工测量的另一原则是"前一步测量工作未作检核,不进行下一步测量"。施工测量不同于地形测量,施工测量责任更为重大。当控制点数据有错误时,以此为基础测定的碎部点位置就必然有错误。因此,在测量过程中必须进行严格的检核,以防止错误发生,保证测量成果的正确性。测量中的检核并不是简单地重复前一步工作,而是必须采用不同的仪器、方法或技术措施对已得到的测量结果进行检核,以确保误差在一定的范围内。如果测量误差的范围未知,则测量结果将会失去意义。

第二节 角度和距离的放样

一、已知水平角的放样

水平角测设是根据地面上已有的一个点和从该点出发的一个已知方向,按设计的已知水平角,在地面上标定出另一个方向。测设时,按照精度的要求不同,分为一般方法和精确方法。

(一)一般方法

当测设水平角的精度要求不高时,可采用盘左、盘右分中的方法测设。如图 9-1 所示,设地面已知方向 OA,O 为角顶,β 为已知水平角角值,欲求设计方向 OB。测设方法如下:

(1)在 O 点安置经纬仪,盘左位置瞄准 A 点,配置度盘,使水平度盘读数为 l(l 的度数应稍大于 $0°00'00''$)。

(2)转动照准部,采用微调螺旋使水平度盘读数为 $l+\beta$,并在视线方向上定出 B' 点。

(3)盘右位置,重复上述步骤,定出 B'' 点。

(4)由于观测误差的存在,B' 和 B'' 往往不重合,取两者的中点 B,则 $\angle AOB$ 就是需要测设的水平角 β。

(二)精确方法

当水平角测设精度要求较高时,可采用垂线支距法进行改正,以提高测设的精度。具体的操作步骤如下:

(1)如图 9-2 所示,在 O 点安置经纬仪,先用盘左、盘右分中的方法测设 β 角(即设计所要求的角值),在地面上标定 B',作为测设水平角终边的粗略方向(此时所测角度值与真值误差较大)。

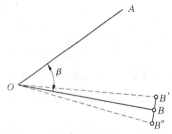

图 9-1　水平角测设的一般方法

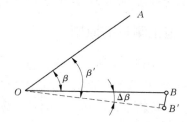

图 9-2　水平角测设的精确方法

（2）用测回法对∠AOB′进行观测（测回数应根据要求的精度而定），求出各测回平均值 β′（此时所测角度值与真值误差较小），并计算 β 与 β′ 的差值 $\Delta\beta = \beta - \beta'$。

（3）用钢尺量取 OB′ 的水平距离，计算垂线支距距离。

$$BB' = OB'\tan\Delta\beta \approx OB'\Delta\beta/\rho \tag{9-1}$$

式中　$\rho = 206\ 265''$。

（4）根据 BB′ 来调整 B′ 点。若 Δβ 为正，自 B′ 沿 OB′ 的垂直方向向外量出距离 BB′，标定 B 点；若 Δβ 为负，自 B′沿 OB′ 的垂直方向向内量出距离 BB′，然后在地面上标定 B 点，则∠AOB 就是需要测设的水平角度 β。

【例 9-1】　设放样的角值 $\beta = 87°28'36''$，初步测设的角 $\beta' = \angle AOB' = 87°27'54''$，OB 边长 S = 25 m。求 B 点的横向改正数。

解：角差为　　　　　$\Delta\beta = \beta - \beta' = 87°28'36'' - 87°27'54'' = 42''$

故由式（9-1）可得 B 点的横向改正数为

$$BB' = \frac{\Delta\beta}{\rho} \times S = \frac{42''}{206\ 265''} \times 25 = 0.005(\text{m})$$

因角差 Δβ 为正值，应自 B′ 点起向角外量取 0.005 m 得到 B 点。

二、已知水平距离的放样

已知水平距离的放样，是从地面上一个已知点出发，沿给定的方向，量出已知（设计）的水平距离，在地面上标定出这段距离另一端点的位置。可采用钢尺放样或全站仪放样。本章只介绍钢尺放样。

根据不同的精度要求，距离放样有一般方法和精确方法。采用精确方法时，所量长度一般要加尺长改正数、温度改正数和倾斜改正数，有时还要考虑垂曲改正数。丈量已知两点间的距离，使用的主要工具是钢卷尺。

（一）一般方法

如图 9-3 所示，A 为地面上的已知点，D 为设计的水平距离，现要在地面上沿给定的方向 AC 测设水平距离 D，以定出这段距离的端点 B。首先从 A 点沿 AC 方向用钢尺进行定线丈量，按设计距离 D 在地面上标定出 B′ 的位置。为了检核，应返测丈量 AB′ 一次（或将钢尺稍许移动 10 ~ 20 cm，再测设一次），若两次测设之差在允许精度范围（1/3 000 ~ 1/5 000）内，取往返测的平均值 D′，并计算改正数 ΔD = D - D′。根据 ΔD 对端点 B′ 进行改正，当 ΔD > 0 时，向外改正，当 ΔD < 0 时，向内改正，最终确定 B 点的位置，并在地面上

标定出来。这种方法适用于测设精度要求不高的情况。

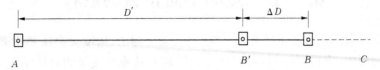

图9-3 用钢尺测设已知水平距离的一般方法

（二）精确方法

当距离的测设精度要求在 1/10 000 以上时，需用精确方法测量，使用检定过的钢尺，用经纬仪定线，水准仪测定高差，并对已知水平距离 D 经过尺长改正数 Δl_l、温度改正数 Δl_t 和倾斜改正数 Δl_h 三项改正后，计算出实地测设长度 L，但要注意的是，测设时三项改正的符号与量距时相反。最后根据计算结果，用钢尺进行测设，具体公式如下：

$$L = D - \Delta l_l - \Delta l_t - \Delta l_h \tag{9-2}$$

【例9-2】 如图9-4 所示，欲在倾斜地面测设水平距离 $D = 20$ m，已知 AB 两点之间的高差为 1.2 m，使用的钢尺尺长方程式为：$l_t = 30.000$ m $+ 0.004$ m $+ 1.25 \times 10^{-5} \times 30$ $(t - 20\ ℃)$m，测设时的温度为 30 ℃，试求测设时在实地应量出的长度。

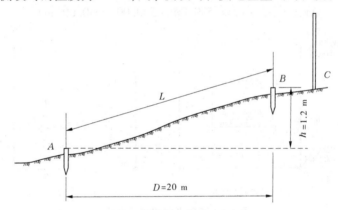

图9-4 用钢尺测设已知水平距离的精确方法

解：首先计算水平距离 D 的三项改正数。由于 D 和 L 相差不大，故式中的 L 可用 D 代替。

计算如下：

（1）尺长改正数：$\Delta l_l = \dfrac{\Delta l}{l_0}D = \dfrac{0.004}{30} \times 20 = 0.002\ 7\ (\text{m})$；

（2）温度改正数：$\Delta l_t = \alpha(t - t_0)D = 1.25 \times 10^{-5} \times (30 - 20) \times 20 = 0.002\ 5\ (\text{m})$；

（3）倾斜改正数：$\Delta l_h = -\dfrac{h^2}{2D} = -\dfrac{1.2^2}{2 \times 20} = -0.036\ (\text{m})$。

然后根据式（9-2），计算测设时在实地应量出的长度 L 为

$L = D - \Delta l_l - \Delta l_t - \Delta l_h = 20 - 0.002\ 7 - 0.002\ 5 - (-0.036) = 20.031\ (\text{m})$

最后，在倾斜地面上自 A 点沿 AC 方向用钢尺放样 20.031 m，标定 B 点，则其对应的水平距离就为 20 m。

第三节 点的平面位置的放样

点的平面位置测设方法主要有直角坐标法、极坐标法、角度交会法和距离交会法等。在实际工程使用中,应根据控制点的分布、放样精度及施工现场的具体情况选择合适的方法。

一、直角坐标法

建筑物附近已有互相垂直的建筑基线或建筑方格网时,可采用直角坐标原理来确定一点的平面位置,称为直角坐标法。

如图 9-5(a)所示,A、B、C、D 为建筑施工场地的建筑方格网顶点,其坐标值已知,1、2、3、4 为欲测设建筑物的四个角点,根据设计图可以查找各点坐标值。现欲用直角坐标法测设建筑物的四个角桩。以测设 1 点为例,首先需要根据已知坐标计算 1 点测设数据,1 点的测设数据为 A 点与 1 点的纵、横坐标之差,即

$$\Delta x_{A1} = x_1 - x_A = 640.00 - 600.00 = 40.00(\text{m})$$
$$\Delta y_{A1} = y_1 - y_A = 530.00 - 500.00 = 30.00(\text{m})$$

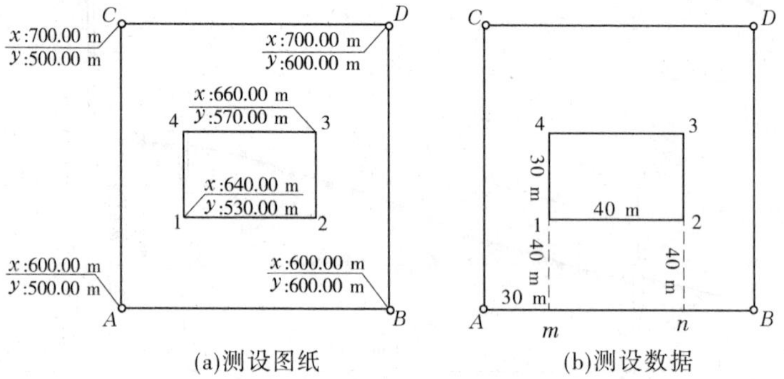

(a)测设图纸   (b)测设数据

图 9-5   直角坐标法测设点位

直角坐标法的具体测设过程如下:如图 9-5(b)所示,在 A 点安置经纬仪,瞄准 B 点定向,沿视线方向测设距离 $\Delta y_{A1} = 30.00$ m,定出 m 点,继续向前测设距离 40.00 m(建筑物的长度),定出 n 点。在 m 点安置经纬仪,瞄准 B 点定向,按正倒镜分中法测设 90°角,由 m 点沿 90°视线方向测设距离 $\Delta x_{A1} = 40.00$ m,定出 1 点。2 点、3 点、4 点可按相同方法确定。

在直角坐标法中,一般用经纬仪测设直角,但在精度要求不高、支距不大、地面较平坦时,可采用钢尺根据勾股定理进行测设。直角坐标法计算简单,测设方便,因此应用广泛。

二、极坐标法

极坐标法是在已知控制点上测设一个水平角和一段距离来确定点的平面位置,它适用于量距方便,且待测设点距离控制点较近的情况。若使用全站仪测设,则不受这些条件的限制,测设工作方便、灵活。

如图 9-6 所示，A、B 为已知控制点，坐标为 (x_A, y_A)、(x_B, y_B)，1、2、3、4 为测设建筑物的四个角点，坐标 (x_i, y_i) $(i = 1, 2, 3, 4)$，可在设计图纸上查得。

现欲用极坐标法将建筑物的角点 1 测设到实地。首先应按坐标计算出测站至 1 点的水平距离 D 和水平角 β。1 点的放样数据可按以下公式计算：

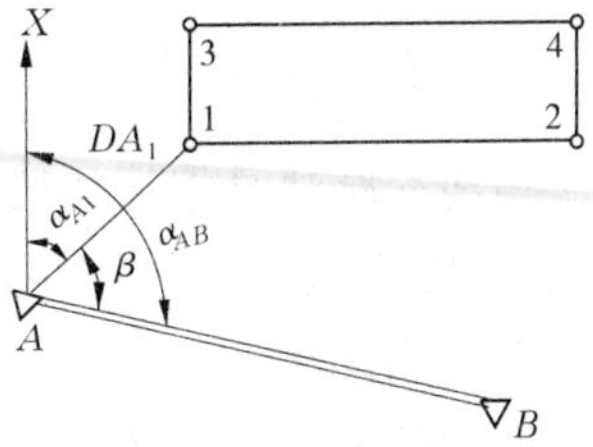

$$\left.\begin{array}{l} \alpha_{AB} = \arctan \dfrac{y_B - y_A}{x_B - x_A} \\[2mm] \alpha_{A1} = \arctan \dfrac{y_1 - y_A}{x_1 - x_A} \\[2mm] \beta = \alpha_{AB} - \alpha_{A1} \end{array}\right\} \qquad (9\text{-}3)$$

图 9-6 极坐标法测设点位

$$D_{A1} = \sqrt{(x_1 - x_A)^2 + (y_1 - y_A)^2} \qquad (9\text{-}4)$$

测设时，在 A 点安置经纬仪，瞄准 B 点定向，按正倒镜分中法测设 β 角，定出 $A1$ 方向；沿 $A1$ 方向测设水平距离 D_{A1}，定出 1 点，并在地面上做出标志。

三、角度交会法

角度交会法是在两个或多个控制点上安置经纬仪，通过测设两个或多个已知水平角角度，交会出待测点的平面位置，这种方法又称为方向交会法。角度交会法适用于待定点离控制点较远，且量距较困难的建筑施工场地。

如图 9-7(a) 所示，A、B、C 为坐标已知点，P 为待测点，其设计坐标为 $P(x_P, y_P)$，现根据 A、B、C 三点测设 P 点。

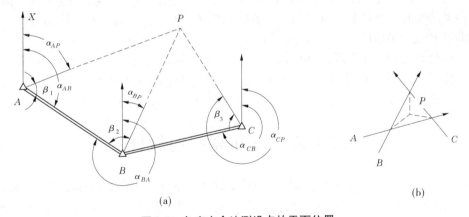

(a)   (b)

图 9-7 角度交会法测设点的平面位置

首先计算测设数据：根据坐标反算公式分别计算出 α_{AB}、α_{AP}、α_{BP}、α_{CP}、α_{CB}，然后计算测设数据 β_1、β_2、β_3。

然后进行点位测设：在已知点 A、B 上安置经纬仪，分别测设出相应的 β 角，通过两个观测者指挥把标杆移到待定点的位置。当精度要求较高时，先在 P 点处打下一个大木桩，并在木桩上依 AP、BP 绘出方向线及其交点 P。然后在已知点 C 上安置经纬仪，同样可测设出 CP 方向。若交会没有误差，此方向应通过前两方向线的交点，否则将形成一个

"示误三角形",如图 9-7(b)所示。若"示误三角形"的最大边长不超过 1 cm,则取三角形的重心作为待定点 P 的最终位置。若误差超限,应重新交会。

四、距离交会法

距离交会法是根据两段已知距离交会出点的平面位置的一种方法。此法适用于场地平坦,量距方便,且控制点离测设点又不超过一个整尺段长度的地方。在施工中,细部位置测设常用此法。

如图 9-8 所示,A、B、C 为已有平面控制点,P 为待测设点位,坐标均已知。现欲根据 A、B 两点,采用距离交会法测设 P 点,需要计算测设距离 D_{AP} 和 D_{BP}。

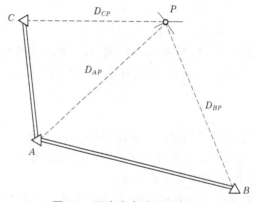

图 9-8　距离交会法测设点位

测设时,首先将钢尺的零点对准 A 点,以 A 点为圆心,以 D_{AP} 为半径在地上画一圆弧。然后再将钢尺的零点对准 B 点,以 B 点为圆心,以 D_{BP} 为半径在地上画一圆弧,两圆弧的交点即为 P 点的平面位置。

为检验 P 点的放样精度,可再测量另一控制点 C 到 P 点的水平距离 D_{CP},并与设计长度进行比较,误差应在限差以内。也可按三点距离交会法得到如图 9-7(b)所示的示误三角形。若其最长边不超过允许范围,则取三角形的重心作为 P 点的最终位置。

第四节　已知高程的放样

已知高程的测设是根据施工现场已有的水准点将设计高程在实地标定出来。它与水准测量的不同之处在于,不是测定两固定点之间的高差,而是根据一个已知高程的水准点,把设计所给定点的高程在实地标定出来。在建筑设计和施工过程中,为了计算方便,一般把建筑物的底层室内地坪用 ±0.000 标高表示,基础、门窗等的标高都是以 ±0.000 为依据,相对于 ±0.000 测设的。此外,场地平整、基础开挖等工程中都需要进行相关的高程测设工作。高程测设最常用的方法有视线高程法、高程传递法等。

一、视线高程法

如图 9-9 所示,已知水准点 BM_A,高程为 H_A,测设 B 点,设计高程 $H_{设}$,测设过程如下:

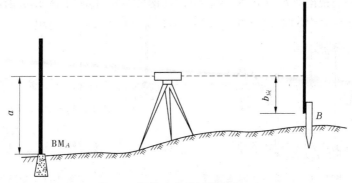

图 9-9 视线高程法测设高程

(1)在水准点 BM_A 和木桩 B 之间安置水准仪,在 BM_A 立水准尺,为后视尺,水准仪的水平视线测得后视读数为 a,此时视线高程 $H_{视}$ 为

$$H_{视} = H_A + a \tag{9-5}$$

(2)根据视线高程和 B 的设计高程即可算出 B 桩点尺上的应有读数 $b_{应}$ 为

$$b_{应} = H_{视} - H_{设} = (H_A + a) - H_{设} \tag{9-6}$$

(3)在木桩 B 旁立尺,使水准尺紧贴木桩一侧上下移动,直至水准仪水平视线在尺上的读数为 $b_{应}$ 时,紧靠尺底在木桩上划一道横线,此线就是设计高程标高的位置。

二、高程传递法

当测设高程点与已知水准点之间高差较大时,如开挖较深的基坑,将高程引测到建筑物上部或安装吊车轨道等,只用水准尺已无法测定点位的高程,就必须采用高程传递法,利用钢尺将地面水准点的高程向下或向上引测到临时水准点,然后根据临时水准点测设所需待定点高程。

如图 9-10 所示,欲在开挖的深基坑内设置水平桩 B(用于指示基坑开挖深度与基底整平),使其高程为 $H_{设}$。地面附近有一水准点 BM_A,高程为 H_A,具体的测设过程如下:

(1)在基坑一边架设吊杆,杆上吊一根零点向下的经检定的钢尺,尺的下端挂上一个与要求拉力相等的重锤,放在油桶内。

(2)在地面安置一台水准仪,设水准仪在 BM_A 点所立水准尺上读数为 a_1,在钢尺上读数为 b_1。

(3)在基坑底安置另一台水准仪,设水准仪在钢尺上读数为 a_2。

(4)若 B 点水准尺底高程为 $H_{设}$ 时,B 点处水准尺的读数 $b_{应}$ 为

$$b_{应} = (H_A + a_1) - (b_1 - a_2) - H_{设} \tag{9-7}$$

当要测设楼层标高时,只用水准尺无法满足点位的高程需要,就必须采用高程传递法。向楼层上传递高程可以利用楼梯间,用水准仪逐层引测。如图 9-11 所示,由已知水准点 BM_A 向高层建筑物 B 处测设时,可在该处悬吊钢尺,尺的下端挂一重约 100 N 的重锤,可以将重锤放入油桶中以减少摆动,钢尺零点在上,即倒尺。前视读数时,上下移动钢

尺,使水准仪的前视读数 $b_{应} = H_B - (H_A + a)$,则钢尺零分划线的高程即为所测设的高程 H_B。

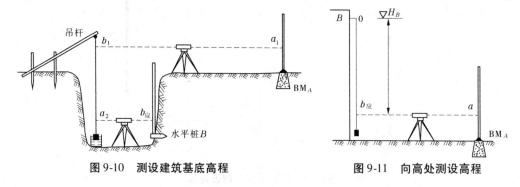

图 9-10　测设建筑基底高程　　　　　图 9-11　向高处测设高程

第五节　已知坡度的放样

在道路建设、管道及排水沟等工程中,经常需要测设指定的坡度线。所谓坡度 i,是指直线两端的高差 h 与水平距离 D 之比,即

$$i = \frac{h}{D} \tag{9-8}$$

已知坡度线的测设是根据现场附近水准点的高程、设计坡度和坡度端点的设计高程,用水准测量的方法将坡度线上各点的设计高程标定在地面上。测设的方法通常有水平视线法和倾斜视线法。

一、水平视线法

如图 9-12 所示,A、B 为欲测设坡度线的两端,AB 之间的水平距离为 D_{AB},已知 A 点的高程为 H_A,设计坡度为 i_{AB},由此可知 B 点设计高程为

$$H_B = H_A + i_{AB} \times D_{AB} \tag{9-9}$$

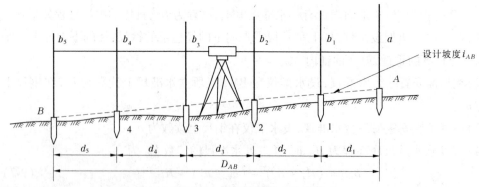

图 9-12　坡度测设的水平视线法

现欲在 AB 方向上,每隔一定距离测定一个木桩,并在木桩上标定坡度为 i_{AB} 的坡度线,测设步骤如下:

(1)沿 AB 方向,根据施工需要,按一定的间隔在地面上定出中间点 1、2、3、4 的木桩

位置,测定每相邻两桩间的距离分别为 d_1、d_2、d_3、d_4、d_5。

(2)根据坡度定义和水准测量高差法,推算每一个桩点的设计高程 H_1、H_2、H_3、H_4、H_B,如下

1 点的设计高程	$H_1 = H_A + i_{AB} \times d_1$
2 点的设计高程	$H_2 = H_1 + i_{AB} \times d_2$
3 点的设计高程	$H_3 = H_2 + i_{AB} \times d_3$
4 点的设计高程	$H_4 = H_3 + i_{AB} \times d_4$
B 点的设计高程	$H_B = H_4 + i_{AB} \times d_5$

$$(9\text{-}10)$$

其中,B 点的设计高程可以用式(9-9)进行检核。

(3)如图 9-12 所示,安置水准仪于 A 点附近,读取已知高程点 A 上的水准尺后视读数 a,则视线高程 $H_{视} = H_A + a$。

(4)按照测设高程的方法,根据各点的设计高程计算每一个桩点水准尺的应读前视读数 $b_{应} = H_{视} - H_{设}$。

(5)指挥打桩人员仔细打桩,使水准仪的水平视线在各桩顶水准尺读数刚好等于各桩点的应读数 $b_{应}$,则桩顶连线即为设计坡度线。当木桩无法往下打时,可将水准尺靠在木桩一侧,上下移动,当水准尺读数恰好为应有读数 $b_{应}$ 时,在木桩侧面沿水准尺底边画一条水平线,此线即在 AB 坡度线上。

二、倾斜视线法

如图 9-13 所示,A、B 为欲测设坡度线的两端点,A、B 两点之间的水平距离为 D_{AB},设 A 点的高程为 H_A,现欲沿 AB 方向测设一条坡度为 i_{AB} 的坡度线,测设的方法如下:

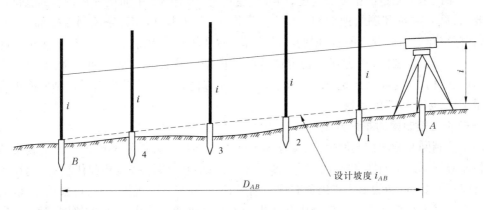

图 9-13　坡度测设的倾斜视线法

(1)根据式(9-9)计算出 B 点的设计高程 H_B。

(2)按测设已知高程的方法,在 B 点处将设计高程 H_B 测设在相应的桩顶上,此时,AB 直线即构成坡度为 i_{AB} 的坡度线,下一步需要定出该坡度线上的若干分点。

(3)将水准仪安置在 A 点上,如图 9-14 所示,使基座上的一个脚螺旋在 AB 方向线上,其余两个脚螺旋的连线与 AB 方向垂直。量取仪器高度 i,用望远镜瞄准 B 点的水准

尺,转动在 AB 方向上的脚螺旋或微倾螺旋,使十字丝中丝对准 B 点水准尺上等于仪器高 i 的读数,此时,仪器的视线与设计坡度线平行。

图 9-14 在 A 点(或 B 点)上安置水准仪

（4）在 AB 方向线上测设中间点,分别在 1、2、3、4 处打下木桩,使各木桩上水准尺的读数均为仪器高 i,这样各桩顶的连线就是欲测设的坡度线。当木桩无法往下打时,可将水准尺靠在木桩一侧,上下移动,当水准尺读数恰好为仪器高 i 时,在木桩侧面沿水准尺底边画一条水平线,此线即在 AB 坡度线上。

由于经纬仪可方便地照准不同高度和不同方向的目标,当设计坡度较大时,可使用经纬仪来测设各点的坡度线标志。操作时,在一个端点上安置经纬仪,按常规对中、整平和量仪器高,直接照准立于另一个端点上的水准尺上的等于仪器高的度数,固定照准部和望远镜,得到一条与设计坡度线平行的视线,据此视线在各中间桩点上绘坡度线标志线,方法同水准仪法。

第六节　施工控制网的布设

一、概述

为了保证施工测量的精度和速度,使各个建筑物、构筑物的平面位置和高程都能符合设计要求,施工测量和测绘地形图一样,也要遵循"从整体到局部,先控制后碎部"的原则,即在标定建筑物位置之前,根据勘察设计部门提供的测量控制点,先在整个建筑场区建立统一的施工控制网,作为建筑物定位放线的依据。采取这一原则,可以减少误差积累,保证放样精度,免除因建筑物众多而引起放样工作的紊乱。为建立施工控制网而进行的测量工作,称为施工控制测量。

（一）施工控制网的布设方式

施工控制网和测图控制网一样,也分为平面控制网和高程控制网两种。施工测量的平面控制应根据总平面图和施工地区的地形条件来确定。当厂区地势起伏较大、通视条件较好时,采用三角网的形式扩展原有控制网;当地形平坦且通视困难时,可采用导线网;对于建筑物多为矩形且布置比较规则和密集的工业场地,可布置成建筑方格网;对于一般民用建筑,布置一条或几条建筑基线即可。高程控制可根据施工要求布设四等水准或图根水准网。随着测量仪器的发展,施工控制网已广泛采用边角网、测边网、导线网及 GPS 卫星定位等测量方法。

平面控制网一般分两级布设,首级网作为基本控制,目的是放样各个建筑物的主要轴线,第二级网为加密控制,它直接用于放样建筑物的特征点。

高程控制网一般也分两级布设,基本高程控制布满整个测区,加密高程控制的密度应达到只设一个测站就能进行高程放样的程度。

布设施工控制网时,必须考虑施工的程序、方法,以及施工场地的布置情况。为防止控制点被破坏或丢失,施工控制网的设计点位应标在施工设计的总平面图上,以便破坏后重新布点。

(二)施工控制网的特点

施工控制网与测图控制网相比,具有以下特点:

(1)控制范围小,控制点的密度大,精度要求高。与测图的范围相比,工程施工的地区比较小,而在施工控制网所控制的范围内,各种建筑物的分布复杂,需要较为稠密的控制点以满足放样工作的要求。施工控制网的主要任务是进行建筑物轴线的放样,这些轴线的位置偏差都有一定的限制(例如,厂房主轴线的定位精度要求为 2 cm),因此施工控制网的精度比测图控制网的精度要求高。

(2)使用频繁。在工程施工过程中,随着建筑物的增高,要随时放样不同高度上的特征点,又由于施工技术和混凝土的物理与化学性质的限制,混凝土也必须分层、分块浇筑,因而每浇筑一次都要进行放样工作。从施工到竣工,有的控制点要使用很多次。由此可见,施工控制点的使用是相当频繁的。这就要求控制点稳定,使用方便,在施工期间不受破坏。

(3)易受施工干扰或破坏。建筑工程通常采用交叉作业方法施工,这就使建筑物不同部位的施工高度有时相差悬殊,常常妨碍控制点之间的相互通视。随着施工技术现代化程度的不断提高,施工机械也往往成为视线的严重障碍。有时因施工干扰或重型机械的运行,可能造成控制点位移甚至破坏。因此,施工控制点的位置应分布恰当,具有足够的密度,以便在放样时有所选择。

(三)施工坐标系与测量坐标系的坐标换算

施工坐标系亦称建筑坐标系,其坐标轴与主要建筑物主轴线平行或垂直,以便用直角坐标法进行建筑物的测设。然而施工坐标系与测量坐标系往往不一致,为了便于利用原测量控制点进行测设,在施工测量前常常需要进行施工坐标系与测量坐标系的坐标换算。有关坐标转换数据一般由设计单位给出,或在总平面图上用图解法量取施工坐标系坐标原点在测量坐标系中的坐标(x_O, y_O),以及施工坐标系的纵轴在测量坐标系中的坐标方位角 α,再根据(x_O, y_O)、α 进行坐标转换。

如图 9-15 所示,设 xOy 为测量坐标系,$x'O'y'$ 为施工坐标系,已知 P 点的施工坐标为(x'_P, y'_P),则可按式(9-11)换算为测量坐标(x_P, y_P),即

$$\left. \begin{array}{l} x_P = x_O + x'_P\cos\alpha - y'_P\sin\alpha \\ y_P = y_O + x'_P\sin\alpha + y'_P\cos\alpha \end{array} \right\} \tag{9-11}$$

如果已知 P 点的测量坐标,则可按式(9-12)将其换算为施工坐标,即

$$\left. \begin{array}{l} x'_P = (x_P - x_O)\cos\alpha + (y_P - y_O)\sin\alpha \\ y'_P = -(x_P - x_O)\sin\alpha + (y_P - y_O)\cos\alpha \end{array} \right\} \tag{9-12}$$

应该注意的是,在采用上述公式时,要根据 α 的旋转方向调整正负号。

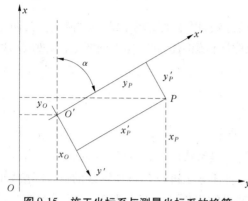

图9-15 施工坐标系与测量坐标系的换算

二、建筑基线

建筑基线是施工平面控制网的一种。当施工场地范围不大时,可在场地上布置一条或几条基准线,作为施工场地的控制,这种基准线称为建筑基线。如图9-16所示,建筑基线的布设是根据建筑物的分布、场地地形等因素确定的。常用的形式有"一"字形、"L"形、"十"字形和"T"形。

建筑基线的布设原则如下:

(1)建筑基线应尽可能靠近拟建的主

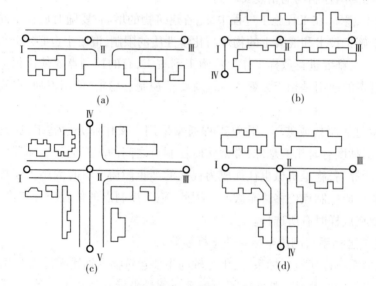

图9-16 建筑基线的布设形式

要建筑物,并与主要轴线平行或垂直。

(2)建筑基线上的基线点应不少于三个,以便相互检核。

(3)建筑基线应尽可能与施工场地的建筑红线相关联。

(4)基线点位应选在通视良好、不易被破坏的地方,为能长期保存,要埋设永久性的混凝土桩。

根据施工场地的条件不同,建筑基线的测设方法有以下两种。

(一)根据建筑红线测设

建筑红线也称建筑控制线,是指在城市规划管理中,控制城市道路两侧沿街建筑物或构筑物(如外墙、台阶等)靠临街面的界线,建筑红线一般与道路中心线相平行,任何临街建筑物或构筑物不得超过建筑红线。建筑红线通常与拟建的主要建筑物或建筑群中的多数建筑物主轴线平行。因此,在城市建设区,建筑红线可用做建筑基线测设的依据。如图9-17所示,Ⅰ—Ⅱ、Ⅱ—Ⅲ为两条互相垂直建筑红线,A、O、B为欲测设的建筑基线点,利用建筑红线测设建筑基线的方法如下：

首先，从Ⅱ点出发，沿Ⅱ—Ⅰ和Ⅱ—Ⅲ方向分别量取距离 d 定出 m、n 点。

然后，过Ⅰ点和Ⅲ点分别作建筑红线的垂线，并沿垂线量取距离 d 即可定出 A、B 点，在地面上做出标志；用细线拉出直线 mB 和 nA，两条直线的交点即为 O 点，在地面上做出标志。

最后，在 O 点安置经纬仪，精确观测 $\angle AOB$，其与90°的差值应小于 $\pm 20''$，否则应进行点位调整。

（二）根据测量控制点测设

如果在拟建区有建筑红线作为测设依据，可以利用建筑基线的设计坐标和附近已有控制点的坐标，在实地采用极坐标法或角度交会法测设建筑基线。如图9-18所示，Ⅰ、Ⅱ为附近已有的测图控制点，A、O、B 为选定的建筑基线点。采用极坐标法测设建筑基线的方法如下：

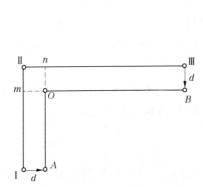

图9-17　根据建筑红线测设建筑基线

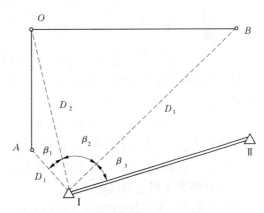

图9-18　根据控制点测设建筑基线

首先，将建筑基线点 A、O、B 的施工坐标转换为测图坐标。

然后，根据 A、O、B 的测图坐标和控制点Ⅰ、Ⅱ的坐标，计算极坐标法的测设元素（水平角 β_i 和水平距离 D_i），并用极坐标法测设建筑基线点 A、O、B，在地面上做出标志。

最后，在 O 点安置经纬仪，精确观测 $\angle AOB$，丈量 OA 和 OB 的距离，检查角度误差和丈量边长的相对中误差应满足规定的精度要求，否则需要调整点位。

三、建筑方格网

在大中型的建筑场地上，由正方形或矩形格网组成的施工控制网，称为建筑方格网，建筑方格网也是施工平面控制网的一种。如图9-19所示，AOB、COD 为建筑方格网主轴线，1、2、3、4、5点为方格网点，方格之间为待测建筑物。

布设建筑方格网时应考虑以下几点：

（1）方格网的主轴线应位于建筑场地的中央，并与主要建筑物的轴线平行或垂直。

（2）根据实地的地形布设的控制点应便于测角和测距，标桩高程与场地的设计标高不能相差太大。

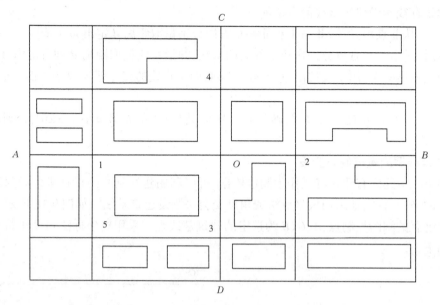

图 9-19 建筑方格网

（3）方格网的边长一般为 100～200 m，也可根据测设对象而定。点的密度应根据实际需要来定。方格网各交角应严格成 90°。

（4）场地面积较大时应分成两级布网。首级网作为基本控制，目的是放样各个建筑物的主要轴线；第二级网为加密控制，它直接用于放样建筑物的特征点。

（5）同一块标石最好是平面和高程控制点。

（一）建筑方格网主轴线的测设

主轴线测设与建筑基线测设方法相似，可根据建筑红线或已知测图控制点进行测设。如图 9-20 所示，Ⅰ、Ⅱ、Ⅲ为已知控制点，AOB 为方格网的主轴线。首先，应计算测设数据：水平距离 D_i 和水平角 β_i。然后，采用极坐标法测设主轴线 AOB，得到其概要位置 A'、O'、B' 并在地面上做出标志，如图 9-21 所示。由于存在测量误差，三个主轴点一般不在一条直线上，因此需要精确检测主轴线点的相对位置关系，即观测 $\angle A'O'B'$ 角值与主轴线的长度，并与设计值相比较。若 $\Delta\beta = \angle A'O'B' - 180°$ 超过表 9-1 所示的限差，则应对 A'、O'、B' 点做出与基线垂直的方向上的等量调整，如图 9-21 所示。

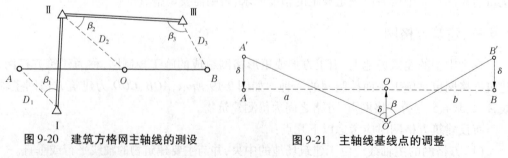

图 9-20 建筑方格网主轴线的测设　　　　图 9-21 主轴线基线点的调整

调整量 δ 的计算如下

$$\delta = \frac{ab}{2(a+b)} \times \frac{(180° - \gamma)}{\rho} \qquad (9\text{-}13)$$

式中 γ——$\angle A'O'B'$的角值;

a、b——$A'O$、$O'B'$的长度。

表9-1　建筑方格网的主要技术要求

等级	边长(m)	测角中误差(″)	边长相对中误差	测角检测限差(″)	边长检测限差
Ⅰ级	100~300	5	1/30 000	10	1/15 000
Ⅱ级	100~300	8	1/20 000	16	1/10 000

为便于理解,现根据图9-20将式(9-13)证明如下

$$\alpha + \beta = 180° - \gamma \qquad (1)$$

因为 α、β 甚小,所以

$$\alpha = \frac{2\delta}{a}\rho, \beta = \frac{2\delta}{b}\rho \qquad (2)$$

则由 $\dfrac{\alpha}{\beta} = \dfrac{b}{a}$ 可得

$$\alpha = \frac{b}{a}\beta \qquad (3)$$

以式(3)代入式(1)并简化可得

$$\beta = \frac{a}{a+b}(180° - \gamma) \qquad (4)$$

以式(4)代入式(2)并简化可得

$$\delta = \frac{ab}{2(a+b)} \times \frac{(180° - \gamma)}{\rho}$$

测设完主轴线点 A、O、B 后,如图9-22所示,将经纬仪安置于 O 点,瞄准 A 点定向,分别向左和向右转90°,测设另一条主轴线 COD,并在地面标定出主轴线点的概要位置 C'、D'。然后精确测量$\angle AOC'$和$\angle AOD'$,分别计算它们与90°之间的差值 ε_1 和 ε_2,并计算调整量 l_1、l_2,公式如下

$$l_i = d_i \frac{\varepsilon''_i}{\rho}(i = 1,2) \qquad (9\text{-}14)$$

式中 d_1、d_2——OC'、OD'的长度。

(二)建筑方格网点的测设

主轴线测设后,进行建筑方格网点的测设。如图9-23所示,分别在主点 A、B、C、D 安置经纬仪,后视主点 O 定向,向左和向右测设90°水平角,即可交会出田字形方格网点。由于观测误差的存在,需要对测设点进行检核,精确测量相邻两点间的距离,检查是否与设计值相等,测量其角度是否为90°,误差均应在允许范围内,并埋设永久性标志。

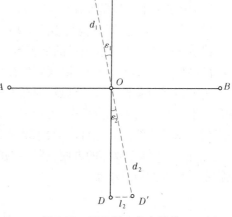

图9-22　测设另一条主轴线

建筑方格网轴线与建筑物轴线平行或垂直,因此可用直角坐标法进行建筑物的定位,

计算简单,测设方便,而且精度较高。缺点是必须按照总平面图布置,点位易被破坏,而且测设工作量也较大。

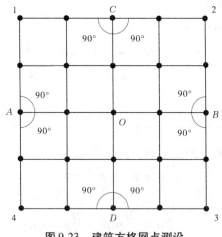

图 9-23　建筑方格网点测设

四、建筑场地的高程控制

建筑场地的高程控制测量必须与国家水准点联测,以便建立统一的高程系统,并在整个施工区域内建成水准网。在建筑工程施工区域内最高的水准测量等级一般为三等,点位应单独埋设,点间距离通常以 600 m 为宜,其距厂房或高大建筑物一般不小于 25 m,在震动影响范围以外不小于 5 m,距回填土边线不小于 15 m。使用最多的是四等水准测量,可利用平面控制点作水准点。有时,普通水准测量也可满足要求。测量时,应严格执行国家水准测量规范。水准点应布设在土质坚实、不受震动影响、便于长期使用的地点,并埋设永久标志。其密度应满足测量放线要求,尽量做到设一个测站即可测设出待测高程。

根据施工中的不同精度要求,高程控制有以下特点:

(1)工业安装和施工精度要求在 1～3 mm 以内,可设置三等水准点 2～3 个。

(2)建筑施工测量精度在 3～5 mm 以内,可设置四等水准点。

(3)设计中各建筑物、构筑物的 ±0.000 的高程不一定相等。

建筑场地内应有足够数量的高程控制点,其密度应尽量满足安置一次仪器就能测设出所需高程点的要求。因此,除测图保存下来的控制点外,还需增设一些水准点。通常可将建筑方格网点兼作高程控制点,即在方格网点旁设置一半球状标志,把它们组成闭合或附合水准路线。若格网点较密,可把主要格网点或高程放样要求较高的建筑物附近的格网点列入水准路线,其余点以支线水准测定。

此外,为了施工放样的方便,还可在建筑物附近测设 ±0.000 水准点,其高程为该建筑物室内地坪的设计高程。

小　结

本章介绍了建筑施工测量的基本方法。施工测量的目的是将设计图纸上的建筑物和构筑物,按其设计的平面位置和高程,通过测量方法和手段,用线条、桩点等可见标志,在现场标定出来,作为施工的依据。施工测量是直接为工程施工服务的,具有测量精度要求高、与施工进度关系密切的特点。施工测量和地形测量一样,也应遵循程序上"由整体到局部",步骤上"先控制后碎部",精度上"由高级至低级"的基本原则。

水平角、距离、高程是确定地面点位的三个基本要素。测设的基本工作包括水平角测设、水平距离测设和高程测设等。水平角测设是根据地面上已有的一个点和从该点出发的一个已知方向,按设计的已知水平角,在地面上标定出另一个方向。测设时,按照精度的要求不同,分为一般方法和精密方法。已知水平距离的放样是从地面上一个已知点出发,沿给定的方向,量出已知(设计)的水平距离,在地面上标定出这段距离另一端点的位置。

在工程应用中,地面点位是通过点的平面位置(点的坐标)和高程来确定的。点的平面位置测设方法主要有直角坐标法、极坐标法、角度交会法和距离交会法等。

已知高程的测设是根据施工现场已有的水准点将设计高程在实地标定出来。高程测设最常用的方法有视线高程法、高程传递法等。在工程应用中,还经常遇到已知坡度线的测设,它也属于已知高程的测设范畴。测设的方法通常有水平视线法和倾斜视线法。

为了保证施工测量的精度和速度,应该先在整个建筑场区建立统一的施工控制网。施工控制网和测图控制网一样,也分为平面控制网和高程控制网两种。施工坐标系与测量坐标系往往不一致,在施工测量前需要进行施工坐标系与测量坐标系的坐标换算。常用的平面控制网的建立常采用建筑基线和建筑方格网。当施工场地范围不大时,可在场地上布置一条或几条基准线,作为施工场地的控制,称为建筑基线。在大中型的建筑场地上,由正方形或矩形格网组成的施工控制网,称为建筑方格网。建筑场地的高程控制测量必须与国家水准点联测,以便建立统一的高程系统,并在整个施工区域内建成水准网。

思考题与习题

1. 简述施工测量的特点。

2. 简述角度、距离、高程的放样方法。

3. 简述点的平面位置的测设方法,并说明它们各自适用的条件。

4. 简述施工平面控制网的测设方法,并说明它们各自适用的条件。

5. 简述施工高程控制网的测设方法,并说明它们各自适用的条件。

6. 设预放样 AB 的水平距离 $D=29.9100$ m,使用的钢尺名义长度为 30 m,实际长度为 29.9950 m,钢尺检定时的温度为 20 ℃,钢尺的膨胀系数为 1.25×10^{-5}/℃,A、B 两点的高差 $h=0.385$ m,实测时的温度为 28.5 ℃。求放样时在地面上应量出的长度为多少?

7. 设 A、B 是已知平面控制点,其坐标为 $A(100.00,100.00)$、$B(80.00,150.00)$。P 点为设计的建筑物特征点,其设计坐标为 $(40.00,120.00)$。试计算用极坐标法测设 P 点的测设数据,并绘出测设略图(坐标单位为 m)。

8. 用极坐标法如何测设建筑方格网主轴线上的三个定位点? 试绘图说明。

第十章 工业与民用建筑施工测量

第一节 测设前的准备工作

施工测量就是按设计的要求把建筑物的位置测设到地面上。其工作主要包括建筑物的定位和放线、基础施工测量、墙体施工测量等。在进行施工测量之前，除要做好测量仪器和工具的检校外，还要做好以下几项准备工作。

一、熟悉设计图纸

设计图纸是施工测量的依据。在测设前应从设计图纸上了解工程全貌和施工建筑物与相邻地物的相互关系，了解该工程对施工的要求，核对有关尺寸，以免出现差错。

二、现场踏勘

通过对现场进行踏勘，了解建筑场地的地物、地貌和原有测量控制点的分布情况，并对建筑场地上的平面控制点、水准点进行检核，无误后方可使用。

三、制订测设方案

根据设计要求、定位条件、现场地形和施工方案等因素制订施工放样方案。

四、准备放样数据

除计算出必要的放样数据外，还须从图纸上查取房屋内部平面尺寸和高程数据。

(1)从建筑总平面图上查出或计算拟建建筑物与原有建筑物或测量控制点之间的平面尺寸和高差，作为测设建筑物总体位置的依据。

(2)从建筑平面图中查取建筑物的总尺寸和内部各定位轴线之间的关系尺寸，作为施工放样的基础资料。

(3)从基础平面图上查取基础边线与定位轴线的平面尺寸，以及基础布置与基础剖面位置的关系。

(4)从基础详图中查取基础立面尺寸、设计标高，以及基础边线与定位轴线的尺寸关系，作为基础高程放样的依据。

(5)从建筑物的立面图和剖面图上，查取基础地坪、楼板、门窗、屋面等设计高程，作为高程放样的主要依据。

五、绘制放样略图

根据设计总平面图和基础平面图绘制的放样略图，图上标有已建房屋和拟建房屋之间的平面尺寸、定位轴线间平面尺寸和定位轴线控制桩等。

六、熟悉相关测量规范

工业与民用建筑施工放样的主要技术要求及测量偏差控制指标见表 10-1 ~ 表 10-4。

表 10-1　建筑物施工放样的主要技术要求

建筑物结构特征	测距相对中误差	测角中误差（″）	测站高差中误差（mm）	根据起始水平面在施工水平面上测定高程中误差（mm）	竖向传递轴线点中误差（mm）
金属结构、装配式钢筋混凝土结构、建筑物高度100 ~ 120 m 或跨度 30 ~ 60 m	1/20 000	5	1	6	4
15 层房屋、建筑物高度 60 ~ 100 m 或跨度 18 ~ 30 m	1/10 000	10	2	5	3
5 ~ 15 层房屋、建筑物高度 15 ~ 60 m 或跨度 6 ~ 18 m	1/5 000	20	2.5	4	2.5
5 层房屋、建筑物高度 15 m 或跨度 6 m 及以下	1/3 000	30	3	3	2
木结构、工业管线或公路、铁路专用线	1/2 000	30	5	—	—
土工竖向平整	1/1 000	45	10	—	—

表 10-2　柱、梁、桁架安装允许偏差

测量内容	允许偏差（mm）
钢柱垫板标高	±2
钢柱 ±0.000 标高检查	±2
预制混凝土柱 ±0.000 标高	±3
混凝土柱、钢柱竖直度	±3
桁架和实腹梁、桁架和钢架的支承结点间相邻高差的偏差	±5
梁间距	±3
梁面垫板标高	±2

注：当柱高大于 10 m 或一般民用建筑的混凝土柱、钢柱竖直度可适当放宽。

表 10-3　构件预装测量的允许偏差

测量内容	允许偏差（mm）
平台面抄平	±1
纵横中心线的正交度	$\pm 0.8\sqrt{l}$
预装过程中的抄平工作	±2

注：l 为自交点起算的横向中心线长度（mm），不足 5 000 mm 时，按 5 000 mm 计。

表 10-4　附属构筑物安装测量的允许偏差

测量内容	允许偏差（mm）
栈桥和斜桥中心线的投点	±2
轨面标高	±2
轨道跨距	±2
管道构件中心线定位	±5
管道标高	±5
管道竖直度	$H/1\ 000$

注：H 为管道竖直部分的长度。

第二节　建筑物的定位和放线

一、建筑物的定位

建筑物的定位是把建筑物外墙各轴线的交点测设在地面上，以确定建筑物的位置，并以此为依据作基础放样和细部放样。对于一般的多层民用建筑，定位精度控制指标为：长度相对误差不应超过 1/5 000，角度误差不应超过 ±20″。

因定位条件不同，定位方法可选择用测量控制点、建筑基线、建筑方格网定位，还可以用已有建筑物进行定位。

（一）根据建筑红线定位

在城市建设中，新建建筑物均由规划部门给设计或施工单位规定建筑物的边界位置。限制建筑物边界位置的线称为建筑红线。建筑红线一般与道路中心线相平行。

如图 10-1 所示，图中将 Ⅰ、Ⅱ、Ⅲ 三点设为地面上测设的场地边界点，其连线 Ⅰ—Ⅱ、Ⅱ—Ⅲ 称为建筑红线。建筑物的主轴线 AO、OB 就是根据建筑红线来测定的，由于建筑物主轴线和建筑红线平行或垂直，所以用直角坐标法来测设主轴线比较方便。

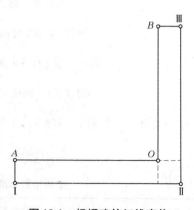

图 10-1　根据建筑红线定位

（二）根据已有建筑物定位

在现有建筑群内新建或扩建时，设计图上通常给出拟建的建筑物与原有建筑物或道路中心线的位置关系数据，主轴线就可根据给定的数据在现场测设。图 10-2 中所表示的是几种常见的情况，画有斜线的为原有建筑物，未画斜线的为拟建建筑物。

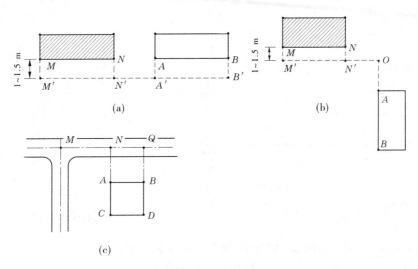

图 10-2　根据已有建筑物定位

图 10-2（a）中拟建的建筑物轴线 AB 在原有建筑物轴线 MN 的延长线上。测设直线 AB 的方法如下：先作 MN 的垂线 MM' 及 NN'，并使 $MM' = NN'$，然后在 M' 处架设经纬仪作 $M'N'$ 的延长线 $A'B'$，再在 A'、B' 处架设经纬仪作垂线得 A、B 两点，其连线 AB 即为所要确定的直线。一般也可以用线绳紧贴 MN 进行穿线，在线绳的延长线上定出 AB 直线。

图 10-2（b）是按上述方法，定出 O 点后转 90°，根据坐标数据定出 AB 直线。

图 10-2（c）中，拟建的建筑物平行于原有的道路中心线，测法是，先定出道路中心线位置，然后用经纬仪作垂线，定出拟建建筑物的轴线。

（三）根据建筑方格网定位

在施工现场有建筑方格网控制时，由于建筑方格网轴线与建筑物轴线平行或垂直，因此可用直角坐标法进行建筑物的定位，计算简单，测设方便，而且精度较高。在施工过程中，可根据建筑物各角点的坐标定位。

二、建筑物放线

建筑物放线是根据场地上建筑物主轴线控制点或其他控制点，首先将房屋外墙轴线的交点用木桩测定于地上，并在桩顶钉上小钉作为标志。房屋外墙轴线测定以后，再根据建筑物平面图，将内部开间所有轴线都一一测出。然后检查房屋轴线的距离，其误差不得超过轴线长度的 1/2 000。最后根据中心轴线，用石灰在地面上撒出基槽开挖边线，以便开挖。

若同一建筑区各建筑物的纵横边线在同一直线上，当在相邻建筑物定位时，必须进行校核调整，使纵向或横向边线的相对偏差在 5 cm 以内。

由于角桩和中心桩在开挖基槽时将被挖掉，为了在施工中恢复各轴线的位置，需要把各轴线适当延长到基槽开挖线以外，并做好标志。其方法有设置龙门板和轴线控制桩两种形式。

（一）龙门板的设置

施工开槽时，轴线桩要被挖除。为了方便施工，在一般民用建筑中，常在基槽外一定距离处钉设龙门板（见图10-3）。钉设龙门板的步骤和要求如下：

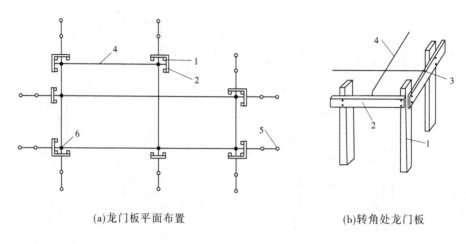

（a）龙门板平面布置　　　　　　　　　　　（b）转角处龙门板

1—龙门桩；2—龙门板；3—轴线钉；4—线绳；5—引桩；6—轴线桩

图10-3　龙门板设置

（1）在建筑物四角与内纵、横墙两端基槽开挖边线以外1~1.5 m（根据土质情况和挖槽深度确定）处钉设龙门桩，龙门桩要钉得竖直、牢固，木桩侧面与基槽平行。

（2）根据建筑场地水准点，在每个龙门桩上测设±0.000标高线。当现场条件不许可时，也可测设比±0.000高或低一定数值的线。但同一建筑物最好只选用一个标高。当地形起伏选用两个标高时，一定要标注清楚，以免使用时发生错误。

（3）沿龙门桩上测设的高程线钉设龙门板，这样龙门板顶面的标高就在一个水平面上了。龙门板标高的测定允许偏差为±5 mm。

（4）根据轴线桩，用经纬仪将墙、柱的轴线投到龙门板顶面上，并钉小钉标明，称为轴线钉。投点允许偏差为±5 mm。

（5）用钢尺沿龙门板顶面检查轴线钉的间距，其相对误差不应超过1/2 000。经检核合格后，以轴线钉为准，将墙宽、基槽宽标在龙门板上，最后根据基槽上口宽度拉线撒出基槽开挖灰线。

（二）轴线控制桩（引桩）的测设

由于龙门板需用较多木料，而且占用场地，使用机械挖槽时龙门板更不易保存。因此，可以采用在基槽外各轴线的延长线上测设引桩的方法（见图10-3（a）），作为开槽后各阶段施工中确定轴线位置的依据。即使采用龙门板，为了防止被碰动，也应测设引桩。在多层楼房施工中，引桩是向上层投测轴线的依据。

引桩一般钉在基槽开挖边线2~4 m的地方，在多层建筑施工中，为便于向上投点，应在较远的地方测定，若附近有固定建筑物，最好把轴线投测在建筑物上。引桩是房屋轴线的控制桩，在一般小型建筑物放线中，引桩多根据轴线桩测设。在大型建筑物放线时，为了保证引桩的精度，一般都先测引桩，再根据引桩测设轴线桩。

第三节　民用建筑施工测量

一、房屋基础施工测量

(一)基槽抄平

如图 10-4 所示,为了控制基槽的开挖深度,当基槽快挖到槽底设计标高时,应用水准仪在槽壁上测设一些水平的小木桩,使木桩的上表面离槽底的设计标高为一固定值。为施工时使用方便,一般在槽壁各拐角处和槽壁每隔 3 ~ 4 m 均测设一水平桩,必要时,可沿水平桩的上表面拉上白线绳,作为清理槽底和打基础垫层时掌握高程的依据。标高点的测量允许偏差为 ±10 mm。

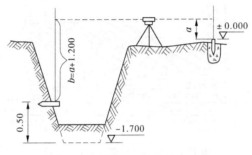

图 10-4　基槽抄平 （单位:m）

(二)垫层中线投测

垫层打好以后,根据龙门板上的轴线钉或引桩,用经纬仪把轴线投测到垫层上去,然后在垫层上用墨线弹出墙中心线和基础边线,以便砌筑基础。

(三)基础皮数杆(线杆)的设置

房屋基础墙(±0.000 以下的砖墙)的标高是利用基础皮数杆来控制的(同墙身皮数杆的设置)。立基础皮数杆时,可先在立杆处打一木桩,用水准仪在木桩侧面抄出一条高于垫层标高某一数值(如 10 cm)的水平线,然后将皮数杆上相同的一条标高线对齐木桩上的水平线,并用钉把皮数杆和木桩钉牢在一起,这样立好皮数杆后,即可作为砌筑基础的标高依据。

(四)防潮层抄平与轴线投测

当基础墙砌筑到 ±0.000 标高下一层砖时,应用水准仪测设防潮层的标高,其测量允许偏差为 ±5 mm。防潮层做好后,根据龙门板上的轴线钉或引桩进行投点,其投点允许偏差为 ±5 mm。然后将墙轴线和墙边线用墨线弹到防潮层面上,并把这些线延伸且画到基础墙的立面上。

二、墙体施工测量

(一)皮数杆的设置

在墙体施工中,墙身各部位的标高和砖缝水平及墙面平整也是利用皮数杆来控制的。皮数杆是根据建筑剖面图画有每皮砖和灰缝的厚度,并注明墙体上窗台、门窗洞口、过梁、雨篷、圈梁、楼板等构件高程位置的专用木杆。

墙身皮数杆一般立在建筑物的拐角和内墙处(见图 10-5)。为了便于施工,采用里脚手架时,皮数杆立在墙外边;采用外脚手架时,皮数杆应立在墙里边。

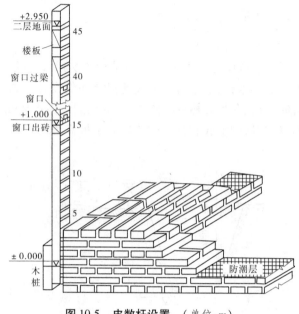

图 10-5　皮数杆设置　(单位:m)

立皮数杆时,先在立杆处打一木桩,用水准仪在木桩上测设出 ±0.000 标高位置,其测量允许偏差为 ±3 mm。然后,把皮数杆上的 ±0.000 线与木桩上 ±0.000 线对齐,并用钉钉牢。为了保证皮数杆稳定,可在皮数杆上加钉两根斜撑。

(二)墙体各部位标高的控制

墙体砌筑到一步架高(1.2~1.4 m)时,用水准仪测设出高出室内地坪线 0.500 m 的标高线,用来控制层高和门洞、窗洞、过梁的高度,也用来控制室内装饰施工时地面、墙裙、踢脚线、窗台等装饰标高。

三、多层建筑物施工中的轴线投测和高程传递

(一)轴线投测

在多层建筑墙身砌筑过程中,为了保证建筑物轴线位置正确,可用经纬仪把轴线投测到各层楼板边缘或柱顶上。每层楼板中心线应测设长线(列线)1~2 条,短线(行线)2~3 条,其投点允许偏差为 ±5 mm。然后根据由下层投测上来的轴线,在楼板上分间弹线。投测时,把经纬仪安置在轴线控制桩上,后视墙底部的轴线标点,用正倒镜取中的方法,将轴线投到上层楼板边缘或柱顶上。当各轴线投到楼板上之后,要用钢尺测量其间距作为校核,其相对误差不得大于 1/2 000。经校核合格后,方可开始该层的施工。为了保证投测质量,使用的仪器一定要经检验校正,安置仪器一定要严格对中、整平。为了防止投点时仰角过大,经纬仪距建筑物的水平距离要大于建筑物的高度,否则应采用正倒镜延长直线的方法将轴线向外延长,然后再向上投点。

（二）高程传递

在多层建筑物施工中,要由下层梯板向上层传递标高,以便使楼板、门窗口、室内装修等工程的标高符合设计要求。标高传递一般可采用以下几种方法进行。

1. 利用皮数杆传递高程

在皮数杆上自 ±0.000 起,门窗口、过梁、楼板等构件的标高都已标明。一层楼砌好后,则从一层皮数杆起,一层一层地往上接。

2. 利用钢尺直接丈量

在标高精度要求较高时,可用钢尺沿某一墙角自 ±0.000 起向上直接丈量,把标高传递上去。然后根据由下面传递上来的高程立皮数杆,作为该层墙身砌筑和安装门窗、过梁及室内装修、地坪抹灰时掌握标高的依据。

3. 吊钢尺法

在楼梯间吊上钢尺,用水准仪读数,把下层标高传到上层。

第四节　高层建筑施工测量

一、高层建筑施工测量的特点

由于高层建筑层数多、高度高,结构竖向偏差直接影响工程受力情况,故施工测量中要求竖向投点精度高,所选用的仪器和测量方法要适应结构类型、施工方法和场地情况。由于建筑结构复杂,设备和装修标准较高,特别是高速电梯的安装等,对施工测量精度要求亦高,要遵守先整体后局部和高精度控制低精度的工作程序。

二、基础施工测设

高层建筑通常是框架结构或剪力墙结构,要求更高的测设精度。高层建筑的外墙定位点和内墙中心点测设方法与多层房屋相同,但轴线定位精度要求高于多层房屋。当基础工程完工后,应及时进行建筑物角点、四廊轴线和主轴线等的复位测定,经检查合格后,再详细放出细部轴线。测设时必须保证精度。在条件允许时,可将主要轴线延长到距建筑物距离大于 H(H 为建筑高度)的地方设桩,供向上投测轴线之用。高层建筑和多层建筑相比,重点要解决轴线投测和高程传递的问题。

三、高层建筑的轴线投测

高层建筑轴线投测是将建筑物基础轴线向高层引测,保证各层相应的轴线位于同一竖直面内。轴线投测一般采用经纬仪投测法和激光铅垂仪投测法两种。

（一）经纬仪投测法

通常将经纬仪安置于轴线控制桩上,分别以正、倒镜两个盘位照准建筑物底部的轴线标志,向上投测到上层楼面上,取正、倒镜两投测点的中点,即得投测在该层上的轴线点。按此方法分别在建筑物纵、横轴线的四个轴线控制桩上安置经纬仪,就可在同一层楼面上投测出四个轴线交点。其连线也就是该层面上的建筑物主轴线,据此再测设出该楼面上其他轴线。

为防止投测时仰角过大,经纬仪距建筑物的水平距离要大于建筑物的高度。当建筑物轴线投测增至相当高度,同时轴向控制桩距离建筑物较近时,经纬仪视准轴向上投测的仰角过大,不但点位投测的精度降低,而且观测操作也不方便。因此,必须将原轴线控制桩延长引测到远处的稳固地点或附近大楼的屋面上,然后再向上投测。应该注意的是,为避免日照、风力等不良影响,宜在阴天、无风时进行观测。经纬仪投测法如图 10-6 所示。

(二)激光铅垂仪投测法

对高层建筑及建筑物密集的建筑区,经纬仪投测轴线法已不能适应工程建设的需要,10层以上的高程建筑应利用激光铅垂仪投测轴线,使用方便,精度高,速度快。

激光铅垂仪是一种供铅直定位的专用仪器,适用于高层建筑和高耸构筑物的铅直定位测量。如图 10-7 所示,该仪器主要由氦氖激光器、竖轴、发射望远镜、管水准器和基座等部件组成。找平仪器上的水准管气泡后,仪器的视准轴处于铅直位置,可据此向上或向下投点。采用此法应设置辅助轴线和垂直孔,供安置激光铅垂仪和投测轴线使用。

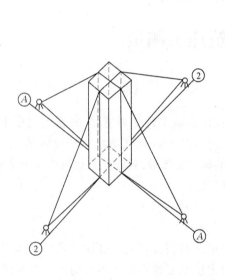

图 10-6　经纬仪投测法

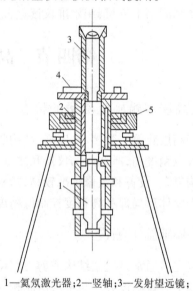

1—氦氖激光器;2—竖轴;3—发射望远镜;
4—管水准器;5—基座

图 10-7　激光铅垂仪构造

使用时,将激光铅垂仪安置在底层辅助轴线的预埋标志上,严格对中、整平,接通激光电源,即可发射出铅垂激光基准线。在相应楼层的垂直孔上设置接收靶来接收铅直激光基准线,从而可以将轴线从底层传至高层,如图 10-8 所示。

四、高层建筑的高程传递

在高层建筑施工中,要由下层楼面向上层传递高程,以便使上层楼板、门窗洞、室内装修等工程的标高符合设计要求。传递高程的方法有以下几种。

(一)用钢尺直接丈量

先用水准仪在墙体上测设出 +1.000 m 的标高线,然后从标高线起用钢尺沿墙身往上丈量,将高程传递上去。

(二)利用皮数杆传递高程

在皮数杆上自 ±0.000 标高线起,门窗洞口、过梁、楼板等构件的标高都已注明。一层

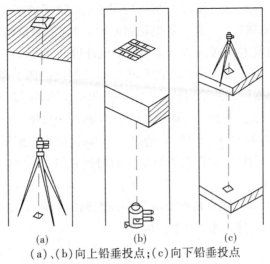

(a)　　　　　(b)　　　　　(c)

(a)、(b)向上铅垂投点;(c)向下铅垂投点

图10-8　激光铅垂仪投点示意

楼砌好后,则从一层皮数杆起一层一层地往上接。

(三)悬吊钢尺法(水准仪高程传递法)

在楼梯间或建筑物外侧悬吊钢尺,钢尺下端挂一重锤,使钢尺处于铅垂状态,用水准仪在下面与上面楼层分别读 a_1、b_1 和 a_2、b_2,然后按水准测量的原理把高程传递上去(见图10-9)。

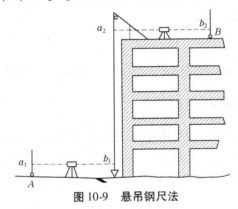

图10-9　悬吊钢尺法

如图10-9所示,已知地面上点 A 的高程为 H_A,楼面上 B 点的高程 H_B 为

$$H_B = H_A + (a_1 - b_1) + (a_2 - b_2) \tag{10-1}$$

第五节　工业建筑施工测量

工业建筑中厂房分单层和多层、装配式和现浇整体式。单层工业厂房以装配式为主,采用预制的钢筋混凝土柱、吊车梁、屋架、大型屋面板等构件,在施工现场进行安装。为保证厂房构件就位的正确性,施工中测量工作应进行以下几个方面:厂房矩形控制网的测设,厂房柱列轴线的测设,厂房基础施工测量,设备基础施工测设,厂房构件及设备安装测量等。

一、厂房矩形控制网的测设

工业建筑厂房测设的精度要高于民用建筑,而厂区原有的控制点的密度和精度又不能满足厂房测设的需要。因此,对于每个厂房还应在原有控制网的基础上,根据厂房的规模大小,建立满足精度要求的独立厂房矩形控制网,作为厂房施工测量的基本控制。如图 10-10 所示,Ⅰ、Ⅱ、Ⅲ、Ⅳ 为建筑方格网,a、b、c、d 为厂房最外边的四条轴线的交点,其设计坐标已知。A、B、C、D 为布置在基坑开挖范围外的厂房矩形控制网的四个角点,称为厂房控制桩。厂房控制桩的坐标可根据厂房外轮廓轴线交点的坐标和设计间距 l_1 和 l_2(一般为 4.0 m)用直角坐标法精确测设。为了便于厂房细部的测设,在测设厂房矩形控制网的同时,还应沿控制网每隔若干柱距(一般为 18 m 或 24 m)增设一个木桩,称为距离指示桩。

对于小型厂房也可采用民用建筑的测设方法直接测设厂房四个角点,再将轴线投测到龙门板或轴线控制桩上。

对于大型或复杂的厂房,应先精确测设厂房控制网的主轴线,如图 10-11 中的 MON 和 POQ,再根据主轴线测设厂房矩形控制网 $ABCD$。

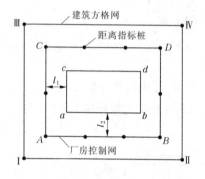

图 10-10　厂房矩形控制网的测设

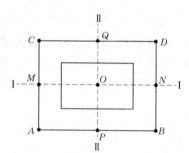

图 10-11　大型厂房矩形控制网的测设

二、厂房柱列轴线的测设

如图 10-12 所示,厂房矩形控制网建立后,即可按柱列间距和跨距用钢尺从靠近的距离指示桩量起,沿矩形控制网各边定出各柱列轴线桩的位置,并在桩顶钉小钉,作为柱基放样和构件安装的依据。如图 10-12 所示,Ⓐ—Ⓐ、Ⓑ—Ⓑ、Ⓒ—Ⓒ、①—①、②—②…等轴线均为柱列轴线。

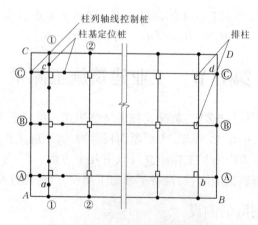

图 10-12　厂房柱列轴线的测设

三、厂房基础施工测量

（一）柱基放线

如图 10-13 所示，用两台经纬仪分别安置在相应的柱列轴线控制桩上，沿轴线方向交会出柱基的位置（即定位轴线的交点）。然后按照基础详图的尺寸和基坑放坡宽度，用特制角尺，根据定位轴线和定位点放出基础开挖线，并撒上白灰标明开挖边界。同时在基坑四周的轴线上定四个定位小木桩，桩顶钉一个小钉作为修坑和立模的依据。

（二）基坑抄平

当基坑挖到一定深度时，用水准仪在基坑壁四周离坑底设计标高 0.3 ~ 0.5 m 处测设若干水平桩，如图 10-14 所示，作为检查坑底标高和打垫层的依据。

（三）基础模板的定位

垫层铺设完后，根据柱基定位桩用拉线的方法，吊垂球把柱基轴线投测到垫层上，再根据

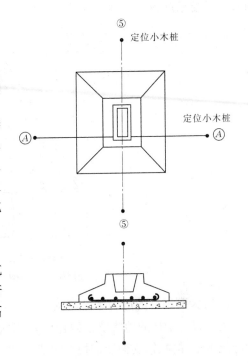

图 10-13　柱基放线

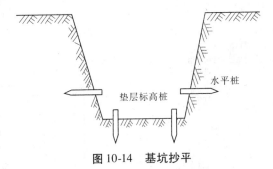

图 10-14　基坑抄平

柱基的设计尺寸弹墨线，作为柱基安装模板和绑扎钢筋的依据。最后，将柱基顶面设计标高投测在模板内壁上，作为浇筑混凝土的依据。

四、设备基础施工测设

设备基础施工测设与厂房排架柱基础施工测设的不同之处在于钢柱的锚定地脚螺栓的定位放线精度要求高。

（一）小型钢柱的地脚螺栓定位

小型设备钢柱的地脚螺栓的直径小、质量轻，可用木支架来定位，如图 10-15 所示。木支架安装在基础模板上。根据基础龙门板或引桩，先在垫层上确定轴线位置，再根据设计尺寸放出模板内口的位置，弹出墨线，再立模。地脚螺栓按设计位置，先安装在支架上，再根据龙门板或引桩在模板上放出基础轴线及支架板的轴线位置，然后安装支架板，地脚螺栓即

可按设计要求就位。

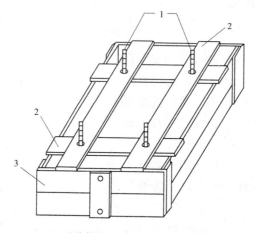

1—地脚螺栓;2—支架;3—基础模板

图10-15　小型钢柱的地脚螺栓定位

（二）大型钢柱的地脚螺栓定位

大型设备钢柱的地脚螺栓的直径大、质量重,需要用钢固定架来定位,如图10-16所示。固定架由钢样模、钢支架及钢拉杆组成。地脚螺栓孔的位置按设计尺寸根据基础轴线精密放出,用经纬仪精密测设安装钢支架和模板,使样模轴线与基础轴线重合,如图10-17所示。样模标高用水准仪测设到支架上,使样模上的地脚螺栓位置及标高均符合设计要求。钢固定架安装到位后,即可立模板浇筑混凝土。

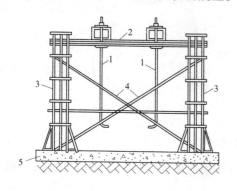

1—地脚螺栓;2—样模钢架;

3—钢支架;4—拉杆;5—混凝土垫层

图10-16　大型钢柱的地脚螺栓定位

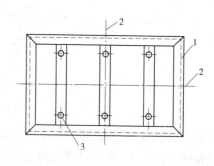

1—样模钢梁;2—基础轴线;3—地脚螺栓孔

图10-17　钢支架和样模的定位

五、厂房构件及设备安装测量

装配式单层工业厂房主要由柱子、吊车梁、屋架、天窗架和屋面板等构件组成。一般先在构件加工厂或在现场预制构件,然后在现场安装的方法施工。对于这种施工方法,施工中的测量工作更为重要。以下重点介绍柱子、吊车梁、吊车轨道屋架等构件在安装时的校正工作。

(一)柱子安装测量

1.安装前的准备工作

1)柱基弹线

柱的平面就位及校正是利用柱身的中心线和基础杯口顶面的中心定位线进行对位实现的。因此,柱子吊装前,应根据轴线控制桩用经纬仪将柱列轴线测设到基础杯口顶面上(见图10-18),并弹出墨线,用红漆画上"▲"标志,作为柱子吊装时确定轴线的依托。当柱列轴线不通过柱子的中心线时,应在杯形基础顶面上加弹柱中心线。同时,还要在杯口的内壁测设出比杯形基础顶面低 10 cm 的一条 H_1 标高线,弹出墨线并用"▼"标志表示。

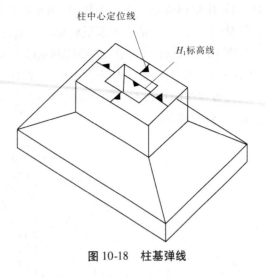

图 10-18　柱基弹线

2)弹柱子中心线和标高线

柱子吊装前,将柱子按轴线位置编号,并在柱子的三个侧面上弹出柱的中心线,在每条中心线的上端和靠近杯口处画上"▲"标志,供校正时用,并根据牛腿面设计标高,从牛腿面向下用钢尺量出 ±0.000 及 −0.600 m 标高线,并画"▼"标志表示,如图10-19 所示。

3)柱身长度的检查及杯底找平

柱的牛腿顶面要放置吊车梁和钢轨,吊车运行时要求轨道有严格的水平度,因此牛腿顶面标高应符合设计标高要求。如图 10-20 所示,检查时沿柱子中心线根据牛腿顶面标高 H_2 用钢尺量出 H_1 标高位置,并量出 H_1 处到柱最下端的距离,使之与杯口内壁 H_1 标高线到杯底的距离相比较(见图10-18),从而确定杯底找平层厚度。

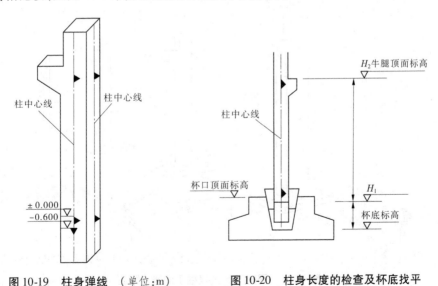

图 10-19　柱身弹线　(单位:m)　　　　图 10-20　柱身长度的检查及杯底找平

2.柱子的安装测量

当柱子被吊入基础杯口里时,使柱子中心线与杯口顶面柱中心定位线相吻合,并使柱身略垂直后,用钢楔或硬木楔插入杯口,用水准仪检测柱身已标定的 ±0.000 位置线,并复查中心线对位情况,符合精度要求后将楔块打紧,使柱临时固定,然后进行竖直校正。

如图 10-21 所示,同时在纵、横柱列轴线上与柱子的距离不小于 1.5 倍柱高的位置处分别安装一台经纬仪,先瞄准柱下部的中心线,固定照准部,再仰视柱上部中心线,此时柱子中心线应一直在竖向视线上,若有偏差,说明柱子不垂直,应同时在纵、横两个方向上进行垂直度校正,直到都满足。

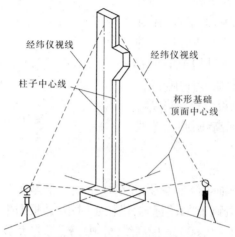

图 10-21　柱子的竖直校正

在实际吊装工作中,一般是先将成排的柱子吊入杯口并临时固定,然后再逐根进行竖直校正。如图 10-22 所示,先在柱列轴线的一侧与轴线成 $\beta \leqslant 15°$ 的方向上安装经纬仪,在一个位置可先后进行多个柱子校正。校正时应注意经纬仪瞄准的是柱子中心线,而不是基础杯口顶面的柱子定位线。对于变截面柱子,校正时经纬仪必须安装在相应的柱子轴线上。

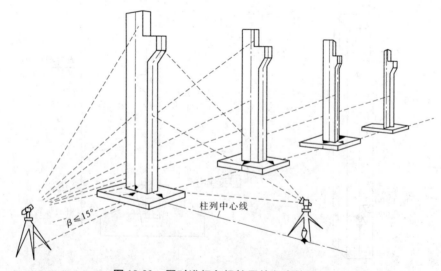

图 10-22　同时进行多根柱子的竖直校正

柱子校正后,应在柱子纵、横两个方向检测柱身的垂直度偏差,满足限差要求后要立即灌浆固定柱子。

考虑到过强的日照将使柱子产生弯曲,在柱顶发生位移,当对柱子垂直度要求较高时,柱子垂直度校正应尽量选择在早晨无阳光直射或阴天时校正。

(二)吊车梁安装测量

吊车梁安装时,测量工作的任务是使柱子牛腿上的吊车梁的平面位置、顶面标高及梁端中心线的垂直度都符合要求。

1. 安装前的测量工作

1)弹出吊车梁中心线

根据预置好的吊车梁尺寸,在吊车梁顶面和两端弹出中心线,作为安装时的准线。

2)在牛腿面上测弹吊车梁中心线

如图 10-23(a)所示,根据厂房控制网的中心线 $A_1—A_1$ 和厂房中心线到吊车梁中心线 $A'—A'$、$B'—B'$ 的距离 d,在 A_1 点测设吊车梁中心线 $A'—A'$ 和 $B'—B'$(也是吊车轨道中心线)。然后分别安置经纬仪于 A' 和 B',瞄准另外的端点 A' 和 B',仰起望远镜将吊车梁中心线投测到每个柱子的牛腿面上并弹以墨线。

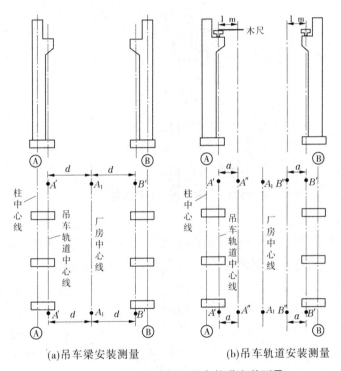

(a)吊车梁安装测量　　　　(b)吊车轨道安装测量

图 10-23　吊车梁及吊车轨道安装测量

3)在柱面上量弹吊车梁顶面标高线

根据柱子上 ±0.000 标高线,用钢尺沿柱子侧面向上量出吊车梁顶面设计标高线,作为控制梁面标高用。

2. 安装测量工作

1)定位测量

安装时使吊车梁两个端面的中心线分别与牛腿面上的梁中心线对齐,可以两端为准拉上钢丝,钢丝两端各悬重物将钢丝拉紧,并以此为准,校正中间各吊车梁的轴线,使每个吊车梁的中心线均在钢丝这条直线上,其允许误差为 ± 3 mm。

2)标高检测

当吊车梁就位后,应按照柱面上定出的标高线对梁面进行校正。将水准仪安置于吊车梁上,以柱面上定出的梁面设计标高为准,检测梁面的标高是否符合设计要求,其允许误差为 ± 3 ～ ± 5 mm。

(三)吊车轨道安装测量

吊车轨道的安装测量是为了保证轨道中心线、轨顶标高和轨道跨距符合设计要求,以满足吊车正常行驶的需要。

1.轨道中心线的测量

采用平行线测定轨道中心线。如图 10-23(b)所示,垂直轨道中心线 A'—A' 和 B'—B' 向厂房中心线方向移动长度为 a(如 1 m),得到 A'' 和 B'' 两点,然后将经纬仪安置在端点 A'' 和 B'',照准另一端点 A'' 和 B'',抬高望远镜瞄准吊车梁上横放的木尺。当木尺上 1 m 分划线与视线对齐时,沿木尺另一端点在梁上画线,即为轨道中心线,如图 10-24 所示。

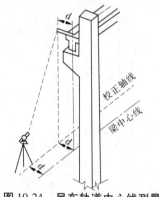

图 10-24 吊车轨道中心线测量

2.轨顶标高测量

轨道安装前,用水准仪检查吊车梁顶面标高,以便沿中心线安装轨道垫板。垫板厚度根据梁面的实测标高与设计标高之差确定,使其符合安装轨道的要求。

3.吊车轨道检测

吊车轨道安装完毕后,应对轨道中心线、轨顶标高及跨距进行全面检查,以保证吊车的安全使用。轨道中心线的检查方法是:置经纬仪于轨道中心线上,照准另一端点,逐个检查轨道面上的中心线是否在同一直线上。轨顶标高的检查方法是:根据柱面上端测设的标高线检查轨顶标高,在两轨道接头处各测一点。跨距的检查方法是:用检定过的钢尺悬空精密量测两条轨道上对称中心线点的跨距。

(四)屋架安装测量

屋架是安装在柱顶上的,在屋架安装之前,必须根据柱面上的 ± 0.000 标高线找平柱顶,屋架才能安装准确。屋架定位时,使屋架中心线与柱子上相应的中心线对齐即可。重点要对屋架的垂直度进行控制。在控制屋架的垂直度时,在轴线控制桩上安置经纬仪,照准柱子中心线,抬高望远镜,观测校正使屋架垂直。当观测屋架有困难时,可以在屋架顶横放 1 m 长木尺进行观测,如图 10-25 所示。

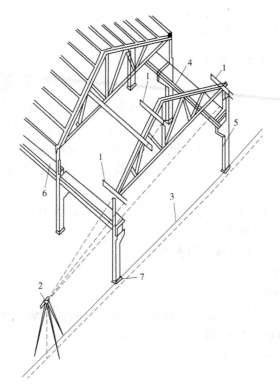

1—卡尺;2—经纬仪;3—定位轴线;4—屋架;5—柱;6—吊车梁;7—基础

图 10-25　屋架安装竖直控制

第六节　竣工测量及竣工总平面图的编绘

一、竣工测量

在建筑物施工过程中,每一个单项工程完成后,由施工单位进行竣工测量,提出工程的竣工测量成果,作为编绘竣工总平面图的依据。竣工测量的内容包括:

(1)工业厂房及一般建筑物。包括房角坐标、几何尺寸、各种管线进出口的位置和高程、房屋四角室外高程,并附注房屋编号、结构层数、面积和竣工时间。

(2)地下管线。检修井、转折点、起终点的坐标,井盖、井底、沟槽和管顶的高程,并附注管道及检修井的编号、名称、管径、管材、间距、坡度和流向。

(3)架空管线。转折点、结点、交叉点和支点的坐标,支架、间距、基础坐标等。

(4)交通线路。起终点、转折点和交叉点坐标,曲线元素,桥涵等构筑物位置和高程,人行道、绿化带界限等。

(5)特种构筑物。沉淀池、污水处理池、烟囱、水塔等及其附属构筑物的外形、位置及标高等。

(6)其他。包括测量控制点的坐标及高程,绿化环境工程的位置及高程。

二、竣工总平面图的编绘

(一)编绘竣工总平面图的意义

竣工总平面图是设计总平面图在施工结束后实际情况的全面反映。工业与民用建筑工程是根据设计的总平面图进行施工的。但是,在施工过程中,可能由于设计时没有考虑到的原因而使设计的位置发生变更,因此工程的竣工位置不可能与设计位置完全一致。此外,在工程竣工投产以后的经营过程中,为了顺利地进行维修,及时消除地下管线的故障,并考虑到为将来建筑的改建或扩建提供充分的资料,一般应编绘竣工总平面图。竣工总平面图及附属资料也是考查和研究工程质量的依据之一。

编绘竣工总平面图需要在施工过程中收集一切有关的资料,加以整理,及时进行编绘。为此,在开始施工时即应有所考虑和安排。

(二)编绘竣工总平面图的方法和步骤

1. 绘制前准备工作

1)决定竣工总平面图的比例尺

竣工总平面图的比例尺应根据企业的规模大小和工程的密集程度参考下列规定:

(1)小区内为 1/500 或 1/1 000;

(2)小区外为 1/1 000 ~ 1/5 000。

2)绘制竣工总平面图图底坐标方格网

为了能长期保存竣工资料,竣工总平面图应采用质量较好的图纸。编绘竣工总平面图时,首先要在图纸上精确地绘出坐标方格网。坐标方格网画好后,应立即进行检查。

3)展绘控制点

以图底上绘出的坐标方格网为依据,将施工控制网点按坐标展绘在图上。展点对所邻近的方格而言,其允许偏差为 ±0.3 mm。

4)展绘设计总平面图

在编绘竣工总平面图之前,应根据坐标格网,先将设计总平面图的图面内容按其设计坐标,用铅笔展绘于图纸上,作为底图。

2. 竣工总平面图的编绘

绘制竣工总平面图的依据有:设计总平面图、单位工程平面图、纵横断面图和设计变更资料、定位测量资料、施工检查测量及竣工测量资料。

凡按设计坐标定位施工的工程,应以测量定位资料为依据,按设计坐标(或相对尺寸)和标高编绘。建筑物和构筑物的拐角、起止点、转折点应根据坐标数据展点成图;对建筑物和构筑物的附属部分,若无设计坐标,可用相对尺寸绘制。若原设计变更,则应根据设计变更资料编绘。

凡有竣工测量资料的工程,当竣工测量成果与设计值之比差不超过所规定的定位允许偏差时,按设计值编绘;否则应按竣工测量资料编绘。

根据上述资料编绘成图时,对于厂房应使用黑色墨线绘出该工程的竣工位置,并应在图上注明工程名称、坐标和标高及有关说明。对于各种地上、地下管线,应用各种不同颜色的墨线绘出其中心位置,注明转折点及井位的坐标、高程及有关说明。在一般没有设计变更的情况下,墨线绘的竣工位置与按设计原图用铅笔绘的设计位置应该重合,但坐标及标高数据与设计值比较有的会有微小出入。随着施工的进展,逐渐在底图上将铅笔线都绘成为墨线。

在图上按坐标展绘工程竣工位置时,和在图底上展绘控制点的要求一样,均以坐标方格网为依据进行展绘,展点对邻近的方格而言,其允许偏差为 ±3 mm。

(三)竣工总平面图的附件

为了全面反映竣工成果,便于生产管理、维修和日后企业的扩建或改建,下列与竣工总平面图有关的一切资料,应分类装订成册,作为竣工总平面图的附件保存。

(1)地下管线竣工纵断面图。

(2)铁路、公路竣工纵断面图。工业企业铁路专用线和公路竣工以后,应进行铁路轨顶和公路路面(沿中心线)水准测量,以编绘竣工纵断面图。

(3)建筑场地及其附近的测量控制点布置图及坐标与高程一览表。

(4)建筑物或构筑物沉降及变形观测资料。

(5)工程定位、检查及竣工测量的资料。

(6)设计变更文件。

(7)建设场地原始地形图。

小　结

在掌握了建筑施工测量的基本方法后,本章介绍了工业与民用建筑施工测量的主要内容,包括建筑物的定位和放线、民用建筑施工测量、高层建筑施工测量、工业建筑施工测量、竣工测量及竣工总平面图的编绘,这些工作都是建筑施工测量的基本方法在施工过程中的具体应用。

建筑物的定位就是把建筑物外墙各轴线的交点测设在地面上以确定建筑物的位置,定位方法可选择用建筑红线定位、用已有建筑物进行定位、用建筑方格网定位。建筑物放线是根据场地上建筑物主轴线控制点或其他控制点,测设房屋内、外墙轴线。定位、放线后,用龙门板或轴线控制桩标定轴线位置。

民用建筑施工测量包括基础施工测量、墙体施工测量、轴线投测和高程传递。高层建筑施工测量重点是解决采用经纬仪投测法和激光铅垂仪投测法进行轴线投测的方法和高程的传递方法。工业建筑施工测量包括厂房矩形控制网测设、厂房基础施工测量、厂房柱列轴线的测设、设备基础施工测设、厂房预制构件及设备安装测量等。竣工测量及竣工总平面图的编绘介绍了竣工测量的内容及竣工总平面图的编绘方法。

思考题与习题

1.简述建筑物定位的方法。

2.简述高层建筑轴线投测的方法。

3.简述厂房预制构件安装测量的主要内容。

4.简述竣工测量的主要内容。

参 考 文 献

［1］ 中华人民共和国建设部,国家质量监督检验检疫总局.GB 50026—2007 工程测量规范［S］.北京:中国计划出版社,2008.

［2］ 中华人民共和国建设部.JGJ 8—2007 建筑变形测量规范［S］.北京:中国建筑工业出版社,2007.

［3］ 建筑施工手册编写组.建筑施工手册［M］.4 版.北京:中国建筑工业出版社,2003.

［4］ 李生平.建筑工程测量［M］.北京:中国建筑工业出版社,1997.

［5］ 王云江,等.建筑工程测量［M］.北京:中国建筑工业出版社,2002.

［6］ 刘绍堂.建筑工程测量［M］.郑州:郑州大学出版社,2006.

［7］ 周建郑.建筑工程测量［M］.北京:化学工业出版社,2005.

［8］ 陈学平.实用工程测量［M］.北京:中国建材工业出版社,2007.

［9］ 覃辉.土木工程测量［M］.2 版.上海:同济大学出版社,2005.

［10］ 邓普海,等.水利水电工程测量［M］.北京:中国水利水电出版社,2005.

［11］ 龚利红.测量员一本通［M］.北京:中国建材工业出版社,2008.

［12］ 卢德志.测量员岗位实务知识［M］.北京:中国建材工业出版社,2007.

［13］ 杨小明.土木工程测量［M］.北京:中国建材工业出版社,2006.

［14］ 陈久强,等.土木工程测量［M］.北京:北京大学出版社,2006.

［15］ 顾孝烈,等.测量学［M］.3 版.上海:同济大学出版社,2008.

［16］ 高井祥,等.数字测图原理与方法［M］.北京:中国矿业大学出版社,2001.

［17］ 宋建学.土木工程测量［M］.郑州:郑州大学出版社,2008.

［18］ 武汉测绘科技大学测量学编写组.测量学［M］.北京:测绘出版社,2000.

［19］ 何习平.测量技术基础［M］.2 版.重庆:重庆大学出版社,2004.

［20］ 武汉测绘科技大学测量平差教研室.测量平差基础［M］.3 版.北京:测绘出版社,2002.

［21］ 岳建平,等.土木工程测量［M］.武汉:武汉理工大学出版社,2006.

［22］ 冯晓,等.现代工程测量仪器应用手册［M］.北京:人民交通出版社,2005.